수, 방정식과
유클리드 기하

수, 방정식과 유클리드 기하

니시다 고로 지음
김부윤 · 송영무 · 정영우 옮김

KM 경문사

수, 방정식과
유클리드 기하

지은이 니시다 고로
옮긴이 김부윤 · 송영무 · 정영우
펴낸이 조경희
펴낸곳 경문사
펴낸날 2017년 2월 20일 1판 1쇄
등 록 1979년 11월 9일 제313-1979-23호
주 소 04057, 서울특별시 마포구 와우산로 174
전 화 (02) 332-2004 팩스 (02) 336-5193
이메일 kyungmoon@kyungmoon.com
facebook facebook.com/kyungmoonsa

값 19,000원

ISBN 978-89-6105-998-5

preface

머리말

"수란 무엇인가?"라고 물으면 당신은 어떻게 대답하시겠습니까? 간단한 것 같지만, 조금만 생각해도 답하기 어려운 문제임을 알 것입니다. '수'라 이름 붙은 것을 열거해가는 것은 하나의 답이 될 수 있습니다. 자연수, 정수, 유리수, 실수, 혹은 복소수 등은 모두 수라는 이름이 붙어 있습니다. 그 외에도 사원수라는 것이 있습니다. 그럼 "또 다른 수는 없는가?"라고 물으면, 역시 간단히 답할 수 있는 문제가 아님을 알 것입니다. 벡터는 수를 이용하여 나타낼 수 있지만, 벡터 자신은 수가 아닙니다. 그렇다면, 어떤 것에 '수'라는 이름이 붙기 위한 자격은 무엇일까요? 음수나 분수를 처음 배웠던 때를 상기하면, 때로는 그 의미를 이해하기 어려웠지만, 덧셈이나 곱셈에 의해 다양한 계산을 할 수 있는 편리한 것이었습니다. 게다가 유리수는 사칙연산을 자유롭게 할 수 있는 것이 특징이며, 역으로 말해 그렇게 생각해서 만들었다고도 할 수 있습니다. 그러나 그것만으로는 실수나 복소수를 특징지을 수 없습니다. 실수나 복소수는 수학의 오랜 역사 속에서 조금씩 모습을 드러내왔고, 19세기가 되어서야 비로소 엄밀한 모습으로 정돈되었습니다. 유리수나 실수의 집합은 유리수체 혹은 실수체라고도 불립니다. 여기서 체라는 것은 사칙연산을 자유롭게 할 수 있는 것들의 집합이라고 엄밀히 정의할 수 있습니다. 그러나 사칙연산이 가능한 것을 모두 수라고 할 수는 없습니다. 체 속에는 어떤 종류의 함수들의 집합처럼, 수의 집합이라고 생각하기 어려운 것도 있습니다. 어쨌든, 수란 무엇인가라는 물음에 답하려면, 각각의 수가 수학의 발전의 흐름 속에서 어떻게 탄생했는가를 살펴보는 것이 필요하겠지요.

수와 나란히 수학의 대상이 되는 것이 도형입니다. 추상적인 수와 직감적인 도형은 수학을 이해하는 데 있어 서로 보완하는 관계입니다. 1/3이란 1을 삼등분하는 것인데, 이러한 분수의 의미를 이해하려면 선분의 길이라는 아이디어가 효과적이지요. 도형의 학문으로서 그리스 시대에 완성된 유클리드 기하의 그 이론적 엄밀성에 놀랄 것입니다. 역으로 말하면 그 높은 완성도 때문에, 근세가 되기까지 새로운 진전은 볼 수 없었습니다. 그 이유 중 하나는 수 이론이 충분히 발전하지 않았던 점도 있습니다. 예를 들면, '부피가 2인 정육면체를 자와 컴퍼스로 작도할 수 있을까?'라는 문제가 있었습니다. 이것은 2의 세제곱근을 유클리드 기하에서 구할 수 있는지에 대한 문제와 같은데, 19세기가 되어서야 겨우 위에서 다룬 체의 아이디어에 기초하여 작도할 수 없음을 알게 되었습니다. 원래 수와 선분의 길이와 같이 유클리드 기하의 도형과 수 사이에는 밀접한 관계가 있었는데, 유클리드 원론의 공리는 이 점이 불명확하고, 실수라는 개념도 겉으로는 나타낼 수 없었습니다. 그러나 독일의 수학자 힐베르트가 유클리드 기하의 공리를 철저하게 연구함으로써, 유클리드 기하를 완전한 형태로 형식화하는 것은 실수란 무엇인가 혹은 어떤 필연성으로부터 나왔는가를 이해하는 것에 지나지 않음을 판명하였습니다.

이 책에서는 위에서 기술한 것처럼, 수와 도형 혹은 그것과 관련된 방정식에 대해서 설명하고 있습니다. 이 책은 4개의 부분으로 나누어져 있습니다. 제1장은 복소수에 이르기까지 수가 발전해 온 대략적인 역사와, 가우스에 의한 대수학의 기본정리의 증명을 다루고 있습니다. 이 증명에는 연속함수의 성질을 약간 이용합니다만, 직감적으로 잘 아는 것이라고 생각합니다. 제2장은 군이나 환이라는 대수계에 대한 설명입니다. 단, 너무 일반론에는 들어가지 않고 다항식이 가지는 성질에 초점을 맞추고 있습니다. 고등학교에서 배우는 다항식이나 방정식에서 약간 더 나아간 이론이므로, 구체적으로 생각하는 것이 가능할 것입니다. 여기서 필요한 것은 선형대수의 기초지식 정도입니다. 제3장은 갈루아에 의한 5차 이상의 대수방정식의 비가해성(해의 공식이 존재하지 않는다는 것)의 증명과 그것을 위한 준비입니다. 제4장과 제5장은 유클리드 기하에 관한 것입니다. 제4장에서 힐베르트에 의한 유클리드 기하의 공리계와 실수의 관련성에 대한 설명을 하고 있습니다. 마지막으로 제5장에서는 유클리드 기하의 작도문제와 종이접기에 의한 작도문제를 다룹니다. 이들을 이차 및 삼차방정식의 해와 결부시킴으로써, 예를 들어 어떤 정다각형이 작도가능한지를 알 수 있습니다.

이 책은 그리스 시대에서 시작하여 19세기의 가우스 또는 갈루아, 나아가 20세기 초의 힐베르트에 이르는 수학의 고전을 배우는 것을 목적으로 하고 있습니다. 대학에서 장차 수학을 배우려고 하는 사람이나 이미 전문 과정에서 수학을 배우고 있는 학생 여러분에게 있어서도 수학이란 무엇인가를 아는 데 많은 도움이 될 것이라 생각합니다.

니시다 고로(西田吾郎)

역자 서문

니시다 고로(西田吾郎)는 1943년 일본 오사카부에서 태어나 오사카부립(府立) 코우즈(高津)고등학교를 거쳐 교토(京都)대학 이학부를 졸업하고 석사과정을 거쳐 교토대학 대학원 이학연구과 교수를 역임하였으며, 2014년 6월 2일(70세) 패혈증으로 서거하였습니다. 그는 대수적 위상기하학, 호모토피군의 권위자였는데, 26세이던 1979년에 '구면 호모토피군 연구'로 일본수학회에서 매년 40세 미만의 우수한 업적을 거둔 수학자에게 수여하는 일본판 필즈상인 이야나가[1]상을 수상하였습니다.

저자는 머리말에서 이 책을 그리스 시대에서 시작하여 19세기의 가우스와 갈루아, 나아가 20세기 초의 힐베르트에 이르는 수학의 고전을 배우는 것을 목적으로 4개의 부분으로 나누어 저술했다고 밝히고 있습니다. 제1장 '수와 방정식'에서는 복소수에 이르기까지의 수의 개괄적인 역사와 가우스의 대수학의 기본정리를 다루고 있으며, 제2장 '대수계'에서는 체(field), 벡터공간, 군(group), 환(ring)과 다항식, 그리고 다항식환(polynomial ring)에 관한 성질을 다루고 있습니다. 제3장 '갈루아 이론'에서는 5차 이상의 대수방정식의 비가해성의 증명과 그것을 위한 확대체, 갈루아 이론, 대칭식과 대칭군, 원분체 등을 다루고 있습니다. 또한 제4장 '유클리드 기하와 체'에서는 유클리드 기하와 실수, 힐베르트 공리계, 공리에서 실수로, 공리의 독립성을 다루고 있으며, 제5장 '작도와 방정식'에서는 작도와 종이접기, 각의 삼등분 등에 대해 다루고 있습니다. 즉, 이 책은 수학에서 가우스, 갈루아, 힐베르트의 업적을 축

---

1) 이야나가 쇼우키치(弥永昌吉)는 1906년 4월 2일에서 출생하여 2006년 6월 1일에 서거한 일본의 수학자이다. 전공은 정수론이며, 단항화(単項化)나 분지이론(分岐理論) 등 유체론(類体論)의 발전에 큰 기여를 하였다.

으로 하여 수론·대수학·기하학의 기초를 세심하게 해설하고 있을 뿐만 아니라, 이를 통하여 수와 도형 이론은 서로 관련하면서 발전해 왔음을 역설하고 있습니다.

정년이 지난 후, 니시다 고로는 "대수학에 대한 통상적인 책에서는 단순한 대수계에서 복잡한 것으로, 즉 군, 환, 체의 순으로 해설하는 경우가 많은데, 이 단순함은 만족해야 하는 공리의 개수에 의한 것이며, 반대로 대상이 되는 대수계의 종류로 말하자면 단순함은 역이 된다."고 하면서, 통상적인 책과는 다른 순서로 대수계를 설명하고 있습니다. 이것은 산 정상에 오른 뒤에 쉬운 등산로를 안내하는 것과 같습니다. 수와 도형 혹은 그것과 관련된 방정식에 대해 누구라도 읽을 수 있도록 저술된 이 책은 특히 대학에서 수학과 관련된 학과로 진학을 희망하는 고등학교 학생, 대학의 수학과 또는 수학교육과에서 수학을 전공하고 있는 대학생, 그리고 수학을 애호하는 모든 사람들이 "수학이란 무엇인가?"를 이해하는 데 큰 도움이 될 것으로 생각됩니다. 이들이 다시 가르치는 입장에 섰을 때, 수학을 제대로 알고 가르칠 수만 있다면 역자로서는 바랄 게 없습니다.

"수란 무엇인가?"라는 물음에서 시작하여 수론·대수학·기하학 등 현대수학의 기초를 서로 관련지으면서, 수의 개념으로부터 종이접기에 의한 작도문제에 이르기까지 쉽게 해설하고 있는 이 책이 빛을 보게 되기까지 많은 도움을 주신 경문사의 조경희 사장님, 그리고 편집부 관계자들에게 깊은 감사의 말씀을 드립니다.

2017년 2월

대표역자 김 부 윤

차례

contents

제1장 수와 방정식

제2장 대수계

제3장 갈루아 이론

제4장 유클리드 기하와 체

제5장
작도와 방정식

제1장

수와
방정식

1.1 일차방정식과 유리수

자연수와 정수

수란 무엇인가를 생각할수록 먼저 **자연수**(여기에는 0을 포함하지 않는 것으로 한다)란 무엇인가를 알지 않으면 안 된다는 것을 느끼게 될 것이다. 어떤 수의 성질도 끝까지 파고들면 결국 자연수의 성질로 귀착하게 된다. 그러나 자연수 자체를 보다 기본적인 것에 귀착하는 것은 있을 수 없다. 자연수는 접시 위의 사과의 개수나 사물의 순번을 나타낼 수 있다. 또 단위가 되는 길이를 정하면, 사물의 길이를 나타낼 수 있다. 십진법을 이용하면 어떤 자연수도 간단하게 나타낼 수 있다. 그럼에도 불구하고, 여차여차한 것을 자연수라 부르자고 하듯이, 자연수를 정확하게 정의하는 것은 곤란하다. 그래서 여기서는 자연수를 정의하는 것은 단념하고, 그 대신에 자연수가 만족하는 가장 기본적인 성질을 열거해보자.

먼저 사물의 출발점으로서 1이라는 자연수가 있다. 그리고 어떤 자연수에 대해서도 그 다음의 자연수가 단 하나 있다. 여기서 자연수 n에 대해 다음 수를 n'으로 나타내면(우선은 단순한 기호로 나타낸다), 아래의 성질을 만족한다.

(1) 1은 어떤 자연수의 다음 수는 되지 않는다.

(2) $n' = m'$이면 $n = m$이다.

(3) 자연수의 집합 S가 2개의 조건 $[1 \in S]$ 및 $[n \in S$이면 $n' \in S]$를 만족하면, S는 자연수 전체와 일치한다.

이것이 소위 자연수에 관한 페아노[1)] 공리이다. 자연수의 여러 성질은 위의 기본적인 공리로부터 유도할 수 있다. 예를 들어, 자연수의 덧셈 $n+m$은 어떻게 정의할까? 먼저 1을 더하는 것, 즉 $n+1$을 n의 다음 수 n'이라 정의한다. 다음으로 $n+m$이 정의되어 있으면, $n+(m+1)=(n+m)+1$로 정한다. 이것으로 모든 자연수 n, m에 대해서 $n+m$이 정의된다. 이때 n을 고정하고 $n+m$이 정의되도록 하는 자연수 m들의 집합을 S라 한다. 성질 (3)으로부터 S는 자연수 전체가 되기 때문이다. 이것으로부터 알 수 있듯이 (3)을 이용하여 무엇인가를 논증하는 것이 소위 말하는 **수학적 귀납법**이다. 그런 의미에서 (3)은 수학적 귀납법의 공리라 부른다. 또 곱셈 $n\times m$의 정의는 먼저 $n\times 1=n$이라 하고, $n\times m$이 정의되어 있으면

$$n\times(m+1)=n\times m+n$$

이라 하면 된다는 것은 덧셈과 마찬가지로 보일 수 있다.

이상과 같은 정의에서 덧셈과 곱셈의 기본적 성질, 예를 들어 교환가능하다는 것은 다음과 같이 확인할 수 있다. 먼저 $1+n=n+1$이 성립하는 자연수 n들의 집합을 T라 하자. $1\in T$은 분명하다. $1+n=n+1$이 성립하면, $1+(n+1)=(1+n)+1=(n+1)+1$이므로 (3)의 조건이 만족되어, 수학적 귀납법에 의해 모든 자연수 n에 대해 $1+n=n+1$이 성립한다. 다음으로 n을 고정하고, $n+m=m+n$이 성립하는 자연수 m들의 집합을 U라 하자. 위에서 서술한 것으로부터 $1\in U$이다. $m\in U$이면 $m+1\in U$도 쉽게 알 수 있다. 따라서 수학적 귀납법에 의해 모든 n, m은 $n+m=m+n$을 만족한다. 덧셈이나 곱셈의 추이율(推移律; transitivity), 즉

$$(n+m)+k=n+(m+k),\quad (n\times m)\times k=n\times(m\times k)$$

혹은 분배율(分配律; distributive law)

---

1) Giuseppe Peano(1858~1932)는 이탈리아의 수학자이다. 페아노 곡선의 발견으로도 잘 알려져 있다.

$$(n+m)\times k = n\times k + m\times k$$

등도 마찬가지로 보일 수 있다. 또 다음 성질

$$n+m=n+k \Rightarrow m=k, \quad nm=nk \Rightarrow m=k$$

도 증명할 수 있다.

페아노 공리를 만족하는 '어떤 것'이 있으면, 이는 자연수와 본질적으로 같은 구조를 가지며, 덧셈이나 곱셈이 정의되고, 잘 알려진 연산규칙이 성립함을 증명할 수 있다.

자연수의 소박한 개념은 여느 고대문명에도 있었다고 여겨진다. 그러나 0이나 음수의 개념이나 그 표기법은 상당히 늦어져 인도에서 시작되어 아라비아로 발전했다고 한다. 인도에는 불교의 공(空)과 같은 개념이 있었기 때문에, 아무것도 없는 상태를 '영(零)을 가진다'고 생각하는 것에 저항은 없었을 것이다. 또 아라비아에서는 음수를 포함하는 수의 계산방법이나 방정식 등의 대수학(algebra)이 만들어졌고, 이것은 후에 르네상스 유럽으로 전해진다. 한편 고대 그리스나 로마와 같이 우수한 철학과 기하학을 남긴 사회에서 0이나 음수가 사용되지 않았던 것은 이상하다. 예를 들어, 로마에서는 율리우스력(曆)과 같은 정밀한 달력이 사용되고 있었지만, 6세기가 되어서야 연도 표기를 그리스도 기원 즉 AD를 사용하는 방법으로 바꿨다. 이때 0의 관념이 없었으므로 그리스도가 태어난 해(이 해는 역사의 오인이 있었기 때문에 틀린 것이지만)를 AD 1년으로 정했다. 현대에는 만 나이를 사용하는 것이 보통이므로 아기가 태어났을 때 0세인 반면, 그리스도가 태어났을 때는 1세, 즉 세는 나이를 사용했다. 아마 이것이 세기의 시작이 **00년이 아니라 **01년으로 된 이유일 것이다. 더욱이 AD 1년의 전 해는 BC 1년이며, AD 0년이라는 해는 없다.

위에서 서술한 페아노의 공리에도 0은 포함되어 있지 않다. 그러나 후에 집합론을 이용하여 자연수를 구성하려고 했을 때, 공집합의 개념을 이용함으로써 0을 자연수에 포함시키는 것이 보다 자연스럽다고 생각하게 되었다. 하지만 공집합, 즉 '원소가 존재하지 않는 집합'이라는 개념은 상당히 인공적인 것이다. 유사한 이상함은 0에도 있다. a가 어떤 수이더라도 $a^0 = 1$이다. 그러나 a^0은 실질적으로 정의된 것도 아니고, $a^0 = 1$이 증명된 것도 아니다. 이것은 지수법칙 $a^{n+m} = a^n \times a^m$이 모든 정수에 대해서 성립하도록 약속된 기법이다. 이러한 기법을 사용하면 매우 편리하다. 현대의 우리는 0의 개념에 친숙하지만, 명석함을 사랑한 그리스, 로마 사람에게는 받아들이기 어려웠는지도 모른다.

자연수가 접시 위의 사과와 같이 한 종류의 사물의 개수를 나타낸다고 하면, 음의 개수라는 개념은 상상하기 어렵다. 음수는 같은 종류의 사물의 수이지만, 상반되는 두 상태가 관련되어 있을 때에 나타난다. 예를 들어, 가계에서 수입과 지출을 생각해보자. 수입 항목끼리 혹은 지출 항목끼리는 서로 더할 수 있지만, 수입과 지출을 더하는 것은 의미가 없다. 의미가 있는 것은 수지잔고(收支殘高)이다. 수입이 100만 원이고 지출이 105만 원인 가정과 수입이 1000만 원이고 지출이 1005만 원인 가정은 전혀 다른 지출 내역을 갖겠지만, 수지잔고만 보면 같다. 이와 같이 무엇인가를 새로운 '수'로 나타내고, 그 표기방법이나 계산법칙을 알게 되면 수의 세계가 한층 넓어지는 것은 분명하다.

동치관계

자연수(여기에는 0을 포함하지 않는 것으로 한다)의 쌍 (n, m)에 대해 방정식

$$x + m = n$$

을 생각하자. 예를 들어 수입이 n이고 지출이 m인 가계의 경우, 이 방정식의 해는 수지잔고를 나타내고 있다. $n > m$일 때, 이 방정식은 자연수인 해를 갖고, 그것을 $n - m$이라는 기호로 나타내는 것은 초등학교 저학년 때 배운다. 한편 $n \leq m$일 때, 이 방정식은 자연수인 해를 가지지 않지만, 그럼에도 불구

하고 가계의 어떠한 상태를 나타내고 있다. 즉, 가상적인 해를 가진다고 생각할 수 있다. 그렇다면 이러한 가상적인 해에 대해서도 덧셈과 곱셈을 정의할 수 있을까?

먼저 서로 다른 두 방정식이 같은 해를 가지는 경우가 있는지, 또 그것은 어떠한 경우인지를 살펴보자. 단, 뺄셈 기호 $n-m$은 아직 정의되어 있지 않음에 주의해야 한다. 두 방정식 $x+m=n$과 $x+m'=n'$을 생각하자. 이 방정식의 해가 같다 하고 $x+m=n$과 $n'=x+m'$을 각 변끼리 더하면, $x+m+n'=x+n+m'$이므로 $n+m'=m+n'$이다. 역으로 $n+m'=m+n'$이면 쉽게 알 수 있듯이 해는 같다.

정의 1.1.1 | 자연수의 쌍 (n, m), (n', m')은 $n+m'=m+n'$일 때 (덧셈에 관해서) 동치라고 하고, $(n, m) \sim (n', m')$으로 나타낸다.

일반적으로 어떤 집합의 두 원소 a, b 사이의 관계 $a \sim b$가 다음 3개의 조건을 만족할 때, **동치관계**라 한다.

(1) 반사율: 임의의 원소 a에 대해서 $a \sim a$가 성립한다.
(2) 대칭율: $a \sim b$이면 $b \sim a$가 성립한다.
(3) 추이율: $a \sim b$이고 $b \sim c$이면 $a \sim c$가 성립한다.

또 이러한 관계에 있는 두 원소는 '동치이다'라고 한다(상황에 따라 합동이라고도 한다). 두 원소가 '같다'라는 관계 $a=b$는 물론 세 조건을 만족하고 있다. 즉, 동치관계라는 것은 이 세 조건을 만족하는 (어떠한 의미에서 같은) 관계를 나타내고 있다.

중요한 것은 하나의 동치관계가 주어지면, 이 집합의 원소들을 서로 동치인 것끼리 한데 모아서 **서로 공통부분을 가지지 않는 그룹으로** 유별(類別)할 수 있다는 것이다. 이러한 그룹을 **동치류**(상황에 따라 합동류 혹은 잉여류 등)라 부른다. 동치류를 구별하기 위해서 대표자를 뽑아 두거나 각각에 이름을 붙일 수도 있다. 역으로 어떤 방법에 의해 이런 유별이 주어지고 두 원소가 같은 류(類; class)에 속할 때 동치라고 정의하면, 하나의 동치관계를 정할 수 있다는 것도 알 수 있다. 즉, 유별을 하는 것과 동치관계를 정하는 것은 본질적으로 같다. 증명은 쉬우므로 각자 시도해보기 바란다.

예를 들어보자. n을 주어진 자연수라 하자. 이때 자연수의 집합을 n으로 나누었을 때 나머지가 같은 것들로 유별할 수 있다. 동치관계의 용어로 말하면, 자연수 a, b를 n으로 나누었을 때 나머지가 같으면 동치라고 정의한다. 만약 $n=3$이면 3으로 나누어떨지는 것, 나머지가 1인 것 그리고 나머지가 2인 것의 3개의 류로 나눌 수 있다. 이렇게 유별하는 사고방법의 위력은 대학입시의 정수 문제 등에서도 확인할 수 있다.

동치관계가 아닌 관계로는 '친구이다' 혹은 '사촌이다, 즉 조부모 중 한 사람이 공통이다' 등이 있다. 예를 들어, 어떤 학급 학생들의 집합에서 $a \sim b$라는 것은 'a는 b를 친구라고 생각하고 있다는 것'이라 하자. 이때 조건 (1)이 성립한다고 약속하더라도 일반적으로 (2)나 (3)은 성립한다고 할 수 없다. 따라서 학급의 학생들을 친구끼리 그룹으로, 서로 공통부분을 갖지 않도록 나누는 것은 일반적으로 할 수 없다.

정수

음수의 정의를 어떻게 하면 좋을까? 먼저 0이라는 수를 인정하면, $x+n=0$을 만족하는 수를 n의 음의 수라고 정하는 것이 자연스럽다. 예를 들어, 시간의 흐름과 같이 과거의 시간을 나타내는 것이 음수라고 생각할 수도 있다. 이것은 직관적으로는 알기 쉽지만 그러한 수가 어디에 있는지, 어떤 성질을 가지는지 등은 명확하지 않다. 이는 $x^2=-1$이 되는 수의 존재와 본질적으로 같은 문제이다.

그래서 추상적이지만 이러한 의문이 발생하지 않도록 정수를 정의하자. 정의 1.1.1에 의해서 주어진 자연수 쌍들 사이의 관계 $(n, m) \sim (n', m')$이 동치관계임은 쉽게 알 수 있다. 예를 들어 $(n, m) \sim (n', m')$이고 $(n', m') \sim (n'', m'')$일 때, 정의로부터 $n+m' = m+n'$이고 $n'+m'' = m'+n''$이다. 따라서

$$n+m'+n'+m'' = m+n'+m'+n''$$

이므로 $n+m'' = m+n''$이 성립하고 $(n, m) \sim (n'', m'')$이다.

이때 자연수 쌍의 집합은 동치류들로 유별할 수 있다. 가계를 예로 들면, 수지잔고가 같은 것을 한데 모은 것이다. 그래서 하나하나의 동치류, 즉 각각을 한데 모은 것을 **정수**라 이름 붙인다. 이러한 정의는 쉽게 이해하기 어렵지만, 간단히 말해서 하나의 집합을 어떤 동치관계로 분류하고 그것들을 몇 개의 류(類)로 분할한다는 것이다. 각각의 류를 구성하는 원소들을 잊어버리고 류에 주목하면, (필요하면 각각의 류에 새로운 이름을 붙여서) 류들을 원소로 하는 새로운 집합을 만들 수 있다. 동치관계를 이용하여 새로운 집합을 정의하는 방법은 이 책에서도 이후 몇 번이나 나오는데, 수학에서는 상투적인 수단이다. 이런 아이디어를 충분히 이해하는 것이 대학에서 수학을 배우는 데 있어서 필수 요건이다.

자연수의 쌍 (n, m)이 속하는 류는 하나의 정수를 정한다. 이 정수를 기호 $n-m$으로 나타낸다. 역으로 임의의 정수, 즉 류는 그것에 속하는 쌍 (n, m)을 임의로 골라 $n-m$으로 나타낼 수 있다. 동치의 정의로부터 바로 알 수 있듯이

$$n-m = n'-m' \Leftrightarrow (n, m) \sim (n', m') \Leftrightarrow n+m' = m+n'$$

이다.

정수는 자연수와 마찬가지로 덧셈과 곱셈을 정의할 수 있다. 정수 a, b를 자연수 n, m, k, l을 이용하여 각각

$$a = m - n,\ \ b = k - l$$

로 나타냈을 때,

$$a + b = (m - n) + (k - l) = (m + k) - (n + l)$$
$$ab = (m - n)(k - l) = (mk + nl) - (ml + nk)$$

라 두자. 이들은 a, b를 나타내는 방법, 즉 n, m, k, l의 선택방법에 의존하지 않고 정수로서 일의적으로 정해진다는 (이것을 모순 없이 정의할 수 있다는) 것을 쉽게 확인할 수 있다.

이 덧셈과 곱셈에 대해서 자연수의 계산법칙, 예를 들어

$(a+b)+c = a+(b+c),\ \ (ab)c = a(bc)$ (덧셈과 곱셈의 추이율)

$a+b = b+a,\ \ ab = ba$ (덧셈과 곱셈의 교환율)

$a(b+c) = ab+ac$ (분배율)

등이 그대로 성립한다는 것도 확인할 수 있다. 더욱이 모든 정수에 대해서 뺄셈은

$$a - b = (m - n) - (k - l) = (m + l) - (n + k)$$

를 통해 모순 없이 정의할 수 있다. 자연수 n에 대해서 정수 $n-n$을 기호 0으로 나타낸다. 또 정수 $a = m - n$에 대해서 그 음수를 $-a = n - m$이라 정한다. 이 정의들도 n 또는 m을 취하는 방법과는 상관없다. 이때 임의의 정수 a에 대해

$$a + 0 = a,\ \ a + (-a) = 0$$

등이 성립한다.

주 1.1.1 정수의 덧셈과 곱셈을 이처럼 정의하면, 위와 같은 성질이 성립함은 쉽게 확인할 수 있다. 한편 다음 사항에 주의하자. 위와 같은 연산규칙이 당연히 성립해야 하는 것이라면, 앞에서 말한 정수에 대한 덧셈이나 곱셈의 정의는 다르게 바꿀 수 없다. 예를 들어보자. $0=n-n$이므로 정의로부터

$$(m-k)0=(m-k)(n-n)=(mn+kn)-(mn+kn)=0$$

이다. 한편 연산법칙(분배율)을 가정하면,

$$(m-k)0+(m-k)0=(m-k)(0+0)=(m-k)0$$

이므로 $(m-k)0=0$이 되어야 한다. 또 $a=b=-1$, 즉 $m=k=0$, $n=l=1$이라 하면 정의로부터 $(-1)(-1)=1$이 되는데, 이것은 자의적으로 정해진 것이 아니라 $(-1)1=-1$과 분배율로부터 정해진다.

$$(-1)(-1)-1=(-1)(-1)+(-1)1=(-1)\{(-1)+1\}=(-1)0=0$$

즉 (마이너스)×(마이너스)는 (플러스)가 된다.

덧셈과 곱셈이 있어 위와 같은 성질을 만족하는 집합을 일반적으로 가환환(可換環; commutative ring, 49쪽 참조)이라 부른다. 즉 모든 정수들의 집합을 $\mathbb{Z}$로 나타내면 다음이 성립한다.

정리 1.1.2 | 정수의 집합 $\mathbb{Z}$는 가환환이다.

자연수 n에 대해 정수 $(n+k)-k$는 k를 취하는 방법에 상관없이 정해진다. 이렇게 해서 자연수를 정수로 생각할 수 있다. 또 모든 정수는 자연수 n, 0, 음의 자연수 $-n$ 가운데 일의적으로 나타내어진다.

이상의 것을 방정식의 용어로 말하면, 다음과 같이 정리할 수 있다.

정리 1.1.3 | 정수 a, b에 대하여 방정식

$$x+a=b$$

는 단 하나의 정수해를 가진다.

증명 | 위의 식으로부터 $(x+a)+(-a)=b+(-a)=b-a$이고

$$(x+a)+(-a)=x+(a+(-a))=x+0=x$$

이다. 따라서 해는 $x=b-a$이다. 이것은 식의 변형만으로 얻어지므로 해는 일의적이다. □

▶ 유리수

다음으로 유리수를 정의하자. n을 자연수(0은 포함하지 않는다), m을 정수라 할 때, **분수** $\frac{m}{n}$의 정의는 무엇일까? 그것은 n배 하면 m이 되는 '무언가'이다. 이 '무언가'를 x로 나타내면 그것은 방정식 $nx=m$의 해이다. 어쨌든 이 '무언가'의 구체적인 정의를 생각해보자.

이하 정수를 정의한 것과 마찬가지로 논의를 더듬어가자. 방정식 $nx=m$에 해가 있다고 가정하자. 두 방정식 $nx=m$과 $n'x=m'$의 해가 같다고 할 때, $nx=m$과 $m'=n'x$를 각 변끼리 곱하면 $nm'x=mn'x$이므로 $nm'=mn'$이고, 역으로 $nm'=mn'$이면 해는 같다.

자연수와 정수의 쌍 (n, m), (n', m')은 $nm'=mn'$일 때 (곱셈에 관해) 동치[2]라고 하며, $(n, m)\sim(n', m')$으로 나타낸다. 이것이 동치관계임은 쉽게 확인할 수 있다. 따라서 쌍 (n, m)들의 집합은 동치류들로 분류된다. 그 하나하나의 동치류를 **유리수**라 부르고, 모든 유리수의 집합을 $\mathbb{Q}$로 나타낸다.

2) 덧셈일 때와 같은 용어나 기호를 사용하지만 혼동하지 말 것.

쌍 $(n,\ m)$으로 유리수를 정의하는 것이 낯설면, 쌍 $(n,\ m)$을 분수 $\dfrac{m}{n}$으로 생각하면 된다. 이때 분수 $\dfrac{m}{n}$은 하나의 동치류, 즉 유리수를 결정한다. 역으로 임의의 유리수는 그것에 속하는 쌍 $(n,\ m)$을 임의로 택해서 분수 $\dfrac{m}{n}$으로 나타낼 수 있다. 2개의 분수 $\dfrac{m}{n}$과 $\dfrac{m'}{n'}$은 $nm' = n'm$일 때 같은 유리수를 나타낸다. 이렇게 겉보기에는 다르지만, 같은 분수들을 한데 모아서 유리수라 부르는 것이다. 정수 n은 $\dfrac{n}{1}$이므로 유리수라 할 수 있다.

정수의 덧셈과 곱셈을 정의한 것과 마찬가지로, 유리수의 덧셈과 곱셈을 정의할 수 있다. 먼저 $a = \dfrac{m}{n}$, $b = \dfrac{k}{l}$를 유리수라 할 때, 덧셈, 뺄셈을

$$a + b = \frac{ml + nk}{nl},\ \ a - b = \frac{ml - nk}{nl}$$

라 함으로써 유리수를 나타내는 분수를 택하는 방법에 상관없이 정의할 수 있다. 또 곱셈은

$$ab = \frac{mk}{nl}$$

로 정의하면, 덧셈과 곱셈에 대한 정수의 연산법칙이 그대로 성립한다.

정수와 다른 유리수의 성질은 0이 아닌 임의의 유리수에 의한 나눗셈이 가능하다. 즉, 몫이 유리수로 얻어진다. 유리수 b를 a로 나눌 때, 몫이 x라는 것은 정의로부터 $b = ax$가 성립한다는 것이다. 이것을 보이기 위해서는 $a = \dfrac{m}{n}$, $b = \dfrac{k}{l}$일 때

$$x = \frac{b}{a} = \frac{k}{l} \times \frac{n}{m} = \frac{kn}{ml}$$

이라고 하면 된다는 것을 바로 알 수 있다.

주 1.1.1에서 말한 것과 마찬가지로 유리수의 덧셈, 곱셈 혹은 나눗셈의 정의는 규범적이다. 즉 통상의 연산법칙이 성립하도록 하는 정의는 이것에 한정됨을 알 것이다. 분수의 나눗셈을 분자와 분모를 뒤집어 곱하는 이유는 직감

적으로 설명하기 어려우며, 엄밀하게 말하면 그것이 유일하고 정합적인 정의이기 때문이다.

이상으로부터 유리수에서는 사칙연산이 정의되며, 잘 알려진 연산법칙을 만족함을 알 수 있다. 따라서 유리수의 집합 $\mathbb{Q}$는 체(体; field, 45쪽 참조)가 되고 다음 정리가 성립한다.

> 정리 1.1.4 | 유리수의 집합 $\mathbb{Q}$는 체이다.

> 정리 1.1.5 | $a(\neq 0)$, b를 유리수라 하자. 이때 일차방정식 $ax+b=0$은 단 하나의 유리수 해를 가진다.

1.2 이차방정식과 무리수

▶ 그리스의 수학과 무리수

고대 이집트의 피라미드나 메소포타미아의 거대 건조물을 보면 그 측량기술이 상당히 높은 수준이었음에 놀라게 된다. 측량에서 기본이 되는 것은 물건의 길이를 정확하게 재는 것이다. 기하학(geometry)은 길이나 각도를 재는 기술에서 발전되어 왔는데, 이는 그 어원이 '토지(geo)를 재다(metry)'라는 점에서 알 수 있다. 고대에는 물건의 길이를 재기 위해서 기준이 되는 것을 대상에 몇 번 대어보고, 다소의 오차는 무시하여 기준 길이의 3배 혹은 5배라는 식으로 나타내었을 것이다. 이러한 기준 길이로 장대 같은 것 또는 팔꿈치에서 손가락 끝까지의 길이와 같은 신체의 일부가 사용되었는데, 그 흔적은 '피트'나 '척(尺)'과 같은 단위에서 찾아 볼 수 있다. 기준 길이, 즉 단위를 정해두면 길이를 수로 나타낼 수 있다는 것은 쉽게 깨닫기 어려웠다. 처음의 이러한 수는 자연수였다. 자연수는 사물의 개수를 하나하나 센다는 것에서 추상화된 것인데, 개수만이 아니라 길이도 나타낼 수 있었다. 물론 단위 길이의 자연수배로 한정되지 않는 길이도 어떠한 수로 나타내는 것이 실용상으로도 중요했다. 아마 분수는 길이를 보다 정확하게 나타내기 위해 생각해냈다고 여겨진다. 고대 이집트나 메소포타미아에서 이미 분수, 즉 유리수가 사용되고 있었다는 사실은 고대 문서의 해독으로부터 잘 알려져 있다. 예를 들어 단위 길이를 u라 했을 때, 2개의 물건 A, B의 길이가 각각 $3u$, $5u$라 하면, A와 B의 길이 비는 $3u : 5u = 3 : 5$와 같이 자연수의 비로 나타낼 수 있다. 이 비는 단위의 선택방법에 의존하지 않는다. 이것을 A는 B 길이의 $\frac{3}{5}$배라고 하게 된 것이 분수의 기원 중 하나이기도 하다.

또 어떤 길이의 분수배를 구하는 것도 기하학을 이용하여 얻어진 것이다. 예를 들어 길이 a의 $\frac{2}{3}$배를 구하기 위해서는 먼저 오른쪽 그림과 같이 점 O를 시점으로 하는 2개의 반직선을 생각한다. 한쪽의 반직선 l 위에 O에서부터 길이가 a인 점 P를 잡는다. 또 다른 쪽의 반직선 l' 위에 길이가 3인 점 Q를 잡고 점 P와 잇는다. 반직선 l' 위의 길이가 2인 점을 지나고 직선 PQ에 평행한 직선이 l과 만나는 점을 X라고 하면, OX의 길이가 구하는 것이다.

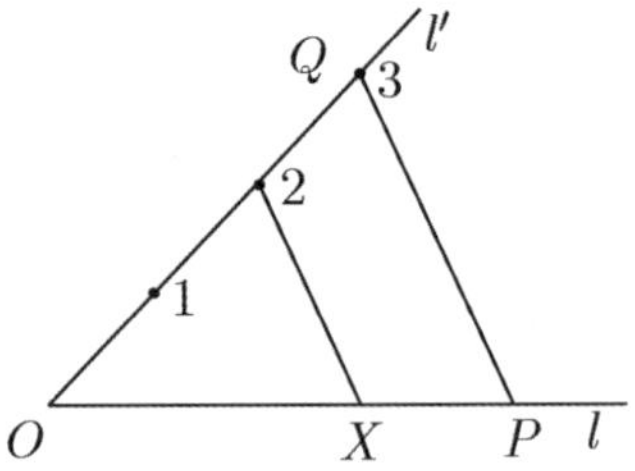

여기서 용어 하나를 사용하자. 선분의 길이처럼 두 양 a, b가 **통약가능**(reducible)하다는 것은 단위 길이 u를 잘 잡아서 적당한 자연수 n, m에 의해 $a = nu$, $b = mu$로 나타낼 수 있음을 말한다. 비로 말하자면 $a : b = n : m$이며, $a = \frac{n}{m}b$이므로 한쪽이 다른 한쪽의 분수배가 된다는 것과 같다. 두 양 a, b가 통약가능 할 때, 그 단위 길이를 어떻게 잡으면 좋을지를 아는 것은 측량 등의 실용상 중요했다. 예를 들어, 어떤 단위 u에 대해서 $a : b =$

$3 : \frac{1}{2}$과 같이 자연수의 비가 되지 않을 때 단위를 $\frac{u}{2}$로 바꾸면 $a : b = 6 : 1$이 된다. 이런 방법은 후에 유클리드 원론에 정확한 형태로 기술되어 유클리드 호제법이라 부르게 되지만, 실제로는 그리스 이전부터 알려져 있었다.

▶ 유클리드 호제법

자연수 $a_1 > a_2$를 생각하자. a_1에서 a_2를 반복해서 빼가면, 더 이상 뺄 수 없게 되는 경우가 나타난다. 즉 어떤 자연수 n_1에 대해서

$$n_1 a_2 \leq a_1 < (n_1 + 1) a_2$$

가 된다. $a_1 \neq n_1 a_2$일 때 $a_3 = a_1 - n_1 a_2$라 두면 $a_2 > a_3 > 0$이 된다. a_2, a_3에 대해서도 마찬가지로 자연수 n_2가 정해지고, $a_2 \neq n_2 a_3$이면 $a_4 = a_2 - n_2 a_3$에 의해 a_4를 정할 수 있다. 즉

$$\begin{gathered} a_1 = n_1 a_2 + a_3 \\ a_2 = n_2 a_3 + a_4 \\ \vdots \\ a_{i-2} = n_{i-2} a_{i-1} + a_i \end{gathered}$$

에 의해 a_i를 정할 수 있다. 이 조작은 a_i가 0이 되면 종료한다.

이때 이 조작이 유한번으로 끝난다는 것과 a_1, a_2가 통약가능하다는 것은 동치이다. 만약 a_1, a_2가 통약가능하면, 어떤 단위 길이 u에 의해 $a_1 = nu$, $a_2 = mu$로 나타낼 수 있다. 따라서 정의로부터 a_i는 모든 u의 자연수배이고, u의 자연수배씩 단조감소하므로 a_i는 언젠가 0이 된다. 역으로 $a_k \neq 0$, $a_{k+1} = 0$일 때 $a_k = u$라 두면,

$$a_{k-1} = n_{k-1} a_k = n_{k-1} u$$

이므로 a_{k-1}도 u의 자연수배이고, 마찬가지로 a_1, a_2도 u의 자연수배이다. 따라서 a_1, a_2는 통약가능하다. 이 방법에 의해 a_1, a_2가 통약가능함을 알고 있는 경우에도 그 비가 자연수 비가 되기 위해서는 길이의 단위 u를 구체적으로 어떻게 해서 구하면 되는지를 알 수 있다. 더욱이 처음부터 a_1, a_2가 자연수라고 했을 때, 위와 같은 a_k는 a_1, a_2의 최대공약수이며, 최대공약수를 구하는 알고리즘으로도 알려져 있다.

두 양 a_1, a_2의 비를 구하는 이 알고리즘은 소위 연분수를 이용해서 나타낼 수 있다. a_i, n_i가 위와 같이 정해질 때,

$$\frac{a_i}{a_{i+1}} = n_i + \frac{a_{i+2}}{a_{i+1}}$$

이므로 이것을 반복하면

$$\frac{a_1}{a_2} = n_1 + \frac{a_3}{a_2} = n_1 + \cfrac{1}{n_2 + \cfrac{a_4}{a_3}} = \cdots$$

이 된다. 즉, 연분수의 열

$$n_1 + \cfrac{1}{n_2 + \cfrac{1}{n_3 + \cfrac{1}{n_4 + \cdots}}}$$

을 얻는다. 이때 a_1, a_2가 통약가능하다는 것은 이것이 유한 연분수가 된다는 것과 동치이다.

그렇다면 모든 두 수는 항상 통약가능 할까? 이것은 어떠한 것을 '수'라고 생각하는지 묻는 것과 같다. 분수만을 수라고 한다면 이것은 자명하다. 그리스 이전에는 모든 두 수가 항상 통약가능하다고 막연하게 믿고 있었으며, 현실의 문제에서 이로 인해 곤혹스러웠던 경우도 없었다. 원둘레나 정사각형의

대각선 길이와 같이 1과 통약가능하지 않는 양도 단순한 근사계산으로 만족했다.

통약불가능한 수에 대해서 처음 인식한 것은 기원전 5세기의 피타고라스학파[3)]라고 전해진다. 문제가 된 것은 정오각형의 변과 대각선의 길이이다. 이 두 수가 통약불가능하다는 것은 다음과 같은 기하학적 직감에 의한 것이다.

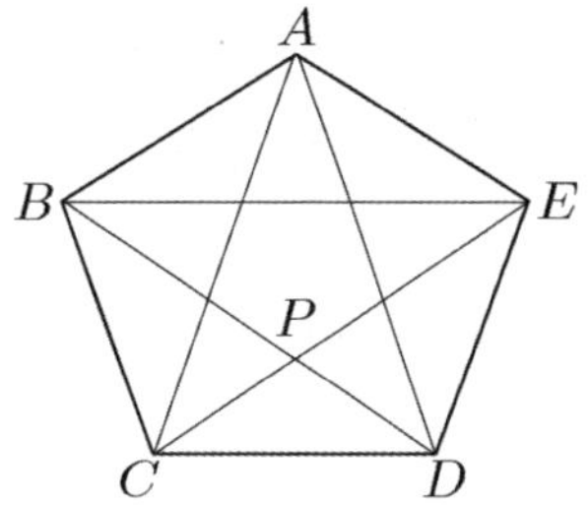

오른쪽 그림과 같은 정오각형과 대각선을 생각하자. 여기서 점 P는 대각선 BD와 CE의 교점이다. 이때 정오각형의 변 AB와 대각선 CE가 평행하므로 $\triangle ABE$와 $\triangle PCD$가 닮음임을 알 수 있다. 또 $ABPE$는 마름모꼴이라는 것도 분명하다. 따라서 정오각형의 대각선과 변의 길이를 각각 a_1, a_2라 하면

$$a_1 : a_2 = a_2 : (a_1 - a_2)$$

가 성립한다. $a_3 = a_1 - a_2$라 두면 $a_1 = a_2 + a_3$, $a_3 < a_2$이다. 이때 변 PC와 CD도 정오각형의 한 변과 대각선의 관계이므로

$$a_2 : a_3 = a_3 : (a_2 - a_3)$$

가 성립한다. 따라서 $a_4 = a_2 - a_3$라 두면 $a_2 = a_3 + a_4$, $a_4 < a_3$이 성립한다. 마찬가지로 a_n을 정하면, 이것은 a_1, a_2에서 시작하여 유클리드 호제법에서 나타나는 수열이다. 이때 n_i는 모두 1이다. 이 열은 결코 0이 되지 않으므로 a_1, a_2는 통약불가능하다. 이것을 연분수로 나타내면

3) Pythagoras(BC 582~BC 496)는 고대 그리스의 철학자이자 수학자이며, "만물의 근원은 수이다"라는 말로 유명하다. 그의 교단이 피타고라스학파이며 그림에서 정오각형의 대각선으로 이루어지는 모양은 별꼴오각형이라 불리는데, 이 학파의 심벌마크였다.

$$1+\cfrac{1}{1+\cfrac{1}{1+\cfrac{1}{1+\cdots}}}$$

이 되고 소위 **황금**비라 부른다. 방정식의 용어를 사용하면 비 $\frac{a_2}{a_1}$는 이차방정식 $x^2-x-1=0$의 해 $\frac{-1+\sqrt{5}}{2}$이다.

이러한 두 수로 보다 간단한 것은 직각이등변삼각형의 빗변과 밑변이다. 피타고라스 정리로부터 빗변과 밑변의 비는 $\sqrt{2}$이다. 그리스 사람들은 $\sqrt{2}$가 유리수가 아님을 기하학적인 직감이 아닌 오늘날 우리가 알고 있는 엄밀한 논증으로 보일 수도 있었을 것이다. 그런데 그리스 시대는 기하학의 시대라고 전해진다. 삼각형이나 원과 같이 도형으로 나타나는 양은 실재하는 것이며, 모두 어떤 수로 나타낼 수 있어야 한다. 따라서 한 변의 길이가 1인 정사각형이나 정오각형의 대각선 길이를 유리수로 나타낼 수 없다는 것은 큰 문제였는데, 피타고라스학파는 이것을 오랫동안 비밀로 하였다고 한다.

▶ $\sqrt{2}$와 방정식의 해

여기서 $\sqrt{2}$가 무리수라는 것의 잘 알려진 증명을 상기해보자. 이것은 배리법의 이해를 위해 고등학교 교과서에서도 다루어지고 있다. 정확한 주장은 다음과 같다.

> 정리 1.2.1 | $a^2=2$가 되는 유리수 a는 존재하지 않는다.

증명 | 배리법을 이용하자. $a^2=2$가 되는 유리수 a가 존재한다고 가정하자. a를 기약분수 $\frac{n}{m}$으로 나타낼 수 있다. 이때, $\frac{n^2}{m^2}=2$이므로 $2m^2=n^2$이다. 홀수의 제곱은 홀수이므로 n은 짝수이어야 한다. 따라서 m^2도 짝수, 즉 m도

짝수이다. 그러므로 $\frac{n}{m}$은 기약이고 n, m이 공통인수를 가지지 않는다고 가정한 것에 모순이다. □

이 증명은 $a^2=2$가 되는 수의 존재에 대해서 무언가를 주장하고 있는 것이 아니다. 어디까지나 유리수의 범위 내에서는 해가 존재하지 않다는 것을 말하고 있다. 그러나 정사각형의 대각선 길이를 나타내는 것으로 이러한 수는 존재한다. 즉 그리스에서는 방정식 $x^2-2=0$의 해가 기하학적으로 존재했다. 그리스의 기하학은 어떤 선분의 길이도 나타낼 수 있는 수에 대해서 무언가 명확한 생각을 가지고 있지는 않았지만, 그것이 유리수만으로는 부족하다는 것은 알고 있었다. 단적으로 말하면, 유리수만으로 기하학을 할 수 없다는 것이다.

한편 위와 같은 논법으로 '$a^3=2$가 되는 유리수는 존재하지 않는다'는 것도 증명할 수 있다. 즉, 방정식 $x^3-2=0$은 유리수 해를 가지지 않는다. $a^3=2$가 되는 수를 $\sqrt[3]{2}$로 나타내자. $\sqrt{2}$의 경우와 마찬가지로 $\sqrt[3]{2}$의 존재를 유클리드 기하에서 보일 수 있을까? 이것은 부피가 2인 정육면체의 한 변의 길이이다. 이러한 정육면체를 자와 컴퍼스로 작도하라는 것이 **델로스(Delos)의 문제**(262쪽)였다. 이것이 가능하면 $\sqrt[3]{2}$라는 수의 존재를 기하학적으로 보일 수 있다는 말이 된다. 그러나 19세기가 되어서야 비로소 이러한 작도가 고전적인 유클리드 기하의 공리로는 불가능하다는 것이 증명되었다(제 5.1절 참조).

그렇지만 $\sqrt[3]{2}$는 다음에 서술하는 허수단위 $i=\sqrt{-1}$만큼 수수께끼처럼 보이는 것은 아니다. 실제로 방정식 $x^3-2=0$의 진짜 해가 무엇이든 간에 근사해를 구하는 것은 기술적인 문제와는 별도로 항상 가능하다. 여기서 양의 유리수 ε이 주어졌을 때, 부등식

$$|f(x)|=|x^3-2|<\varepsilon$$

을 만족하는 유리수 x가 근사해다. ε을 아무리 작게 잡더라도 이러한 근사해가 얻어진다면, 그 값이 진짜 해에 가깝다고 기대할 수 있다. 그러한 근사해의 열은 예를 들어 다음과 같이 얻어진다. $f(1) < 0$, $f(2) > 0$이므로 해는 1과 2 사이에 존재한다. $f(x) = 0$은 유리수해를 가지지 않으므로, 구간 $[1, 2]$를 10등분한 어느 소구간의 왼쪽 끝에서 음(−), 오른쪽 끝에서 양(+)이 되는 것이 있다. 또한 그 소구간을 10등분해서 같은 것을 반복한다. 이렇게 해서 얻어진 소구간의 왼쪽 끝을 나타내는 소수의 열

$$a_1 = 1,\ a_2 = 1.2,\ a_3 = 1.25,\ \cdots$$

는 확실히 근사해의 열이다. 이때

$$f(a_i) = a_i^3 - 2,\ i = 1,\ 2,\ \cdots$$

는 0에 수렴한다. 한편 유리수의 열 $\{a_i\}$는 코시[4)]의 수렴 판정조건을 만족하는 수열, 즉 **기본열**(231쪽 참조)이 된다. 만약 이것이 어떤 종류의 수 a에 수렴하면, 그러한 종류의 수를 다항식 $f(x)$에 대입할 수 있으므로 a는 방정식 $x^3 - 2 = 0$의 해가 된다. 즉, 해의 존재는 유리수의 기본열 $\{a_i\}$가 수렴하는 행선지는 무엇인지에 대한 문제가 된다.

그리스 사람들이 실수의 명확한 관념을 가지고 있었는지는 의심스럽지만, 실수를 (연속성을 암묵적으로 가정한) 직선 위의 점과 대응하는 수로 파악하고 있었다고 여겨진다. 실수의 관념은 19세기가 되어 수열의 수렴이나 함수의 연속성에 관련된 해석학의 발전과 함께 확립되었으며, 최종적으로는 위에서 말한 기본열 혹은 '데데킨트[5)]의 절단'에 따른 구성과 같이 유리수로부터 명확한 형태로 정의되었다. 이로 인해 실수의 연속성에 관한 성질, 예를 들어

---

4) Augustin-Louis Cauchy(1789~1857)는 프랑스의 수학자로 복소함수의 연구로 유명하다. 또 미분적분학의 엄밀한 연구는 그에게서 시작한다고 일컬어진다.

5) Richard Dedekind(1831~1916)는 독일의 수학자로 아이디얼론의 창시자이다. 칸토르와 함께 집합론의 선구자이기도 하다.

중간값 정리 등이 엄밀하게 증명되었다. 그 하나의 응용이 잘 알려진 다음 정리이다. 실수의 정의와 실수가 체임에 대해서는 제4.3절에서 설명하도록 한다.

정리 1.2.2 | 실수를 계수로 하는 홀수차의 방정식은 실수해를 가진다.

증명 | 다음 세 가지 사실로부터 보일 수 있다. 기본열이나 수렴의 정의, 성질에 대해서는 제4.3절을 참조할 것.

(1) **중간값 정리:** $y=f(x)$는 모든 실수 위에서 정의된 연속함수라 하자. 실수 $a<b$에서 $f(a)<0$, $f(b)>0$이 성립할 때, $f(c)=0$이 되는 실수 $a<c<b$가 존재한다.

(2) 다항식으로 나타내어지는 함수 $y=f(x)=x^n+a_{n-1}x^{n-1}+\cdots+a_0$는 연속이다.

(3) $f(x)$가 위와 같은 다항식이라 하자. n이 홀수일 때 $f(-q)<0$, $f(q)>0$이 되는 양의 실수 q가 존재한다.

먼저 (1)을 보이자. 연속의 정의를 상기하자. $y=f(x)$가 실수 p에서 연속이라는 것은 p에 수렴하는 임의의 실수열 x_1, x_2, $\cdots$에 대해 열 $f(x_i)$가 $f(p)$에 수렴하는 것이다. 기호로 나타내면, $\lim_{x_i \to p} f(x_i)=f(p)$이다. 이제 논의는 $a=0$, $b=1$이라고 해도 될 것이다. 구간 $[0, 1]$을 10등분 한 소구간 어딘가에 $f(x)$가 왼쪽 끝에서 음$(-)$, 오른쪽 끝에서 양$(+)$이 되는 것이 있음은 쉽게 알 수 있다. 다시 그 소구간을 10등분해서 똑같이 반복한다. 이렇게 해서 얻어지는 소구간의 왼쪽 끝, 오른쪽 끝을 나타내는 소수의 열을 각각

$$\text{왼쪽: } x_1,\ x_2,\ \cdots,\quad \text{오른쪽: } y_1,\ y_2,\ \cdots$$

라 하자. 이때 $\{x_i\}$, $\{y_i\}$는 각각 기본열이며 $\{y_i-x_i\}$는 0에 수렴한다. 따라서 $\{x_i\}$, $\{y_i\}$는 같은 실수 p에 수렴한다. 그러므로

$$f(p) = \lim_{x_i \to p} f(x_i) = \lim_{y_i \to p} f(y_i)$$

이다. 한편 $f(x_i) \le 0$이므로 $f(p) \le 0$이고, $f(y_i) \ge 0$이므로 $f(p) \ge 0$이다. 따라서 $f(p) = 0$이다. (2)는 쉽게 보일 수 있으므로 생략한다.

다음으로 $x \neq 0$일 때,

$$y = x^n(1 + a_{n-1}x^{-1} + \cdots + a_0x^{-n})$$

을 생각하자. 충분히 큰 양의 실수 q를 취하면, $|x| > q$일 때

$$|a_{n-1}x^{-1} + \cdots + a_0x^{-n}| < 1$$

이다. 따라서 (3)이 성립한다. □

이제 방정식을 푼다는 것은 어떤 것일까를 다시 생각해보자. 미지수 x를 포함하는 다항식을 $f(x)$라 할 때, (대수)방정식이란 $f(x) = 0$인 꼴의 식이다. 보통 식 $f(x)$를 정하는 수(다항식의 계수)들은 이미 잘 알려진 수의 세계에 속해 있다. 또 이러한 수는 유리수처럼 사칙연산(유리연산이라 부른다)을 자유로이 할 수 있는 것이 보통이다. 이러한 수의 세계를 **체**라 부른다. 일차방정식 $ax + b = 0 (a \neq 0)$은 분명히 같은 수의 세계(계수체)에서 풀 수 있다. 그러나 2차 이상의 방정식이 되면, 예를 들어 $x^2 - 2 = 0$이 유리수의 세계에서 해가 없는 것처럼, 계수체를 넘어서는 수의 세계를 생각할 필요가 있다. 방정식 $x^2 - 2 = 0$인 경우 기하학의 도움을 빌려 수직선 위에 해의 존재를 보일 수 있었지만, 일반적으로는 다음 절에서 서술하는 방정식 $x^2 + 1 = 0$처럼 해의 존재를 예상하기 곤란한 경우도 있다.

기지(旣知)의 수 세계에서 방정식 $f(x) = 0$의 해가 없는 경우 어딘가에는 해가 존재한다고 생각하고 싶다면 어떻게 해야 할까? 한 가지 방법으로는 요구되는 성질을 가지는 수의 세계를 새로이 구성하는 것이라고 말할 수 있다.

그것이 기지의 세계와 모순 없이 일관성이 있으며 유익하다면, 우리들은 그것을 '존재한다'고 생각해도 된다. 그러한 수의 세계가 만족해야 할 구체적인 조건은 그 곳의 수 α를 방정식의 x에 대입하여 계산하고, 식의 값이 0인지 아닌지를 확인하는 것이다. 즉, 그러한 수들은 (계수체의 원소도 포함해서) 유리연산을 자유롭게 할 수 있어야 한다. 이러한 수의 세계는 계수체의 **확대체** (106쪽 참조)라 불린다. 즉 해의 존재라는 것은 해를 포함하는 확대체의 존재라는 것에 지나지 않으며, 정리 2.5.10에서 보이듯이 모든 대수방정식에 대해 그 해를 포함하는 확대체를 구성할 수 있다.

지금까지 말한 음수, 유리수, 실수 등은 모두 그러한 예이며, 유리수나 실수가 '존재한다'고 하는 것은 현대에서 보면 자명하지만, 역사상 어떤 단계에서는 존재하지 않았던 것이다.

1.3 복소수

▶ 방정식 $x^2+1=0$

다음으로 방정식 $x^2+1=0$을 생각해보자. 이 방정식의 해라는 것은 제곱해서 -1이 되는 수이다. 이러한 방정식에 대한 몇 가지 사고방법이 있다. 첫 번째는 해가 없다고 하는 것이다. 따라서 더 이상의 논의는 필요 없다. 두 번째는 해가 없을지도 모르지만 마치 있는 것처럼 상상하고, 그것을 $\sqrt{-1}$이라는 기호로 나타내어 계산상의 편리한 도구로서 이용하는 것이다. 그리고 세 번째는 분수가 선분의 길이로서 존재한 것처럼 어딘가에 그러한 해가 존재한다 생각하고 그 세계를 구체적으로 발견해가는 것이다. 역사적으로도 이 세 가지 사고방법이 차례로 일어났다. 16세기에 카르다노나 페라리에 의해 삼차나 사차방정식의 해의 공식(뒤에서 다루도록 한다)이 얻어지기까지는 아마 허수해가 나타나는 방정식을 생각할 필요가 그다지 없었을 것이다. 17세기에

뉴턴[6]조차도 허수해를 가지는 방정식은 단순히 불능이라고 생각했다. 뉴턴의 물리학에는 복소수가 불필요했다. 그러나 삼차방정식의 해의 공식에는 실수해를 주는 공식 속에 허수가 나타나는 경우가 있다. 예를 들어, 삼차방정식

$$x^3 - 15x - 4 = 0$$

은 자명한 해 $x = 4$를 가진다. 그러나 해가 4라는 것을 알지 못하더라도 카르다노의 공식(34쪽)을 사용하면 다음의 해

$$x = \sqrt[3]{2 + 11\sqrt{-1}} + \sqrt[3]{2 - 11\sqrt{-1}}$$

이 얻어진다. 이러한 공식이 의미가 있었던 것은 $\sqrt{-1}$의 본질적인 의미를 차치하고, $\sqrt{-1} \times \sqrt{-1} = -1$이라는 계산규칙마저 인정한다면 형식적인 간단한 계산에 의해 $(2 \pm \sqrt{-1})^3 = 2 \pm 11\sqrt{-1}$ 즉,

$$\sqrt[3]{2 \pm 11\sqrt{-1}} = 2 \pm \sqrt{-1}$$

임을 보일 수 있으며, 해 $(2 + \sqrt{-1}) + (2 - \sqrt{-1}) = 4$가 얻어지기 때문이다. 이처럼 방정식을 다루기 위해서 허수가 필요하다는 인식은 있었지만, 기본적인 사고방법은 두 번째 단계에서 시작되었다. '제곱해서 -1이 되는 수는 어디에 있을까?'에 대한 의문은 뿌리 깊었으며 납득할만한 답을 찾기도 힘들었다. 이것은 $\sqrt{2}$와 같이 실재하는 무리수의 경우와 전혀 다른 문제였다. 유클리드 기하의 입장에서 말하자면, $\sqrt{2}$는 정사각형의 대각선의 길이처럼 직선 위의 점에 대응하는 수로서 실재하는 것이라고 생각할 수 있기 때문이다.

허수에 대한 사고방법을 세 번째 단계로 이끈 것은 19세기 전반의 독일 수학자 프리드리히 가우스[7]이다. 가우스의 생각은 이러하다. 먼저 i라는 기호

---

6) Sir Isaac Newton(1643~1727)은 영국의 수학자이다. 미분적분법을 발견하고, 고전역학, 소위 뉴턴 역학을 확립했다.

7) Friedrich Gauss(1777~1855)는 독일의 수학자이자 천문학자이다. 근대수학의 대부분에 큰 영향을 끼쳤다. 특히 정수론이 수학에서 중요한 자리를 차지할 수 있도록 큰 공헌을 하였다.

를 생각하고 a, b를 실수라 할 때, $a+bi$인 꼴의 수를 **복소수**(complex number)라 부르기로 한다. 이것은 단순히 복합한 수라는 의미이다. 복소수 전체의 집합은 $\mathbb{C}$로 나타낸다. 두 복소수 $a+bi$와 $a'+b'i$는 $a=a'$, $b=b'$일 때 같다고 한다. 두 복소수의 합과 곱은 다음과 같이 정의된다.

$$(a+bi)+(a'+b'i)=a+a'+(b+b')i$$
$$(a+bi)\times(a'+b'i)=aa'-bb'+(ab'+ba')i$$

특히 $b=0$일 때는 실수의 합과 곱과 같으므로 $b=0$인 복소수는 실수라 생각해도 된다. 또 $i\times i=i^2=-1$이다. i는 **허수단위**라 부르며, $i=\sqrt{-1}$로도 나타낸다. 복소수 $a+bi$를 간단하게 z 혹은 w와 같은 기호로 나타내는 경우도 많다.

이제 a, b를 실수라 할 때, 이차방정식

$$x^2+ax+b=0$$

의 해는 공식

$$\frac{1}{2}(-a\pm\sqrt{a^2-4b})$$

으로 주어진다. 판별식 $D=a^2-4b\geq 0$이면 해가 실수이고, $D<0$일 때도 $\sqrt{D}=\sqrt{-D}\,i$이므로 방정식 $x^2+1=0$을 만족하는 모든 실계수인 이차방정식의 해도 가우스가 정의한 복소수 내에 있다.

복소수 $z=a+bi$에 대해 $a-bi$를 z의 **공액복소수**라 하고, $\bar{z}$로 나타낸다. 실수 a, b는 각각 복소수 z의 **실수부**, **허수부**라 하고, 각각 $\mathrm{Re}\,z$, $\mathrm{Im}\,z$로 나타낸다. 또 복소수 $z=a+bi$의 **절댓값**(길이 혹은 노름(norm)이라고도 한다)을 $|z|=\sqrt{z\bar{z}}=\sqrt{a^2+b^2}$으로 정의한다. 이때

$$\overline{z+z'}=\overline{z}+\overline{z'},\quad \overline{zz'}=\overline{z}\,\overline{z'}$$
$$|zz'|=|z||z'|$$

가 성립함은 쉽게 알 수 있다. 또한

$$z=0 \iff |z|=0$$

임도 자명하다. 공액복소수나 절댓값을 이용하면 0이 아닌 복소수는 복소수로 나타내어지는 역수를 가진다는 것을 알 수 있다. 실제 $z\neq 0$일 때 $|z|\neq 0$이고, $z\times\left(\frac{\overline{z}}{|z|^2}\right)=1$이므로

$$z^{-1}=\frac{\overline{z}}{|z|^2}$$

이다. 역원 이외의 체의 공리(45~46쪽)는 간단히 확인할 수 있으므로 다음 정리를 얻을 수 있다.

정리 1.3.1 | 복소수의 집합 $\mathbb{C}$는 체이다.

복소수체 $\mathbb{C}$는 실수체를 포함하며, 그것의 확대체가 된다. 이것은 방정식 $x^2+1=0$의 해를 포함하는 확대체의 예이다. 이러한 확대체의 구성은 다르게도 생각할 수 있다. 예를 들어, 실수의 쌍 $(a,\ b)$를 생각해보자. 합과 곱을

$$(a,\ b)+(a',\ b')=(a+a',\ b+b')$$
$$(a,\ b)\times(a',\ b')=(aa'-bb',\ ab'+ba')$$

로 정의한다. 이것은 $(a,\ b)$를 복소수 $a+bi$에 대응시킴으로써 동일시할 수 있으므로, 일부러 이러한 쌍을 생각할 필요는 없을지도 모른다. 그러나 관점을 바꾸어 생각하면 실수의 쌍이라는 개념은 자연수의 쌍으로 음수나 분수를

정의한 것처럼 명확하게 정의할 수 있으며, 허수단위 i처럼 그 존재나 의미에 대해 고민할 필요가 없게 된다.

또한 실수의 쌍일 때의 이점으로 복소수 $z=a+bi$를 $(x,\ y)$평면의 성분이 $(a,\ b)$인 점에 대응시킬 수도 있다. 복소수를 이렇게 $(x,\ y)$평면의 점 또는 벡터로 나타낸 것을 복소수 평면 혹은 **가우스 평면**이라 부른다. 두 복소수의 합은 평면벡터의 합에 지나지 않는다. 또 복소수 z의 절댓값 $|z|$는 벡터의 길이이다. 가우스 평면이 보통의 $(x,\ y)$평면과 다른 점은 두 벡터 혹은 점의 곱이 정의된다는 것이다. 가우스 평면의 점 $P(a,\ b)$와 $P'(a',\ b')$의 곱은 좌표가 $(aa'-bb',\ ab'+ba')$로 주어지는 점이다.

$z=a+bi$를 절댓값이 1인 복소수라 하자. 이때 z는 가우스 평면의 원점을 중심으로 하고 반지름이 1인 단위원 위에 있다. x축 방향의 단위벡터와 z가 이루는 각도(**편각**이라 한다)를 θ라 하면, $z=\cos\theta+i\sin\theta$로 나타낼 수 있다. 마찬가지로 임의의 복소수 z에 대해서도 그 절댓값을 r이라 하면,

$$z=r(\cos\theta+i\sin\theta)$$

로 나타낼 수 있다. 이것을 복소수의 **극표시**라 한다. 또한 유클리드 기하에서 삼각함수의 덧셈공식을 이용하면

$$\begin{aligned}&(\cos\theta+i\sin\theta)(\cos\theta'+i\sin\theta')\\&=\cos\theta\cos\theta'-\sin\theta\sin\theta'+i(\cos\theta\sin\theta'+\sin\theta\cos\theta')\\&=\cos(\theta+\theta')+i\sin(\theta+\theta')\end{aligned}$$

이 성립한다. 따라서 두 복소수

$$z=r(\cos\theta+i\sin\theta),\quad z'=r'(\cos\theta'+i\sin\theta')$$

의 곱은

$$zz'=rr'(\cos(\theta+\theta')+i\sin(\theta+\theta'))$$

으로 주어진다. 즉 복소수를 곱하는 것은 절댓값 배의 확대·축소와 편각만큼의 회전에 대응하고 있다. 특히 절댓값이 1인 복소수 z의 거듭제곱에 적용하면 **드무아브르**[8]**의 공식**

$$\cos n\theta + i\sin n\theta = (\cos\theta + i\sin\theta)^n$$

이 얻어진다. 또 i의 편각은 $90°$이므로 i를 곱하는 것은 반시계방향으로 $90°$ 회전하는 것과 같다.

허수단위 i를 포함하는 복합한 수를 생각하고, 여기에 계산규칙을 주는 것만으로는 여전히 가상적인 수의 영역을 넘어서지 못할 것이다. 실수가 직선 위의 점으로서 존재한 것과 마찬가지로, 복소수를 가우스 평면이라는 기하학적 대상에 대응시킨 것은 가우스의 천재적인 발상이었다. 말하자면 허수를 눈에 보이게 한 것이다.

▶ 사원수

이제 실수의 쌍을 생각하는 것에 의해 복소수체라는 실수체의 확대체를 얻었다. 이것에 대한 예를 들어 세 실수의 쌍 $(a,\ b,\ c)$의 합과 곱을 정의하고 더욱 확장된 체를 얻을 수 있을까? 뒤에 나오는 계 3.1.8에서 증명하듯이 실수체의 (유한차) 확대체는 복소수체에 한한다. 즉, 복소수보다 복잡한 체는 없다.

단, 체의 연산규칙 가운데 곱의 가환성 $ab=ba$가 성립하지 않아도(이것을 **사체**(斜體; skew field 혹은 division ring)라 부른다)[9] 된다면, 복소수보다 복잡한 사체는 존재한다. 그것이 해밀턴[10]의 **사원수**이다. 허수단위 i 이외에 j, k로 표시되는 다른 허수단위를 이용하여

---

8) Abraham de Moivre(1667~1754)는 프랑스에서 태어나 영국에서 활약한 수학자이다. 삼각해석법과 확률론의 발전에 선구자 역할을 했다.

9) 대수학 교과서에 따라 여기서 말하는 사체를 체, 곱의 가환성을 만족하는 것을 가환체라 부르는 경우도 있다.

10) William Rowan Hamilton(1805~1865)은 아일랜드의 수학자이다. 해석역학의 창시자로 유명하다.

$$a+bi+cj+dk \quad (a,\ b,\ c,\ d\text{는 실수})$$

로 나타내는 수를 해밀턴의 사원수라 부른다. 두 사원수

$$a+bi+cj+dk,\ \ a'+b'i+c'j+d'k$$

는 $a=a',\ b=b',\ c=c',\ d=d'$일 때 같다고 한다. 허수단위들의 곱을

$$i^2=j^2=k^2=-1,$$
$$ij=-ji=k,\ \ jk=-kj=i,\ \ ki=-ik=j$$

라 하면, 임의의 사원수들의 곱도 분배법칙에 따라 정할 수 있다. $(ij)k=kk=-1=i(jk)$ 등이 성립하므로 곱의 추이율도 확인할 수 있다. 또 복소수 $a+bi$는 자연스럽게 사원수라 생각할 수 있다. 이때 임의의 사원수는

$$a+bi+cj+dk=a+bi+(c+di)j$$

로 나타낼 수 있으므로 사원수는 복소수를 다시 복합시킨 수라고 생각할 수 있다.

0이 아닌 원소 $a+bi+cj+dk$의 역원이

$$\frac{a-bi-cj-dk}{a^2+b^2+c^2+d^2}$$

로 주어지는 것(계산해보아라)에 유의하면, 사원수들은 사칙유리연산을 할 수 있으며, 체의 성질을 모두 가지고 있지만 곱셈의 순서는 교환가능하지 않다. 그 의미에서 보통의 수라기보다 정방행렬처럼 연산자에 가깝다. 그러나 유리연산을 할 수 있으므로 사원수를 계수로 하는 다항식이나 방정식을 생각할 수 있다. 예를 들어, 방정식 $x^2+1=0$을 사원수의 세계에서 생각해보자. 위의 정의로부터 $x=\pm i,\ \pm j,\ \pm k$는 각각 해이다. 또 그 외에 $\dfrac{i+j}{\sqrt{2}}$도 해이며, 해는 무수히 있다. 이것은 인수정리(106쪽)와 같은 정리가 성립하지 않기 때문이다. 이 예에서 알 수 있듯이, 방정식을 생각할 때 수의 개념을 무한정

넓히면 엉뚱한 현상이 일어나는 경우가 있어 주의가 필요하다. 사원수를 넘어서 더욱 복합한 수를 생각하는 것도 가능하지만, 그것들은 실수나 복소수 혹은 사원수가 만족하는 연산규칙을 다시 희생하지 않으면 안 된다. 예를 들어, 해밀턴·케일리 정리로 유명한 케일리[11]는 8원수라 불리는 수를 찾아냈지만, 이것은 곱셈에 관한 추이율을 만족하지 않는다.

방정식 $z^2-i=0$과 복소계수 이차방정식

방정식 $z^2-i=0$의 해, 즉 제곱해서 허수단위 i가 되는 수는 무엇일까? 그것은 과연 복소수일까? 혹은 복소수 범위에서는 존재하지 않고 새로이 '초(超)복소수'와 같은 것을 생각해야 할까? 이 소박한 의문에 대한 답은 간단하다. 복소수 $\pm\dfrac{1+i}{2}$가 그 해이다.

또한 $\alpha=c+di$를 임의의 복소수라 할 때, 방정식 $z^2-\alpha=0$은 α의 제곱근 $\sqrt{\alpha}$에 대해서 $z=x+yi$라 두고,

$$(x+yi)^2=c+di$$

를 실수부와 허수부의 연립방정식으로 생각하여 구할 수 있다. 그러나 여기서는 앞에서 말한 가우스 평면에서의 극표시를 이용하여 생각해보자.

$$\alpha=r(\cos\theta+i\sin\theta)$$

를 α의 극표시라 하자. r은 음이 아닌 실수이므로 양의 제곱근 $\sqrt{r}$이 있다. 따라서 복소수

$$\pm\sqrt{r}\left(\cos\frac{\theta}{2}+i\sin\frac{\theta}{2}\right)$$

가 α의 제곱근이다.

---

11) Arthur Cayley(1821~1895)는 영국의 수학자이다. 해밀턴의 제자로 선형대수학에서 많은 업적을 남겼다.

같은 방법으로 복소수 α의 n제곱근도

$$\sqrt[n]{r}\left(\cos\frac{\theta}{n}+i\sin\frac{\theta}{n}\right)$$

라 생각하면 자명하다. 단, n제곱근을 나타내는 기호 $\sqrt[n]{\alpha}$에 대해서는 주의가 필요하다. a가 양의 실수일 때 $\sqrt{a}$는 제곱근 2개 가운데 양의 것을 나타내었다. 그러나 a가 복소수일 때는 제곱근 2개 가운데 어느 쪽인가를 특별히 밝힐 이유는 없다. 그래서 n제곱근의 기호로서 α의 편각 θ를 $0 \le \theta \le 2\pi$로 두고

$$\sqrt[n]{\alpha} = \sqrt[n]{r}\left(\cos\frac{\theta}{n}+i\sin\frac{\theta}{n}\right)$$

로 약속한다. 따라서 나머지 n제곱근은

$$\sqrt[n]{r}\left(\cos\left(\frac{\theta}{n}+\frac{2k\pi}{n}\right)+i\sin\left(\frac{\theta}{n}+\frac{2k\pi}{n}\right)\right), \qquad (k=1,\ 2,\ \cdots,\ n-1)$$

로 주어진다. 단, $\sqrt[n]{\alpha}\sqrt[n]{\beta}$와 $\sqrt[n]{\alpha\beta}$는 반드시 일치하지 않음에 주의해야 한다. 실제로 α, β의 편각을 각각 θ, $2\pi-\theta$라 하면, $\alpha\beta$는 실수이므로 $\sqrt[n]{\alpha\beta}$도 실수인 반면, 일반적으로 $\sqrt[n]{\alpha}\sqrt[n]{\beta}$는 실수가 아니다. 즉, 적당한 1의 n제곱근 $\zeta=\cos\frac{2k\pi}{n}+i\sin\frac{2k\pi}{n}$가 있어

$$\sqrt[n]{\alpha}\sqrt[n]{\beta}=\zeta\sqrt[n]{\alpha\beta}$$

가 된다.

이제 복소수의 제곱근이 있으면 임의의 복소계수 이차방정식

$$x^2+ax+b=0$$

도 실계수인 해의 공식과 마찬가지로

$$\frac{1}{2}(-a\pm\sqrt{a^2-4b})$$

로 주어진다. 즉, 복소계수 이차방정식은 복소수해를 가진다고 말할 수 있다.

1.4 삼차와 사차방정식

카르다노와 삼차방정식의 해의 공식

카르다노[12]에 의한 삼차방정식의 해의 공식을 다루도록 하자. 먼저 복소수 a에 대해 방정식 $x^3 - a = 0$을 생각하자. 이 방정식의 해는 a의 세제곱근이다. 앞 절에서 말한 것처럼 복소수 범위 내에서 이러한 세제곱근은 3개가 있다. 특별한 경우로 $a = 1$일 때,

$$x^3 - 1 = (x - 1)(x^2 + x + 1)$$

이므로 1의 세제곱근은 1과 이차방정식 $x^2 + x + 1 = 0$의 두 해이다. 이 두 해의 한 쪽을 ω로 나타내면 다른 한쪽 해는 ω^2이다. 이때 a의 세제곱근 중 하나를 $\sqrt[3]{a}$라 하면, 방정식 $x^3 - a = 0$의 해는

$$\sqrt[3]{a}, \ \omega\sqrt[3]{a}, \ \omega^2\sqrt[3]{a}$$

이다.

다음으로 가장 일반적인 형태의 n차 방정식

$$a_0x^n + a_1x^{n-1} + \cdots + a_{n-1}x + a_n = 0 \quad (a_0 \neq 0)$$

을 생각하자. 여기서 a_i는 복소수이다. 그리고 이 방정식을 푸는 것과 a_0로 전체를 나눈 방정식을 푸는 것은 같다. 따라서 처음부터 a_0를 1로 두어도 상

12) Girolamo Cardano(1501~1576)는 이탈리아의 수학자로 본업은 의사였다. 그의 저서 〈위대한 예술(Arsmagna)〉은 대수학의 역사에 있어서 하나의 초석이 되었다.

관없다. 새로운 변수 $x' = x + d$를 생각하자. 단, d는 상수이다. $x = x' - d$를 위의 방정식에 대입하면, x'의 방정식

$$(x' - d)^n + a_1(x' - d)^{n-1} + \cdots + a_n = x'^n + (a_1 - nd)x'^{n-1} + \cdots = 0$$

을 얻는다. 특히 $d = \dfrac{a_1}{n}$이라 두면 x'의 $n-1$차 항은 없어진다. 그렇게 위 방정식의 해인 x'을 구하면, 유리연산

$$x = x' - d = x' - \frac{a_1}{n}$$

에 의해 본래 방정식의 해를 구할 수 있다. 따라서 일반적인 형태의 방정식이 (x'을 다시 x로 표시해서)

$$x^n + b_2x^{n-2} + \cdots + b_{n-1}x + b_n = 0$$

의 꼴을 하고 있다고 해도 상관없다. $n = 2$일 때는 간단히 $\sqrt{-b_2}$를 구하면 된다. 이제 삼차방정식을 생각하자. $b_2 = 3p$, $b_3 = q$라 두고 다음 형태의 방정식을 생각한다.

$$x^3 + 3px + q = 0$$

여기서 x의 계수를 $3p$로 정한 것은 이하 공식의 모양을 멋지게 하기 위한 기술적인 이유 때문이다. 뜬금없어 보이겠지만 이 방정식의 해를 두 수 u와 v의 합 $u + v$로 나타냈다고 하자. 그러면

$$(u+v)^3 + 3p(u+v) + q = u^3 + v^3 + 3(uv + p)(u+v) + q = 0$$

이 된다. 따라서

$$u^3 + v^3 = -q, \quad uv = -p$$

를 만족하는 u, v를 구하면 된다. $u^3=\alpha$, $v^3=\beta$라 두자. 이때 u는 $\sqrt[3]{\alpha}$, $\omega\sqrt[3]{\alpha}$, $\omega^2\sqrt[3]{\alpha}$ 중 어느 것이며, 조건 $uv=-p$로부터 u, v의 한쪽은 다른 쪽으로부터 정해짐을 알 수 있다. 즉, (u, v)의 쌍은 어떤 $k\in\{0, 1, 2\}$가 존재하여

$$(\sqrt[3]{\alpha},\ \omega^k\sqrt[3]{\beta}),\quad (\omega\sqrt[3]{\alpha},\ \omega^{k+2}\sqrt[3]{\beta}),\quad (\omega^2\sqrt[3]{\alpha},\ \omega^{k+1}\sqrt[3]{\beta})$$

중 어느 하나의 형태로 나타난다. 또

$$\alpha+\beta=-q,\quad \alpha\beta=-p^3$$

이므로 α, β는 복소계수 이차방정식 $t^2+qt-p^3=0$의 해이다. 따라서 앞 절의 결과로부터 α, β는 복소수이며, 해의 공식에 의해

$$\alpha=\frac{-q+\sqrt{q^2+4p^3}}{2},\quad \beta=\frac{-q-\sqrt{q^2+4p^3}}{2}$$

이다. 따라서 삼차방정식의 해의 공식

$$\sqrt[3]{\frac{-q+\sqrt{q^2+4p^3}}{2}}+\omega^k\sqrt[3]{\frac{-q-\sqrt{q^2+4p^3}}{2}}$$

$$\omega\sqrt[3]{\frac{-q+\sqrt{q^2+4p^3}}{2}}+\omega^{k+2}\sqrt[3]{\frac{-q-\sqrt{q^2+4p^3}}{2}}$$

$$\omega^2\sqrt[3]{\frac{-q+\sqrt{q^2+4p^3}}{2}}+\omega^{k+1}\sqrt[3]{\frac{-q-\sqrt{q^2+4p^3}}{2}}$$

을 얻는다. 이 공식은 16세기 이탈리아의 수학자 타르탈리아에 의해 발견되었지만, 그의 제자였던 카르다노에 의해 공표되었기에 오늘날 **카르다노의 공식**이라 불리고 있다.

이차방정식 $t^2+qt-p^3=0$의 판별식 $D=q^2+4p^3$에 대해서 $D=0$인 경우를 생각하자. 이때 공식의 세제곱근 안은 모두 $-\frac{q}{2}$이다. 그리고 $k=0$, 1, 2에 관계없이 3개의 해 가운데 2개가 같음은 쉽게 알 수 있다. 즉, 방정식은

중해(重解)를 가진다. 역으로 중해를 가진다(예를 들어 첫 번째와 두 번째 해가 같다)고 하면, $D=0$임을 쉽게 계산할 수 있다.

주 1.4.1 이 공식을 얻는 과정에서 방정식에 해가 존재하는지 혹은 존재한다 하더라도 복소수 꼴로 나타낼 수 있는지 알 수 없다. 예를 들어 u, v와 같은 수를 생각하는 것은 유클리드 기하의 '보조선'과 같은 것으로 그것을 이용하여 식의 형식적인 변형을 행했다는 것이다. 그러나 얻어진 공식을 보면 복소수의 거듭제곱근이 복소수라는 것(30쪽)으로부터, 삼차방정식의 해가 복소수임을 보일 수 있다.

사차방정식의 해법

사차방정식의 해법을 삼차방정식으로 귀착시킨 페라리[13]의 방법을 알아보자. 임의의 복소계수 사차방정식을 생각하자. 삼차방정식의 경우와 마찬가지로 변수 x의 유리변환을 행하고

$$x^4+bx^2+cx+d=0$$

형태의 방정식을 생각해도 된다. 여기서 $c=0$이면 이 방정식은 x^2의 이차방정식이므로 해의 공식을 간단히 얻을 수 있다. 따라서 이하 $c\neq 0$라 하자. 이제 이러한 방정식을 어떤 삼차방정식을 푸는 것으로 귀착시킬 수 있는 절차를 보이자.

먼저 새로운 변수 y를 생각하고 $y=x^2$이라 두자. 이때 이 방정식은 연립 이차방정식

$$y^2+bx^2+cx+d=0,\ \ x^2-y=0$$

을 푸는 것으로 귀착된다. 바꾸어 말하면 위의 두 이차곡선의 교점을 구하는

---

13) Ludovico Ferrari(1522~1565)는 이탈리아의 수학자로 카르다노의 제자였다.

것이 된다. 단, b, c, d는 실수로 한정하지 않으므로 이차곡선이라고 해도 실평면에 보이는 곡선은 아니다. 만약 b, c, d가 실수이고 원래 방정식이 4개의 실근을 가지고 있으면, 포물선과 타원이나 쌍곡선이 네 점에서 만나고 있는 그림을 생각하면 된다.

그래서 매개변수(parameter) λ를 포함하는 다음과 같은 이차곡선 C_λ를 생각하자.

$$\lambda(x^2-y)+y^2+bx^2+cx+d=0$$

이 곡선은 어떠한 λ에 대해서도 위의 두 곡선의 교점을 지난다. 따라서 원래의 연립방정식을

$$\lambda(x^2-y)+y^2+bx^2+cx+d=0, \quad x^2-y=0$$

으로 바꾸어도 된다. 만약 곡선 C_λ가 두 직선의 곱이 되도록 하는 λ가 있다고 하면, C_λ는

$$(p_1x+q_1y+r_1)(p_2x+q_2y+r_2)=0$$

의 꼴이 된다. 따라서 연립방정식은

$$p_ix+q_iy+r_i=0, \quad x^2-y=0 \quad (i=1,\ 2)$$

이고, 이것은 x에 대한 두 이차방정식이므로 해의 공식에 의해 풀 수 있다.

이제 문제는 곡선 C_λ가 두 직선의 곱이 되도록 하는 λ를 어떻게 구할 수 있는지에 귀착한다. C_λ의 식을 정리하고 x, y 각각에 대해서 완전제곱하면

$$\begin{aligned}&(\lambda+b)x^2+cx+y^2-\lambda y+d\\&=(\lambda+b)\left(x+\frac{c}{2(\lambda+b)}\right)^2+\left(y-\frac{\lambda}{2}\right)^2+d-\frac{c^2}{4(\lambda+b)}-\frac{\lambda^2}{4}\end{aligned}$$

이 된다. 복소수 범위에서 $s^2+t^2=(s+ti)(s-ti)$임에 유의하여, 위 식을 x

에 대한 일차식과 y에 대한 일차식의 곱으로 나타내기 위한 충분조건은

$$d-\frac{c^2}{4(\lambda+b)}-\frac{\lambda^2}{4}=0$$

이다. 그러나 이것은 λ의 삼차방정식

$$\lambda^3+b\lambda^2-4d\lambda+c^2-4bd=0$$

이므로 삼차방정식의 해의 공식을 이용하여 하나의 해 λ를 구하면 된다. ($c\neq 0$이므로 이 삼차방정식의 해 λ는 $\lambda+b\neq 0$을 만족하고 분수방정식의 해가 된다.)

이상으로부터 알 수 있듯이, 사차방정식

$$x^4+bx^2+cx+d=0$$

을 푸는 것은 이차방정식과 삼차방정식을 푸는 것으로 귀착된다. 따라서 유리 연산, 제곱근, 세제곱근으로 이루어지는 해의 공식(실제로는 복잡하지만)의 존재를 보일 수 있다.

1.5 대수학의 기본정리

16세기의 카르다노부터 시작되어 18세기 후반의 오일러[14]까지 대수학이란 한결같이 방정식 이론이었다. 원래 허수 i란 방정식 $x^2+1=0$의 해이지만, 이러한 방정식에도 해가 있다는 사고방법은 다양한 방정식을 구하는 데에 깔려 있다. 이차방정식의 해의 공식을 언제, 누가 발견했는지 알려진 바 없지만,

14) Leonhard Euler(1707~1783)는 스위스에서 태어나 러시아, 독일에서 활약한 수학자이다. 미적분학의 여러 기법으로 잘 알려져 있는데, 위상기하학의 효시가 된 다면체 정리로도 유명하다.

허수 i를 이용하면 모든 이차방정식의 해를 나타낼 수 있다. 또 허수의 세제곱근도 i를 이용하여 나타낼 수 있고, 카르다노의 공식을 이용하면 삼차방정식의 모든 해도 복소수로 나타낼 수 있다. 페라리의 공식으로부터 사차방정식도 삼차방정식으로 귀착하여 풀 수 있으므로, 역시 해를 복소수로 나타낼 수 있다. 또한 사차방정식까지의 해는 제곱근, 세제곱근을 포함하는 일반 공식으로부터 얻어졌다는 점도 주목할 만하다.

이러한 상황 속에서 다음 두 문제가 생겨났다.

(1) 5차 이상의 복소계수 대수방정식의 해의 공식을 찾아내는 것. 단, 해의 공식이란 몇 개의 거듭제곱근(n 제곱근)과 유리연산을 이용하여 일반적인 형태로 해를 나타내는 것을 의미한다.

(2) 어떤 복소계수 대수방정식에 대해서도 '초(超)허수'라고 해야 할 새로운 가상적인 수는 생각할 필요가 없음을 보이는 것.

문제 (2)는 어떤 복소계수 대수방정식도 복소수 속에서 하나의 해를 가진다는 말과 같다. 실제로 그때는 인수정리(106쪽)에 의해 원래 방정식에서 1차 인수가 분리되어, 차수가 작은 방정식 문제로 귀착되기 때문이다. 만약 문제 (1)이 옳다면, 복소수의 거듭제곱근은 복소수로 나타낼 수 있으므로 (2)도 긍정적이다. 그러나 복소수 내에서 방정식의 해가 존재하는 것과 특정 절차로 해를 나타내는 것은 다르기 때문에, 문제 (2)는 가우스에 의해 긍정적으로 해결되었으며, 문제 (1)은 아벨[15]과 갈로아[16]에 의해 부정적으로 해결되었다.

문제 (1)에 대해서는 제3장에서 설명하기로 하고, 여기서는 문제 (2)를 생각하자. 가우스에 의해 증명된 문제 (2)는 대수학의 기본정리라고 불려진다. 이 증명은 가우스 이외에도 많은 수학자가 관련되어 있으며, 가우스 자신이

---

15) Niels Henrik Abel(1802~1829)은 노르웨이의 수학자이다. 비록 젊은 나이에 사망했지만, 수학의 많은 분야에 업적을 남겼으며 아벨군이나 아벨적분 등 그의 이름을 붙인 수학용어도 많다.

16) Evariste Galois(1811~1832)는 프랑스의 수학자이며 혁명가이다. 10대에 갈루아 이론으로 알려진 선견적인 고찰을 하고, 아벨의 비가해성 정리의 증명을 대폭 간략화 했다.

증명한 몇 가지를 포함하여 많은 다른 증명들이 잘 알려져 있다. 그것들을 크게 분류하면, 다음 두 가지이다.

(ⅰ) 복소계수 다항식 $f(x)$를 가우스 평면 위의 함수 $y=f(x)$라 생각하고, 가우스 평면 위에 이 함수의 영점(零點; $f(x_0)=0$이 되는 점)이 존재함을 보이는 방법. 여기에는 또 다시 함수론의 결과를 이용하는 방법과 연속함수의 성질을 이용하는 보다 초등적인 방법이 있다.

(ⅱ) 일단 가상적인 수 가운데 해가 존재한다고 가정한다. 그것에 의해 주어진 다항식을 인수분해한 후, 그것을 이용하여 복소계수 범위에서 본래 다항식의 인수분해를 행하는 방법이다.

(ⅱ)는 구하는 답을 처음부터 가정하는 것 같아서 올바른 증명이라고 인정되지 않았지만, 가우스 시대에는 방정식의 분해체의 구성(정리 2.5.10) 이론이 확립되어 정당한 증명으로 여겨졌다. 여기에서는 먼저 (ⅰ)의 증명을 보이자. 이것은 위상수학(topology)을 이용하는데, 예비지식은 특별히 필요하지 않으며 고등학생도 이해 가능하다. (ⅱ)의 증명에 대해서는 분해체의 존재와 대칭식의 정리를 서술한 후(제3.3절), 프랑스의 수학자 라플라스[17]에 의한 것을 소개한다. 이는 많은 증명 중 가장 간단명료하며 우아한 것이라 불리고 있다.

다음은 대수학의 기본정리이다.

정리 1.5.1 | $f(x)$를 상수가 아닌 복소계수 다항식이라 하자. 이때 방정식 $f(x)=0$은 복소수해를 가진다.

증명을 하기 전에 원둘레 위에서 정의된 사상의 사상도(寫像度)를 정의하자. 가우스 평면의 단위원을 $C=\{z : |z|=1\}$이라 하자. C에서 자기 자신

17) Pierre-Simon Laplace(1749~1827)는 프랑스의 수학자이며, 천체역학, 확률론 등의 창시자이다. 〈라플라스의 악마〉로도 유명하다.

으로의 연속사상 $\varphi: C \to C$에 대하여 $\varphi(1)=1$이 되는 것을 생각한다. 여기서 φ가 연속이란 것은 C 위에서 점 p에 수렴하는 임의의 점열 p_1, p_2, $\cdots$에 대해 $\varphi(p_i)$가 점 $\varphi(p)$에 수렴한다는 것이다. z, $\varphi(z) \in C$의 극표시를 각각

$$z = \cos 2\pi t + i \sin 2\pi t, \quad \varphi(z) = \cos 2\pi t' + i \sin 2\pi t'$$

라 하자. 편각 t, t'은 2π를 법(法)으로 결정할 수밖에 없지만, $t=0$일 때 $t'=0$이라 정해 두면, z가 C를 일주(一周)할 때, 즉 $0 \le t \le 1$일 때 연속성에 의해 t'은 t로부터 일의적으로 정해짐을 쉽게 알 수 있다. 따라서 $h(t)=t'$에 의해 사상 $h: [0, 1] \to \mathbb{R}$이 정의된다. 단, $[0, 1]$은 $0 \le t \le 1$인 구간, $\mathbb{R}$은 실수 집합이다. h가 연속사상임은 분명하다. 예로서 $\varphi(z)=z^n$을 생각하자. 이때 $h(t)=nt$이고, 특히 $h(1)=n$이다. 이것은 z가 C를 일주할 때 $\varphi(z)$가 C를 n번 도는 것을 나타낸다. 임의의 $\varphi(z)$에 대해서도 $\varphi(1)=1$이므로 $h(1)$은 정수가 된다. 이것을 f의 사상도라 부른다. 다음 그림에서 왼쪽 사상은 사상도가 0이고, 오른쪽 사상은 2이다.

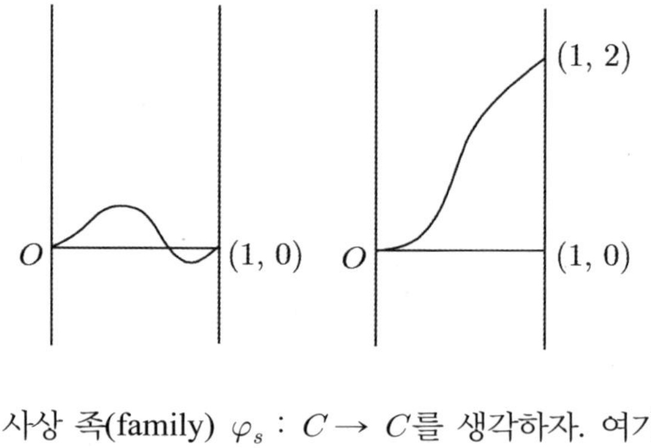

이제 이러한 사상 족(family) $\varphi_s: C \to C$를 생각하자. 여기서 매개변수 s는 구간 $[0, 1]$을 움직이며, C의 점을 고정시키면 s에 관해 연속이라고 하자. 이러한 사상 족 φ_s를 연속적 변형이라고 한다. 이때 대응하는 편각의 사상 족 $h_s: [0, 1] \to \mathbb{R}$를 얻는다. $h_s(1)$은 s의 연속사상이지만 정수값이므

로 s에 대해서 일정하지 않으면 안 된다. 따라서 $h_0(1)=h_1(1)$이며, φ_0와 φ_1의 사상도는 같다. 즉, 사상의 연속적 변형에 대해 사상도는 일정하다.

다음으로 다항식으로 정의된 사상의 사상도를 생각하자.

$$f(z)=z^n+a_1z^{n-1}+\cdots+a_n$$

을 상수가 아닌 실계수 다항식이라 하자. $z\neq 0$일 때

$$\frac{f(z)}{z^n}=1+a_1z^{-1}+\cdots+a_nz^{-n}$$

을 생각하자. $p(z)=a_1z^{-1}+\cdots+a_nz^{-n}$이라 두면, $|z|>1$일 때

$$|p(z)|\leq|z^{-1}|\left(|a_1|+\cdots+|a_nz^{-n+1}|\right)<|z^{-1}|\left(|a_1|+\cdots+|a_n|\right)$$

이다. 이때 어떤 작은 양수 ε에 대해서 충분히 큰 정수 M을 취하면 $|z|\geq M$일 때 $|p(z)|<\varepsilon$이 된다. 특히

$$\frac{f(z)}{z^n}=1+p(z)\neq 0$$

이다. 그래서 $|z|=1$일 때 $\varphi(z)=\dfrac{f(Mz)}{|f(Mz)|}$라 두면 사상 $\varphi: C\rightarrow C$를 정의할 수 있다. 이것이 연속임은 쉽게 알 수 있다. 또 $f(z)$는 실계수이므로 분명히 $\varphi(1)=1$이 성립한다.

이때 φ의 사상도는 다항식의 차수 n과 같다. 실제 $\varphi(z)$와 $f(Mz)$의 편각이 같다는 것, 그리고 $f(Mz)$의 편각과 $(Mz)^n$의 편각의 차는 충분히 작다는 것으로부터 편각의 사상 $h(t)$와 nt는 충분히 가까운 것임을 알 수 있다. 위의 그림과 같이 사상 $h(t)$는 nt로 나타나는 직선을 중심으로 하는 좁은 띠 속에 있다. 그러나 $h(1)$은 정수값밖에 취할 수 없으므로 $h(1)=n$이다.

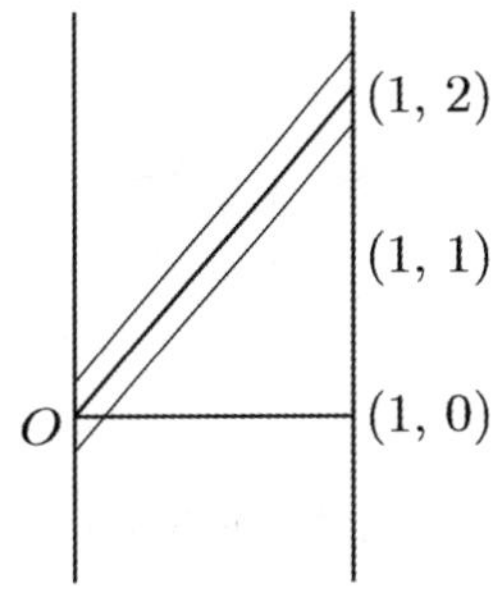

정리의 증명 | 이상의 준비를 바탕으로 기본정리를 보이자. 먼저 방정식은 실계수를 갖는다고 가정해도 된다. 실제

$$f(z) = z^n + a_1 z^{n-1} + \cdots + a_n$$

을 상수가 아닌 복소계수 다항식이라 하자. 계수들의 복소 공액(켤레)을 취한 다항식

$$\overline{f}(z) = z^n + \overline{a_1} z^{n-1} + \cdots + \overline{a_n}$$

을 생각할 수 있다. 이때 $g(z) = f(z)\overline{f}(z)$는 실계수 다항식이다. 왜냐하면

$$\overline{g}(z) = \overline{f}(z)\overline{\overline{f}}(z) = \overline{f}(z)f(z) = g(z)$$

이기 때문이다. 따라서 $g(z) = 0$이 복소수해를 가지면, $f(z) = 0$ 혹은 $\overline{f}(z) = 0$이 복소수해를 가진다. 후자의 경우, 해를 α라고 하면 $\overline{f}(\alpha) = 0$은 $f(\overline{\alpha}) = 0$과 같으므로 $f(z) = 0$ 역시 복소수해를 가지게 된다.

이제 배리법에 의해 정리가 성립함을 보이자. 즉, $f(\alpha) = 0$이 되는 복소수 α가 존재하지 않는다고 가정하자. 이때 정리 1.2.2로부터 n은 짝수이다. 또한 $f(0) = a_n > 0$이다. 실제로 $a_n \leq 0$이면 중간값 정리로부터 $f(z) = 0$은 실수해를 가지기 때문이다. 그래서 $s \in [0, 1]$에 대해 위의 양수 M을 이용하여

$$\varphi_s(z) = \frac{f(Msz)}{|f(Msz)|}$$

라 두자. 가정으로부터 $f(Msz) \neq 0$이므로 이것은 정의되며, s에 대해서도 연속임은 분명하다. $\varphi_1(z) = \varphi(z)$이다. 또 $\varphi_0(z)$는 항등적으로 1이며, 특히 사상도는 0이다. 사상의 연속적 변형에 의해 사상도는 변하지 않으므로 $\varphi(z)$의 사상도도 0인데 이것은 앞에서 말한 $\varphi(z)$의 사상도는 (상수가 아닌) 다항식 $f(z)$의 차수 n이라는 것에 모순이다. □

제2장

대수계

이 책의 다음 목표는 아벨이나 갈루아에 의해 보여진 5차 이상의 대수방정식의 비가해성, 즉 그러한 방정식에 일반적인 해의 공식이 존재하지 않는다는 것을 증명하는 것이다. 그를 위해서 군이나 환, 혹은 체와 같은 대수계에 관한 사항이 필요하다. 대수계(代數系)란 일반적으로 덧셈이나 곱셈과 같은 연산을 가지는 집합을 공리의 형태로 특징짓는 것이다. 이러한 연산을 가지고 있는 집합으로는 유리수와 같은 수 외에도 다항식과 같은 식도 있다. 일반 대수계가 되면, 환으로 한정하더라도 조금씩 성질이 다른 것이 다수 있다. 그러나 이 책에서 필요한 것은 정수들, 혹은 어떤 체의 원소를 계수로 하는 다항식들이 이루는 환의 성질이다. 이들은 가장 중요하고도 기본적인 환이며, 이러한 구체적인 환의 여러 성질을 충분히 알아두는 것은 추상적인 대수계의 이해에 있어서 불가결하다.

이 장의 제2.1절부터 제2.5절까지는 다항식들이 이루는 환을 중심으로 하는 대수계를 설명한다. 대수학에 대한 통상적인 책에서는 단순한 대수계에서 복잡한 것, 즉 군, 환, 체의 순으로 해설하는 경우가 많은데 이 단순함은 만족해야 하는 공리의 개수에 의한 것이며, 역으로 생각해 대상이 되는 대수계의 종류로 말하자면 단순함은 거꾸로 된다. 이 장의 목표가 다항식의 성질에 대한 이해도 있으므로 통상의 책과는 다른 순서로 설명한다.

2.1 체

정의

이 절에서는 체에 대해 설명한다. 체라는 것은 유리수의 집합 $\mathbb{Q}$나 실수의 집합 $\mathbb{R}$, 혹은 복소수의 집합 $\mathbb{C}$와 같이 그 집합에서 사칙연산을 자유롭게 할 수 있는 집합을 말한다. 예를 들어, 실수의 집합에는 사칙연산 이외에도 연속성이나 순서와 같은 중요한 성질이 있다. 그러나 사칙연산에 주목해서 보면,

유리수나 이후 말하는 예들과 공통인 규칙으로 기술할 수 있음을 알 수 있다. 사칙연산에 관한 이 규칙을 **체의 공리**라 부르며, 이 공리를 따르는 사칙연산을 가지고 있는 집합을 하나의 **체**(field)라 한다.

정의 2.1.1 | 집합 K의 임의의 두 원소 a, b에 대해, 그들의 합 $a+b \in K$와 곱 $ab \in K$라 부르는 원소가 정의되어 있고 다음의 A1에서 A9까지의 공리를 만족할 때, 집합 K를 체라 한다.

A1 (합의 추이성) 임의의 세 원소 a, b, c에 대해서 다음 식이 성립한다.

$$(a+b)+c = a+(b+c)$$

A2 (합의 가환성) 임의의 두 원소 a, b에 대해서 $a+b=b+a$가 성립한다.

A3 (합에 관한 단위원의 존재) 다음 조건을 만족하는 원소(영원소라 부르고, 0으로 나타낸다)가 존재한다.

$$\text{임의의 원소 } a\text{에 대해 } a+0=0+a=a$$

A4 (합에 관한 역원의 존재) 각 원소 a에 대해서 다음 조건을 만족하는 원소 $\bar{a}$가 존재한다.

$$a+\bar{a}=\bar{a}+a=0$$

A5 (곱의 추이성) 임의의 세 원소 a, b, c에 대해서 다음 식이 성립한다.

$$(ab)c = a(bc)$$

A6 (곱의 가환성) 임의의 두 원소 a, b에 대해서 다음 식이 성립한다.

$$ab = ba$$

A7 (곱에 관한 단위원의 존재) 다음 조건을 만족하고, 0과는 다른 원소(1로 나타낸다)가 존재한다.

임의의 원소 a에 대해 $a1 = 1a = a$

A8 (곱에 관한 역원의 존재) 0과는 다른 임의의 원소 a에 대해서 다음 조건을 만족하는 원소 $\tilde{a}$가 존재한다.

$$a\tilde{a} = \tilde{a}a = 1$$

A9 (분배율) 임의의 세 원소 a, b, c에 대해서 다음 식이 성립한다.

$$(a+b)c = ac+bc,\ \ a(b+c) = ab+ac$$

정의 2.1.1에는 0이나 1과 같은 특별한 원소, 혹은 원소 a의 합에 관한 역원 $\bar{a}$나 곱에 관한 역원 $\tilde{a}$는 단지 존재한다고 정의되어 있지만, 실은 단 하나로 정해진다. 예를 들어, 원소 a에 대해, 합에 대한 성질 A4를 만족하는 원소 $\bar{a}_1$, $\bar{a}_2$가 있다고 하자. 이때 공리 A1, A3로부터

$$(a+\bar{a}_1)+\bar{a}_2 = 0+\bar{a}_2 = \bar{a}_2$$
$$(a+\bar{a}_2)+\bar{a}_1 = 0+\bar{a}_1 = \bar{a}_1$$

가 성립한다. 위 식의 좌변은 A1, A2에 의해 같다.

또 정의 2.1.1에는 뺄셈이나 나눗셈은 명기되어 있지 않지만, 원소 a의 합에 관한 역원 $\bar{a}$나 곱에 관한 역원 $\tilde{a}$를 각각 $-a$ 및 $\frac{1}{a}$(혹은 a^{-1})로 나타내고, 뺄셈이나 나눗셈을

$$b-a = b+(-a),\ \ \frac{b}{a} = ba^{-1}$$

로 정의하면 된다.

따라서 체에서는 사칙연산을 자유롭게 할 수 있다. 가장 기본적인 체의 예는 유리수의 집합 $\mathbb{Q}$이다. 그러한 의미에서 사칙연산을 유리연산이라고도 부른다. 실제로 유리수에서 성립하는 사칙연산의 성질은 대부분 일반적인 체에

서도 성립한다. 예를 들어, 임의의 원소 a에 대해 $a0=0$이다. 이것은 $a0+a=a0+a1=a(0+1)=a1=a$이기 때문이다. 또한 두 원소 a, b가 $ab=0$을 만족하면, a 또는 b 중 어느 것인가가 0이다. 예를 들어, $a\neq 0$이면, $a^{-1}(ab)=(a^{-1}a)b=1b=b=0$이다. 그 외에 $(-1)\times(-1)=1$도 쉽게 보일 수 있다.

여기서 서술하는 정의 방법은 대상을 구체적으로 열거하지 않고, 그 대상이 만족해야 하는 성질, 혹은 조건만 가지고 간접적으로 규정하는 것으로 **공리적 정의**라 불린다. 이때 만족해야 할 조건은 필요한 최소한의 형태로 말하는 것이 보통이다. 따라서 위에서 주의한 것처럼, 뺄셈이나 나눗셈을 공리 속에 넣지는 않는다. 또 당연하지만 공리끼리 모순되지 않아야 한다. 이 무모순성은 공리계를 만족하는 실제 예(모델)가 있으면 보증된다. 이러한 정의는 현대수학에서는 당연한 것이어서 다음에 나올 벡터공간이나 군의 정의도 마찬가지이다. 이 책의 서두에서 말한 자연수에 대한 페아노 공리도 그것에 의해 자연수를 정의할 수 있다. 단, 페아노 공리를 만족하는 대상은 본질적으로 자연수뿐이지만, 체의 공리를 만족하는 것, 즉 체는 무수히 많다.

예 2.1.1 여기서 체의 전형적인 예를 하나 살펴보자. k를 제곱수가 아닌 자연수라 하고, a, b를 유리수라 할 때 $a+b\sqrt{k}$ 꼴의 실수 집합을 생각하자. 이것을 $\mathbb{Q}(\sqrt{k})$로 나타내자. 이러한 꼴의 두 수의 합, 차가 모두 이러한 꼴이 되는 것은 분명하다. 또 곱에 대해서도

$$(a+b\sqrt{k})(a'+b'\sqrt{k})=(aa'+kbb')+(ab'+a'b)\sqrt{k}$$

이므로 같은 꼴의 수이다. 이 덧셈과 곱셈은 실수로서의 덧셈, 곱셈과 같으므로 A8 이외의 공리가 성립함은 분명하다. 따라서 이것이 체임을 보이기 위해서는 원소 $a+b\sqrt{k}$의 역원 또한 이 꼴임을 보이면 되는데,

$$\frac{1}{a+b\sqrt{k}}=\frac{a-b\sqrt{k}}{(a+b\sqrt{k})(a-b\sqrt{k})}=\frac{a}{a^2-kb^2}-\frac{b}{a^2-kb^2}\sqrt{k}$$

임은 쉽게 확인할 수 있다. $\sqrt{k}$가 무리수이므로 $a+b\sqrt{k}$가 0임과 $a=0$, $b=0$이 성립하는 것은 동치이다. 따라서 이러한 수들의 상등

$$a+b\sqrt{k}=a'+b'\sqrt{k} \iff a=a',\ b=b'$$

이 성립한다. 이들은 두 유리수의 쌍 (a, b)를 생각하는 것이 하나의 수 $a+b\sqrt{k}$를 생각하는 것과 같음을 의미한다. 마치 이것은 실수의 쌍 (x, y)와 복소수 $x+yi$를 동일시하는 것과 유사하다. 다음 절에서 말할 벡터공간의 용어로 말하자면, 체 $\mathbb{Q}(\sqrt{k})$가 유리수체 $\mathbb{Q}$ 위의 이차원 벡터공간이 된다는 것이다.

이러한 수와 복소수의 유사한 점은 그 외에도 있다. $\alpha=a+b\sqrt{k}$에 대해 그 켤레 $\overline{\alpha}$와 노름 $N(\alpha)$를

$$\overline{\alpha}=a-b\sqrt{k},\quad N(\alpha)=\alpha\overline{\alpha}=a^2-kb^2$$

으로 정의하자. 복소수의 경우와 달리 $N(\alpha)$는 음수도 되므로 제곱근을 취하여 절댓값을 정의하는 것은 할 수 없지만, 복소수와 마찬가지로 다음 성질은 명백히 성립한다.

$$\overline{\alpha+\beta}=\overline{\alpha}+\overline{\beta},\quad \overline{\alpha\beta}=\overline{\alpha}\,\overline{\beta},\quad N(\alpha\beta)=N(\alpha)N(\beta)$$

체의 표수

체에는 합에 관한 단위원과 곱에 관한 단위원이 존재하는데, 이들은 어떤 체에서도 0 및 1로 나타낸다. n을 자연수라 할 때, 1을 n번 반복해서 더한 원소 $1+\cdots+1$을 생각할 수 있다. 이 원소를 보통의 자연수와 구별하기 위해 여기서만 기호 $\underline{n}$로 나타내자. 이때 체에 따라서 다음 두 가지 경우로 나

눌 수 있다.

(1) 이러한 원소 $\underline{n}$들은 모두 다르다.

(2) 서로 다른 n, m이 있어 $\underline{n} = \underline{m}$이 된다.

먼저 (2)의 경우를 생각하자. 이때 $\underline{n-m} = \underline{n} - \underline{m} = 0$이므로 $\underline{k} = 0$이 되는 자연수 $k > 1$가 있다. 그러한 자연수 $k > 1$에서 최소인 것이 소수임은 다음을 통해서 알 수 있다. k가 소수가 아니고, k보다 작은 자연수 k_1, k_2 (> 1)가 있어 $k = k_1 k_2$로 분해된다고 하자. 그때 $\underline{k} = \underline{k_1 k_2} = 0$이고 $\underline{k_1}$, $\underline{k_2}$ 중 하나가 0이 되는데, 이것은 k의 최소성에 반한다. 이 소수를 체 K의 **표수**(標數)라 한다. 정리 2.3.17에서는 임의의 소수 p에 대해 표수가 p이고 원소의 개수가 정확히 p인 체를 소개한다.

(1)의 경우는 정수 전체가 체 K에 일대일로 매장(embedding)되며, 따라서 유리수들도 일대일로 매장된다. 즉, 체 K는 유리수체를 그 일부분으로 포함한다. 이럴 때 체의 표수를 0이라 한다. 이때, 당연하지만 중요한 성질로서 체는 무한개의 원소를 가진다고 말할 수 있다.

▶ 정역과 상체

정수 전체의 집합 $\mathbb{Z}$는 유리수체의 일부이고, 그 덧셈과 곱셈은 체의 공리 가운데 곱에 관한 역원의 존재(A8) 이외의 모든 공리를 만족한다. 일반적으로 덧셈과 곱셈을 가지고, 곱셈의 교환가능성(A6)과 곱셈에 관한 역원의 존재(A8) 이외의 모든 공리를 만족하는 집합을 **환**(環)[1]이라 한다. 또 곱셈의 교환가능성(A6)을 만족하는 환을 **가환환**(可換環)이라 부른다. 가환환은 체와 다르며, 0이 아닌 원소가 역원을 가진다고 한정할 수는 없다. 이 경우 특히 역원을 가지는 원소를 **단원**(單元) 혹은 **가역원**(可逆元)이라 부른다.

또 성질 '두 원소 a, b가 $ab = 0$이 되는 것은 a 또는 b 중 어느 것이 0일

1) 환의 정의로, 곱셈에 관한 단위원의 존재(A7)를 가정하지 않는 경우도 있다.

때에 한한다'를 만족할 때, 가환환은 **정역(整域)**이라고 부른다. 체는 물론 정역이지만, 체가 되지 않는 정역이 많이 존재한다. 예를 들어, 정수 전체가 이루는 가환환 $\mathbb{Z}$는 물론 정역이다. 또 뒤에서 자세하게 설명할 체 K의 원소를 계수로 하는 다항식들의 집합도 정역의 중요한 예 가운데 하나이다.

여기서 정수에서 유리수가 어떻게 만들어졌는지를 상기해보자. 두 정수 n, $m(\neq 0)$에 대해서 분수 $\frac{n}{m}$을 만든다. 겉보기가 다른 분수 $\frac{n_1}{m_1}$, $\frac{n_2}{m_2}$도 $n_1m_2 = n_2m_1$일 때는 같다고 생각하고, 이러한 분수들로 나타낼 수 있는 수를 유리수라 불렀다. 즉

$$\frac{2}{3},\ \frac{4}{6},\ \frac{6}{9},\ \cdots$$

은 일괄적으로 하나의 유리수를 나타내고 있다. 정수에서 분수를 만들고, 이렇게 동일시를 하는 것으로 유리수를 만드는 방법은 모든 정역에 적용할 수 있다. R을 정역이라고 하자. R의 두 원소 a와 $b\neq 0$로 분수 $\frac{a}{b}$를 만들자. 이것은 형식적으로 생각해도 되기 때문에 분수의 기호가 싫다면, 예를 들어 $(a,\ b)$와 같이 하나의 쌍으로 생각해도 된다. 분수 $\frac{a_1}{b_1}$과 $\frac{a_2}{b_2}$는 $a_1b_2 = a_2b_1$일 때 동치라 한다. $\frac{a_1}{b_1}$은 자기 자신과 동치(반사율)이고, $\frac{a_1}{b_1}$과 $\frac{a_2}{b_2}$가 동치이면 $\frac{a_2}{b_2}$와 $\frac{a_1}{b_1}$도 동치(대칭율)임은 분명하다. 또 $\frac{a_1}{b_1}$과 $\frac{a_2}{b_2}$가 동치이고 $\frac{a_2}{b_2}$와 $\frac{a_3}{b_3}$가 동치라고 가정하면, $a_1b_2 = a_2b_1$ 및 $a_2b_3 = a_3b_2$가 성립한다. 이때

$$a_1b_2b_3 = a_2b_1b_3 = b_1a_2b_3 = b_1a_3b_2$$

이므로 $(a_1b_3 - a_3b_1)b_2 = 0$이 성립한다. $b_2 \neq 0$이고 R은 정역이라 가정했으므로 $a_1b_3 - a_3b_1 = 0$인데, 이것은 $\frac{a_1}{b_1}$과 $\frac{a_3}{b_3}$가 동치임을 의미한다(추이율). 따라서 분수들 사이에 정의된 위의 관계는 동치관계라 불리는 3개의 조건(반사율, 대칭율, 추이율)을 만족한다. 이때 분수들을 동치인 것들로 한데 모아서

(동치인 것은 같다고 생각해서) 새로운 집합을 생각할 수 있다. 분수들의 합은 통분해서 더하는 것으로 정의된다. 즉

$$\frac{a_1}{b_1}+\frac{a_2}{b_2}=\frac{a_1 b_2+a_2 b_1}{b_1 b_2}$$

으로 정의된다. 곱의 경우 분자는 분자끼리, 분모는 분모끼리 곱하면 된다. 이와 같이 구해서 얻어지는 덧셈과 곱셈에 의해, 동치인 분수들의 집합이 체가 됨은 쉽게 확인할 수 있다. 이것을 정역 R의 **상체(商体)**라 한다.

2.2 벡터공간

이 절에서는 벡터공간에 대해서 이 책에서 필요로 하는 것, 즉 차원의 개념에 한해서 다룬다. 선형사상 혹은 행렬, 행렬식 등을 포함하는 선형대수 전반에 대해서 필요하다면 적당한 책을 참고하기 바란다.

정의 2.2.1 | **벡터공간의 정의**

K는 주어진 체라 하자. 집합 V의 임의의 두 원소(이후 벡터라 부른다) $\boldsymbol{u}$, $\boldsymbol{v}$에 대해 그들의 합이라 불리는 벡터

$$\boldsymbol{u}+\boldsymbol{v} \in V$$

가 정의되고, 또 V의 임의의 벡터 $\boldsymbol{v}$와 체 K의 임의의 원소 a에 대해서 스칼라 배라 불리는 벡터

$$a\boldsymbol{v} \in V$$

가 정의되고 다음 공리를 만족할 때, V는 체 K 위의(혹은 K를 스칼라 체로 하는) **벡터공간**이라 한다.

V1 (추이성) 임의의 벡터 $\boldsymbol{u}$, $\boldsymbol{v}$, $\boldsymbol{w}$에 대해서 다음 식이 성립한다.

$$(\boldsymbol{u}+\boldsymbol{v})+\boldsymbol{w}=\boldsymbol{u}+(\boldsymbol{v}+\boldsymbol{w})$$

V2 (가환성) 임의의 벡터 $\boldsymbol{u}$, $\boldsymbol{v}$에 대해서 다음 식이 성립한다.

$$\boldsymbol{u}+\boldsymbol{v}=\boldsymbol{v}+\boldsymbol{u}$$

V3 (0벡터의 존재) 다음 조건을 만족하는 벡터 $\boldsymbol{o}$가 존재한다.

$$\boldsymbol{v}+\boldsymbol{o}=\boldsymbol{o}+\boldsymbol{v}=\boldsymbol{v}, \quad \forall \boldsymbol{v}\in V$$

V4 (역벡터의 존재) 임의의 벡터 $\boldsymbol{v}$에 대해서 다음 조건을 만족하는 벡터 $\overline{\boldsymbol{v}}$가 존재한다.

$$\boldsymbol{v}+\overline{\boldsymbol{v}}=\overline{\boldsymbol{v}}+\boldsymbol{v}=\boldsymbol{o}$$

V5 임의의 벡터 $\boldsymbol{v}$, $\boldsymbol{w}\in V$와 임의의 스칼라 a, $b\in K$에 대해서 다음 식이 성립한다.

$$1\boldsymbol{v}=\boldsymbol{v}, \quad (ab)\boldsymbol{v}=a(b\boldsymbol{v}),$$
$$(a+b)\boldsymbol{v}=a\boldsymbol{v}+b\boldsymbol{v}, \quad a(\boldsymbol{v}+\boldsymbol{w})=a\boldsymbol{v}+a\boldsymbol{w}$$

이 책에서 필요로 하는 벡터공간의 예는 앞으로 생각할 체 K와 그 확대체 L의 경우, 혹은 체 K 위의 다항식들이다. 예를 들어, 실수체 $\mathbb{R}$과 그 확대체인 복소수체 $\mathbb{C}$를 생각하자. 일단 복소수에서의 사칙연산은 잊고, 덧셈과 실수배에만 주목하면 그들이 벡터공간의 공리를 만족함을 확인하는 것은 쉽다. 벡터라고 하면 고등학교에서 배우는 평면벡터 ― 즉, 방향이 있는 선분이나 벡터의 합을 나타내는 평행사변형의 대각선 ― 와 같은 기하학적인 이미지가 강하다. 때문에 복소수를 실수체 위의 벡터라고 생각하기는 어렵다. 추상적인 벡터공간을 생각하는 방법에 익숙하지 않을 때는 복소수를 가우스 평면처럼, (x, y)평면의 점이라고 생각하고 평면벡터처럼 생각하는 것도 하나의 방법이다.

벡터공간을 생각할 때, 스칼라 체 K가 정해져 있어 그 이외의 경우를 다루지 않는 경우 'K 위의'를 생략하고, 단순히 벡터공간이라 부른다. 단, 복소수체 $\mathbb{C}$는 실수체 위의 벡터공간이지만 동시에 유리수체 위의 벡터공간이기도 하다. 이 책에서는 이렇게 확대체를 벡터공간으로 간주하는 경우가 많은데, 확대체가 여럿 있을 때는 무엇을 스칼라 체로 생각하고 있는가에 주의를 기울여 둘 필요가 있다. 특히 뒤에서 다룰 차원 등은 스칼라 체에 따라 다르기 때문에 주의가 필요하다.

기저와 차원

이 책에서 필요한 벡터공간의 성질은 차원에 관한 것, 즉 '벡터공간에는 차원이라는 자연수가 단 한 가지로 정해진다'는 것이다. 이것에 대해 아래에서 증명하지만, 벡터공간의 다른 기본적인 성질을 논하기 위해서는 페이지가 부족하므로 선형대수학 교과서를 참고하기 바란다.

체 K 위의 벡터공간 V의 벡터 $\boldsymbol{v}_1, \cdots, \boldsymbol{v}_n$과 스칼라 $a_1, \cdots, a_n \in K$이

$$a_1\boldsymbol{v}_1 + \cdots + a_n\boldsymbol{v}_n = \boldsymbol{o}$$

를 만족할 때, 이 식을 벡터 $\boldsymbol{v}_1, \cdots, \boldsymbol{v}_n$ 사이의 **일차관계식**이라 한다. 어떤 벡터 $\boldsymbol{v}_1, \cdots, \boldsymbol{v}_n$에 대해서도

$$0\boldsymbol{v}_1 + \cdots + 0\boldsymbol{v}_n = \boldsymbol{o}$$

은 항상 성립한다. 이것을 자명한 일차관계식이라 한다. 역으로, 자명하지 않은 일차관계식이란 a_i 중 적어도 하나의 0이 아닌 것이 존재하는 것이다. 벡터 $\boldsymbol{v}_1, \cdots, \boldsymbol{v}_n$은 자명하지 않은 일차관계식이 존재할 때 **일차종속**이라 하고, 자명하지 않은 일차관계식이 존재하지 않을 때 **일차독립**이라 한다. 벡터 $\boldsymbol{v}_1, \cdots, \boldsymbol{v}_n$을 일차종속이라 하자.

$$a_1\boldsymbol{v}_1 + \cdots + a_n\boldsymbol{v}_n = \boldsymbol{o}$$

를 자명하지 않은 일차관계식이라 하고, $a_i \neq 0$라 할 때,

$$\boldsymbol{v}_i = -\frac{a_1}{a_i}\boldsymbol{v}_1 - \cdots - \frac{a_{i-1}}{a_i}\boldsymbol{v}_{i-1} - \frac{a_{i+1}}{a_i}\boldsymbol{v}_{i+1} - \cdots - \frac{a_n}{a_i}\boldsymbol{v}_n$$

이므로 $\boldsymbol{v}_i$는 나머지 벡터들의 일차결합 꼴로 나타낼 수 있다. 즉 $\boldsymbol{v}_1, \cdots, \boldsymbol{v}_n$이 일차종속이라는 것은 어떤 벡터가 나머지 벡터로 표현되며, 이러한 의미에서 종속하고 있다는 것이다. 또 일차독립이기 위한 조건 '자명하지 않은 일차관계식은 존재하지 않는다'를 그 대우 '일차관계식이 존재하면, 자명하다'의 꼴로 생각하는 경우가 많다.

정의 2.2.2 |

(1) 벡터공간 V는 유한개의 벡터 $\boldsymbol{v}_1, \cdots, \boldsymbol{v}_n$이 있고, V의 임의의 벡터 $\boldsymbol{a}$가 $\boldsymbol{v}_1, \cdots, \boldsymbol{v}_n$의 일차결합

$$a = a_1\boldsymbol{v}_1 + \cdots + a_n\boldsymbol{v}_n, \quad a_i \in K$$

의 꼴로 표현될 때, **유한생성**인 벡터공간이라고 한다. 또 이때 벡터 $\boldsymbol{v}_1, \cdots, \boldsymbol{v}_n$을 벡터공간 V의 **생성원**이라 한다.

(2) 벡터공간 V의 (1)과 같은 벡터 $\boldsymbol{v}_1, \cdots, \boldsymbol{v}_n$은, V의 임의의 벡터 $\boldsymbol{a}$가 $\boldsymbol{v}_1, \cdots, \boldsymbol{v}_n$의 일차결합

$$\boldsymbol{a} = a_1\boldsymbol{v}_1 + \cdots + a_n\boldsymbol{v}_n, \quad a_i \in K$$

의 **단 한 가지** 꼴로 표현될 때, 벡터 V의 하나의 **기저**(basis)라 한다. 기저가 되는 벡터의 쌍은 여러 가지를 얻을 수 있는데, 정리 2.2.5에서 보는 것처럼 기저가 되는 벡터의 개수는 일정하다. 이 개수를 벡터공간 V의 **차원**이라 하고, $\dim_K V$ 혹은 오해의 여지가 없을 때는 단순히

$\dim V$로 나타낸다. 또 유한개의 벡터로 이루어지는 기저를 취할 수 있을 때, 벡터공간 V는 **유한차원**이라 한다.

보조정리 2.2.3 | 벡터공간 V의 유한개의 벡터 $v_1, \cdots, v_n$이 V의 기저이기 위한 필요충분조건은, $\boldsymbol{v}_1, \cdots, \boldsymbol{v}_n$이 '일차독립이다'는 것과 '$V$를 생성한다'는 두 가지 조건을 만족하는 것이다.

증명 | 벡터 $\boldsymbol{v}_1, \cdots, \boldsymbol{v}_n$에 대해서 '일차독립이다'는 것과 '표시방법이 일의적이다'는 것이 동치임을 보이면 된다. 혹은 대우를 취해서 '일차독립이 아니다'와 '표시방법이 일의적이지 않다'가 동치임을 보이면 된다. 먼저 벡터 $\boldsymbol{v}_1, \cdots, \boldsymbol{v}_n$이 '일차독립이 아니다'라고 하자. 즉, 일차관계식

$$a_1\boldsymbol{v}_1 + \cdots + a_n\boldsymbol{v}_n = \boldsymbol{o}$$

이고, a_i가 모두 0이 되는 경우는 없다고 하자. 한편,

$$0\boldsymbol{v}_1 + \cdots + 0\boldsymbol{v}_n = \boldsymbol{o}$$

도 같은 벡터 $\boldsymbol{o}$를 나타내고 있으므로 '표시방법이 일의적이 아니다'. 역으로, '표시방법이 일의적이 아니다'라고 하자. 즉, 벡터 $\boldsymbol{a}$가

$$\boldsymbol{a} = a_1\boldsymbol{v}_1 + \cdots + a_n\boldsymbol{v}_n = b_1 v_1 + \cdots + b_n\boldsymbol{v}_n$$

과 같이 다른 형태로 나타내어진다고 하자. 이때

$$(a_1 - b_1)\boldsymbol{v}_1 + \cdots + (a_n - b_n)\boldsymbol{v}_n = \boldsymbol{o}$$

인데, 이것은 자명하지 않은 일차관계식이므로 '일차독립이 아니다'. □

보조정리 2.2.4 | 벡터공간 V에서 n개의 벡터들로 이루어지는 기저 $\boldsymbol{v}_1$, $\cdots$, $\boldsymbol{v}_n$을 취할 수 있다고 하자. 이때 V의 임의의 $n+1$개의 벡터 $\boldsymbol{w}_1$, $\cdots$, $\boldsymbol{w}_n$, $\boldsymbol{w}_{n+1}$은 일차종속이다.

증명 | $\boldsymbol{w}_1, \cdots, \boldsymbol{w}_n$이 일차종속이라면 명백히 성립하므로, $\boldsymbol{w}_1, \cdots, \boldsymbol{w}_n$이 일차독립이라고 하자. $\boldsymbol{v}_1, \cdots, \boldsymbol{v}_n$은 생성원이므로 벡터 $\boldsymbol{w}_1$은

$$\boldsymbol{w}_1 = a_{11}\boldsymbol{v}_1 + \cdots + a_{1n}\boldsymbol{v}_n$$

의 꼴로 나타낼 수 있다. $\boldsymbol{w}_1, \cdots, \boldsymbol{w}_n$은 일차독립이므로 특히 $\boldsymbol{w}_1$은 0벡터가 아니다. 따라서 위 식에서 0이 아닌 a_{1i}가 있다. 필요하면 번호를 바꿔 붙여서 $i=1$이라고 하자. 이때

$$\boldsymbol{v}_1 = \frac{1}{a_{11}}\boldsymbol{w}_1 - \frac{a_{12}}{a_{11}}\boldsymbol{v}_2 - \cdots - \frac{a_{1n}}{a_{11}}\boldsymbol{v}_n$$

이다. 따라서 $\boldsymbol{v}_1$을 $\boldsymbol{w}_1$으로 치환하더라도 벡터공간 V를 생성한다. 그러므로 벡터 $\boldsymbol{w}_2$는

$$\boldsymbol{w}_2 = a_{21}\boldsymbol{w}_1 + a_{22}\boldsymbol{v}_2 + \cdots + a_{2n}\boldsymbol{v}_n$$

의 꼴로 나타낼 수 있다. 이때 $a_{22}, \cdots, a_{2n}$이 모두 0이 되는 경우는 없다. 왜냐하면 그렇게 된다면 $\boldsymbol{w}_1$, $\boldsymbol{w}_2$ 사이에 자명하지 않은 일차관계식이 있다는 것이 되는데, 이것은 $\boldsymbol{w}_i$가 일차독립이라는 것에 모순이기 때문이다. 따라서 필요하다면 번호를 바꾸어 붙여 $a_{22} \neq 0$이라 해도 된다. 이때

$$\boldsymbol{v}_2 = -\frac{a_{21}}{a_{22}}\boldsymbol{w}_1 + \frac{1}{a_{22}}\boldsymbol{w}_2 - \frac{a_{23}}{a_{22}}\boldsymbol{v}_3 - \cdots - \frac{a_{2n}}{a_{22}}\boldsymbol{v}_n$$

이 되고, 생성원으로는 $\boldsymbol{v}_2$를 $\boldsymbol{w}_2$로 치환해도 된다. 이 논의를 반복하면 $\boldsymbol{w}_1$, $\cdots$, $\boldsymbol{w}_n$을 생성원으로 취할 수 있다. 따라서 $\boldsymbol{w}_{n+1}$은 $\boldsymbol{w}_1$, $\cdots$, $\boldsymbol{w}_n$의 일차결

합이 되고, 전체는 일차종속이 된다. □

정리 2.2.5 | 벡터공간 V가 유한생성이라 가정하자. 이때
(1) 유한개의 벡터들로 이루어지는 V의 기저가 존재한다.
(2) $\{\boldsymbol{v}_1, \cdots, \boldsymbol{v}_n\}$, $\{\boldsymbol{v}_1', \cdots, \boldsymbol{v}_m'\}$이 모두 V의 기저이면, $n=m$이다.

증명 | (1) V는 유한생성이므로 생성원 $\boldsymbol{v}_1, \cdots, \boldsymbol{v}_m$을 취할 수 있다. 이들이 일차독립이면 증명은 끝난다. 만약 일차종속이라면 자명하지 않은 일차관계식

$$a_1\boldsymbol{v}_1 + \cdots + a_m\boldsymbol{v}_m = \boldsymbol{o}$$

이 있다. a_i 중에 0이 아닌 것이 있는데, 필요하면 번호를 바꿔 붙여서 $a_m \neq 0$이라 해도 된다. 이때

$$\boldsymbol{v}_m = -\frac{a_1}{a_m}\boldsymbol{v}_1 - \cdots - \frac{a_{m-1}}{a_m}\boldsymbol{v}_{m-1}$$

이다. 이것은 V가 $\boldsymbol{v}_1, \cdots, \boldsymbol{v}_{m-1}$에 의해 생성됨을 의미한다. 또한 $\boldsymbol{v}_1, \cdots, \boldsymbol{v}_{m-1}$이 일차종속이라면 같은 것을 반복할 수 있고, 어떤 번호 n이 있어 $\boldsymbol{v}_1, \cdots, \boldsymbol{v}_n$이 '일차독립이다'와 '$V$를 생성한다'로부터 이들 벡터는 기저이다.

(2) $\boldsymbol{v}_1, \cdots, \boldsymbol{v}_n$ 및 $\boldsymbol{v}_1', \cdots, \boldsymbol{v}_m'$이 벡터공간 V의 기저라 하자. $m > n$이면 보조정리 2.2.4로부터 $\boldsymbol{v}_1', \cdots, \boldsymbol{v}_m'$이 일차종속이 되어 가정에 모순이다. 따라서 $m \leq n$이다. 마찬가지로 $n \leq m$이므로 $n=m$이다. □

벡터공간 V의 부분집합 W가 V에서의 벡터의 합이나 스칼라 배에 대해 닫혀 있고, 그 자신이 벡터공간이 될 때 W를 V의 **부분벡터공간**이라 한다.

정리 2.2.6 | 벡터공간 V는 유한차원 벡터공간, W는 V의 부분벡터공간이라 하자. 이때 W도 유한차원이며, $\dim W \leq \dim V$가 성립한다. 또 등호가 성립하는 것은 $V = W$일 때에 한한다.

증명 | V는 n차원이라고 하자. 보조정리 2.2.4로부터 W의 $n+1$개 이상의 벡터는 V의 벡터라고 생각하면 일차종속이 된다. 일차종속이라는 것은 부분벡터공간에서 생각하더라도 마찬가지이므로, W의 벡터라 생각하더라도 일차종속이다. 따라서 W의 일차독립인 벡터의 개수는 기껏해야 n개이다.

후반부를 보이자. $\dim W = \dim V = n$이라 하자. $\boldsymbol{w}_1, \cdots, \boldsymbol{w}_n$을 W의 기저, $\boldsymbol{a}$를 V의 벡터라 하자. 이때 $n+1$개의 벡터 $a, \boldsymbol{w}_1, \cdots, \boldsymbol{w}_n$은 일차종속이다. $\boldsymbol{w}_1, \cdots, \boldsymbol{w}_n$은 V의 벡터라 하더라도 일차독립이므로 쉽게 알 수 있듯이 $\boldsymbol{a}$는 $\boldsymbol{w}_1, \cdots, \boldsymbol{w}_n$의 일차결합으로 나타낼 수 있다. 따라서 $\boldsymbol{w}_1, \cdots, \boldsymbol{w}_n$은 V를 생성하므로 $V = W$이다. □

2.3 군

일반론

환이나 체는 덧셈과 곱셈 두 종류의 연산을 가지고 있는데, 군은 단 한 종류의 연산을 가지는 대수계이다. 따라서 보다 넓은 대상을 다루게 된다. 또 그 연산은 일반적으로 교환가능이라 가정하지 않으므로, 수의 합이나 곱과 같은 연산 이외에 다양하게 생각할 수 있다. 여기에서는 군의 정의와 가장 기본적인 성질을 살펴본 후, 다음과 같은 중요한 형태의 두 가지 군을 다룬다. 하나는 유한 아벨군으로 그 구조에 대해 제2.4절에서 자세하게 조사한다. 또 다른 하나는 n개 원소의 치환으로 이루어지는 대칭군과 그 부분군인 교대군이다. n이 5 이상일 때 교대군이 단순군임은 제3장의 정리 3.3.18에서 증명할 것인데, 이것은 아벨의 정리를 증명하는데 필요하다.

정의 2.3.1 | 집합 G는 G의 임의의 두 원소 a, b에 대해서, 그들의 곱이라 불리는 원소($ab\in G$로 나타내자)가 정해지고 다음 성질을 만족하면, **군(群)**이라 한다.

G1 임의의 세 원소 a, b, $c\in G$에 대해

$$a(bc)=(ab)c$$

가 성립한다.

G2 **단위원**[2]이라 불리는 원소 $e\in G$가 존재하여, 임의의 원소 $a\in G$에 대해

$$ae=ea=a$$

가 성립한다.

G3 임의의 원소 $a\in G$에 대해, 그 **역원**이라 불리는 원소 $a^{-1}\in G$가 존재하고

$$aa^{-1}=a^{-1}a=e$$

가 성립한다.

위의 세 가지 조건을 군의 공리라고 부른다. 공리 G2는 단위원의 존재를 말하고 있을 뿐이지만, 실은 이러한 단위원은 단 하나 정해진다. 실제로 그러한 원소 e'이 하나 더 존재한다고 하면 e가 단위원이라는 것으로부터 $ee'=e'$이고, e'이 단위원이라는 것으로부터 $ee'=e$이다. 따라서 $e=e'$이다. G3의 역원의 일의성도 쉽게 보일 수 있다.

군 G가 임의의 두 원소 a, $b\in G$에 대해 곱의 가환성

$$ab=ba$$

2) 항등원이라고도 한다.

를 만족할 때, **아벨군**이라 한다. 또 집합 G가 유한개의 원소로 이루어질 때 **유한군**이라 하고, 원소의 개수를 군 G의 **위수**(位數)라 한다. 유한군 G의 위수는 $|G|$로 나타낸다. 단 하나의 원소로 이루어지는 집합은 그 원소를 단위원으로 함으로써 군이다. 이것을 자명한 군이라 부르고, $\{e\}$로 나타낸다.

위의 정의에서 군의 연산을 '곱'이라 부르고, ab로 나타냈다. 이것은 군의 일반론을 다루는 경우의 가장 보편적인 기법인데, 이 기법이 아니면 안 되는 것은 아니다. 요컨대 2개의 원소에서 새로운 원소가 정해지고, 3개의 공리를 만족하는 것이다. 예를 들어, 정수의 집합 $\mathbb{Z}$, 유리수의 집합 $\mathbb{Q}$ 혹은 실수의 집합 $\mathbb{R}$ 등은 그 덧셈$(+)$을 군의 공리에서의 곱이라 생각하면, 군의 공리를 만족하고 있음은 분명하다. 보다 일반적으로 K를 체라 하면, 그 덧셈에 관해서 군임은 체의 공리 A1, A3, A4로부터 분명하다. 또 벡터공간도 덧셈에 대해서 군이다. 이러한 군은 곱이 교환가능이며, 산법 기호도 $a+b$와 같이 나타내고 있으므로 **가군**(加群) 혹은 **덧셈군**(加法群)이라고도 부른다.

또 체 K의 0 이외의 원소들을 생각하면 곱셈에 관해 군이 됨은 분명하다. 이것을 체 K의 **곱셈군**(乘法群)이라 부르며, $K^{\times}$로 나타낸다. 예를 들면, 0이 아닌 실수들의 집합 $\mathbb{R}^{\times}=\mathbb{R}\setminus\{0\}$이 있으며, 그밖에 절댓값이 1인 복소수의 집합이 있다. 또 예 2.1.1에서 말한 $\mathbb{Q}(\sqrt{k})=\{a+b\sqrt{k} : a,\ b\in\mathbb{Q}\}$를 생각하고, 그 중에서 노름이 1인 것 전체도 곱셈에 의해 군이다. 실제로 1은 단위원이고, $\alpha=a+b\sqrt{k}$의 역원은 $\overline{\alpha}$로 주어진다. 이러한 a, b는 소위 펠(Pell) 방정식 $x^2-ky^2=1$의 해이다. 즉 펠 방정식의 해들이 곱셈군이 된다고 생각할 수 있다.

예 2.3.1 한편 다른 유형의 군이 있다. 한 집합 X의 원소들을 다시 X의 원소로 옮기는 일대일 대응을, 집합 X의 **치환** 혹은 **변환**이라 부른다. 예를 들어 3개의 원소로 이루어지는 집합 $X=\{1,\ 2,\ 3\}$을 생각하자. 이때 치환 σ라 하는 것은 1, 2, 3의 행선지 i_1, i_2, i_3를 지정하는 것이다. 이것을 $\begin{pmatrix} 1 & 2 & 3 \\ i_1 & i_2 & i_3 \end{pmatrix}$와 같이 나타내면 집합 $\{1,\ 2,\ 3\}$의 치환은 다음 여섯 가지이다.

$$\begin{pmatrix}1&2&3\\1&2&3\end{pmatrix},\quad\begin{pmatrix}1&2&3\\2&3&1\end{pmatrix},\quad\begin{pmatrix}1&2&3\\3&1&2\end{pmatrix}$$

$$\begin{pmatrix}1&2&3\\1&3&2\end{pmatrix},\quad\begin{pmatrix}1&2&3\\3&2&1\end{pmatrix},\quad\begin{pmatrix}1&2&3\\2&1&3\end{pmatrix}$$

이러한 치환은 사상 $\sigma : \{1,\ 2,\ 3\} \to \{1,\ 2,\ 3\}$이므로, 두 개의 치환 $\sigma,\ \tau$에 대해, 두 사상의 합성 $\tau \circ \sigma$(σ를 실시한 후 τ를 실시한다)도 치환이다. 이것을 τ와 σ의 곱이라 부르고 $\tau\sigma$로 나타내면, 이것으로부터 위의 여섯 가지 치환의 집합은 군이다. 실제로 G1은 분명하며, 원소 6개의 첫 번째 원소가 단위원이다. 또 임의의 치환에 대해 원래로 되돌리는 치환이 역원이다. 역시 이 군은 곱의 가환성을 만족하지 않는다. 실제로

$$\begin{pmatrix}1&2&3\\1&3&2\end{pmatrix}\begin{pmatrix}1&2&3\\3&2&1\end{pmatrix}=\begin{pmatrix}1&2&3\\2&3&1\end{pmatrix}$$

$$\begin{pmatrix}1&2&3\\3&2&1\end{pmatrix}\begin{pmatrix}1&2&3\\1&3&2\end{pmatrix}=\begin{pmatrix}1&2&3\\3&1&2\end{pmatrix}$$

이다.

1에서 n까지의 자연수의 집합 $\{1,\ 2,\ \cdots,\ n\}$의 치환, 즉 일대일 사상

$$\sigma : \{1,\ 2,\ \cdots,\ n\} \to \{1,\ 2,\ \cdots,\ n\}$$

에 대해서도 마찬가지로 군이 됨은 쉽게 알 수 있다. 이 군을 n차 **대칭군**이라 부르고, Σ_n으로 나타낸다. 1에서 n까지의 자연수 k를 각각 i_k로 옮기는 n차 치환 σ를

$$\begin{pmatrix}1&2&\cdots&n\\i_1&i_2&\cdots&i_n\end{pmatrix}$$

으로 나타내면 σ는 1에서 n까지 자연수의 중복이 없는 순열과 일대일 대응이므로 대칭군 Σ_n은 $n!$개의 원소로 이루어지는 유한군이다. 대칭군에 대해서는 제3.3절에서 다시 자세히 알아본다.

예 2.3.2 집합 X로서 좌표평면을 생각하자. 좌표평면의 점들의 변환으로서 어떤 점을 중심으로 하는 회전, 어떤 벡터 방향으로의 평행이동, 그리고 주어진 직선 l에 관한 대칭이동(경영(鏡映) 혹은 반사변환이라고도 한다)을 생각하자. 이러한 변환들을 여러 번 반복한 변환을 **합동변환**이라 부른다. 평면에서 두 도형이 **합동**이라는 것은 그들 도형이 합동변환에 의해 옮기는 것(193쪽, 214쪽)을 의미한다. 쉽게 알 수 있듯이 이러한 합동변환들의 집합도 군인데, 이것을 (평면의) 합동변환군이라 부른다. 이러한 변환 중에서 기본적인 것은 대칭변환이다. 실제로 두 직선 l, l'에 관한 대칭변환을 계속하면 l, l'이 만나는 경우는 교점을 중심으로 하는 회전이며, 또 l, l'이 평행인 경우는 평행이동이 됨을 쉽게 알 수 있다. 따라서 합동변환은 모두 대칭변환에 의해 생성된다. 대칭변환은 비대칭인 삼각형을 그 경상(鏡像)으로 옮기므로 대칭변환을 합동변환에 포함시키는 것과, 삼각형이 그 경상과 합동이라고 생각하는 것은 같다.

한편 회전과 평행이동만으로 이루어지는 합동변환을 **유클리드 운동**, 그들이 이루는 군을 유클리드 운동군이라 부른다. 이 군의 구조는 다음과 같이 나타낼 수 있다. 점 P를 중심으로 하고 반시계방향으로 각 θ의 회전을 $R_{(P,\ \theta)}$, 원점을 중심으로 하는 회전을 R_θ, 벡터 $\boldsymbol{v}$ 방향으로의 평행이동을 $H_{\boldsymbol{v}}$로 나타낸다. 점 P의 위치벡터를 $\boldsymbol{a}$라 할 때 그림을 그려보면 쉽게 알 수 있듯이 임의의 벡터 $\boldsymbol{x}$에 대해

$$R_{(P,\ \theta)}(\boldsymbol{x}) = R_\theta(\boldsymbol{x}-\boldsymbol{a})+\boldsymbol{a} = H_{\boldsymbol{a}} R_\theta H_{-\boldsymbol{a}}(\boldsymbol{x})$$

가 성립한다. 또

$$R_\theta H_{\boldsymbol{v}}(\boldsymbol{x}) = R_\theta(\boldsymbol{v}+\boldsymbol{x}) = R_\theta(\boldsymbol{x})+R_\theta(\boldsymbol{v}) = H_{R_\theta \boldsymbol{v}} R_\theta(\boldsymbol{x})$$

이다. 따라서 모든 유클리드 운동은 원점을 중심으로 하는 회전 R과 평행이동 H의 합성인 HR의 꼴로 나타낼 수 있다.

위의 것을 사용하면, 유클리드 운동군의 좌표평면으로의 작용의 일반적인

특징은 다음과 같은 것임을 알 수 있다.

1) 직선의 상(像)은 직선이다. 반직선의 상은 반직선이고, 끝점은 끝점으로 옮긴다.
2) 임의의 두 점 P, Q에 대해 P를 Q로 옮기는 변환이 있다.
3) 점 P를 끝점으로 하는 임의의 두 반직선 h, k에 대해, h를 k로 옮기는 변환이 있다.
4) 하나의 반직선을 그 자신으로 옮기는 변환은 항등변환에 한한다.

▶ 부분군과 잉여군

이제 G를 군이라 하자. G의 부분집합 H가 G의 곱연산 아래에서 그 자신도 군이 될 때 G의 **부분군**이라 한다. 예를 들어, 집합 $\{1, 2, 3\}$의 치환들의 군(Σ_3라 나타낸다)에서

$$H=\left\{\begin{pmatrix}1 & 2 & 3\\ 1 & 2 & 3\end{pmatrix}, \begin{pmatrix}1 & 2 & 3\\ 2 & 1 & 3\end{pmatrix}\right\}$$

$$H'=\left\{\begin{pmatrix}1 & 2 & 3\\ 1 & 2 & 3\end{pmatrix}, \begin{pmatrix}1 & 2 & 3\\ 2 & 3 & 1\end{pmatrix}, \begin{pmatrix}1 & 2 & 3\\ 3 & 1 & 2\end{pmatrix}\right\}$$

이 각각 부분군임은 쉽게 알 수 있다. 그러나 예를 들어

$$\left\{\begin{pmatrix}1 & 2 & 3\\ 1 & 2 & 3\end{pmatrix}, \begin{pmatrix}1 & 2 & 3\\ 2 & 1 & 3\end{pmatrix}, \begin{pmatrix}1 & 2 & 3\\ 3 & 2 & 1\end{pmatrix}\right\}$$

은 부분군이 아니다.

H가 G의 부분군일 때 G의 원소들의 다음과 같은 관계를 생각해보자. G의 두 원소 a, b는 H의 원소 h에 대해

$$b=ah$$

일 때, 부분군 H를 **법(法)으로 합동** 또는 단순히 합동이라 한다. 이것을 $a \equiv b \bmod H$ 또는 단순하게 $a \equiv b$로 나타내자. 여기서 기호 $\equiv$는 항등식인

경우와 달리 관례적인 사용방법인데, 등호 $=$보다 약한 의미임에 유의하자. 이것이 동치관계임은 다음과 같이 보일 수 있다. 먼저 임의의 원소 a에 대해 $a=ae$이므로 $a\equiv a$이다. 다음으로 적당한 $h\in H$에 대해 $b=ah$이면 h의 역원을 생각하여 $bh^{-1}=(ah)h^{-1}=ae=a$이므로 $a\equiv b$이면 $b\equiv a$이다. 마지막으로 세 원소 a, b, c가 $a\equiv b$, $b\equiv c$를 만족하면, 적당한 h, $k\in H$에 대해 $b=ah$, $c=bk$이다. 이때 $c=(ah)k=a(hk)$인데 $hk\in H$이므로 $a\equiv c$이다.

이 동치관계에 의해 G의 원소를 유별(類別)할 수 있다. X를 하나의 류라 하고 $a\in X$라 하자. 이때 X는 a와 합동인 원소, 즉 ah, $h\in H$인 꼴의 모든 원소의 집합이므로 기호 aH로 나타낼 수 있다. (G가 덧셈군이고 연산이 $+$일 때는 $a+H$로 나타내지만, 여기서의 논의는 모두 aH인 꼴로 생각한다.) X를 이렇게 나타냈을 때 a를 X의 대표원소라 부른다. 이렇게 나타내면, 부분집합으로서 $aH=bH$인 것과 원소 a, b가 합동이라는 것은 명백히 같다. 각 류를 (대표원소를 골라서) 이렇게 나타내면, 집합으로서 G를 부분집합 aH들이 서로 공통부분이 없는 합

$$G=aH\cup bH\cup\cdots$$

로 나타낼 수 있다. 이럴 때 각 동치류 aH를 특히 부분군 H를 법으로 하는 **잉여류**라 부르고, 집합 G가 부분군 H에 의한 잉여류들로 **유별**된다고 한다.

이제 집합 G의 각각의 원소는 잊어버리고 잉여류들이 어느 정도 있을까에 주목하자. 그래서 이러한 잉여류들을 각각 하나의 원소로 모은 집합을 생각하고, G/H라는 기호로 나타낸다. 즉

$$G/H=\{aH,\ bH,\ \cdots\}$$

이다. 앞 단락에서 기호 aH는 G의 어떤 부분집합을 나타냈는데, 여기서는 새로운 집합 G/H의 하나의 원소로 생각한다. 본래라면 새로운 기호, 예를 들어 $\underline{aH}$라고 해야 하지만, 같은 기호를 경우에 따라 가려 쓰는 것이 전통이

다. 아무래도 혼란스러우면 익숙해질 때까지는 $\underline{aH}$와 같은 기호를 사용하는 것도 하나의 방법이다.

다음으로 군 G의 두 원소 x, y는 G의 적당한 원소 a가 있어

$$y = axa^{-1}$$

가 될 때 서로 **공역**(共役)이라고 한다. 군 G의 부분군 H를 임의의 원소 $h \in H$와 $a \in G$에 대해

$$aha^{-1} \in H$$

를 만족할 때 **정규부분군**이라 한다. 즉 H의 원소와 공역인 원소가 다시 H에 속하는 경우이다. G가 아벨군이면

$$aha^{-1} = aa^{-1}h = h$$

이므로 모든 부분군은 정규부분군이다. 또 3차 대칭군 Σ_3의 다음 부분군

$$H = \left\{\begin{pmatrix}1 & 2 & 3\\1 & 2 & 3\end{pmatrix}, \begin{pmatrix}1 & 2 & 3\\2 & 1 & 3\end{pmatrix}\right\}$$

$$H' = \left\{\begin{pmatrix}1 & 2 & 3\\1 & 2 & 3\end{pmatrix}, \begin{pmatrix}1 & 2 & 3\\2 & 3 & 1\end{pmatrix}, \begin{pmatrix}1 & 2 & 3\\3 & 1 & 2\end{pmatrix}\right\}$$

가운데 H'은 정규부분군이며, H는 그렇지 않다.

정리 2.3.2 | H는 G의 정규부분군이라 하자. 이때

(1) G의 두 잉여류 X, Y에 대해, X의 임의의 원소 x와 Y의 임의의 원소 y의 곱 xy는 모두 합동이다. 따라서 집합 $Z = \{xy : x \in X,\ y \in Y\}$는 하나의 잉여류이다.

(2) 잉여류 X와 Y의 곱을 Z라 정의하면, 잉여류들의 집합 G/H는 군이 된다.

증명 | (1) X, Y의 대표원소 a, b를 골라서 $x = ah$, $y = bh'$이라 하자. H는 정규부분군이므로 $b^{-1}hb = h'' \in H$이다. 따라서

$$xy = ahbh' = abh''h'$$

이므로 xy들은 모두 합동이고, $\{xy : x \in X,\ y \in Y\} = abH$이다.
(2)는 정의에 의해 쉽게 확인할 수 있다. □

위 정리의 군 G/H를 군 G의 정규부분군 H에 의한 잉여군이라 부른다.

▶ 준동형과 준동형정리

다음으로 서로 다른 두 군 사이의 관계에 대해서 생각해보자. G, G'을 2개의 군이라 하자. G의 각 원소 a에 대해서 G'의 원소 $f(a)$가 정해져 있을 때

$$f : G \rightarrow G'$$

으로 나타내고, G에서 G'으로의 **사상(寫像)**이라 한다. 이러한 사상은

(1) G의 다른 원소를 G'의 다른 원소로 보낼 때, **일대일 사상** 혹은 **단사(單射)**라 한다.
(2) G'의 어떤 원소도 G의 원소에서의 상, 즉 $f(a)$ 꼴의 원소로 되어 있을 때, **위로의 사상** 혹은 **전사(全射)**라 한다.

G에서 자기 자신으로의 사상, 즉 모든 원소 a를 자기 자신에게로 보내는 사상을 **항등사상**이라 부르고 $i : G \rightarrow G$라는 기호로 나타낸다. 역방향의 사상 $h : G' \rightarrow G$에 대해서 합성사상 $h \circ f : G \rightarrow G$, $f \circ h : G' \rightarrow G'$이 모두 항등사상일 때, h를 f의 **역사상**이라 부르고 f^{-1}로 나타낸다. 또 사상 $f : G \rightarrow G'$은 역사상이 존재할 때 동형사상이라 한다. 따라서 동형사상이기 위한 필요충분조건은 단사이고 전사이어야 한다.

사상 $f: G \to G'$이 곱을 보존할 때, 즉 모든 $a, b \in G$에 대해

$$f(ab) = f(a)f(b)$$

가 성립할 때 f는 **준동형사상**이라 한다. 예를 들어, H가 G의 정규부분군일 때, G의 원소 a에 대해서 $p(a) = aH$에 의해 정해지는 사상 $p: G \to G/H$는 준동형이다. 이것을 특히 **자연적인 준동형**이라 부른다.

군의 준동형사상 $f: G \to G'$이 집합의 사상으로서 동형사상일 때, 군의 **동형사상**이라 한다. 이때 역사상 f^{-1}도 군의 준동형사상이 됨은 쉽게 확인할 수 있다. 이러한 군의 동형사상 $f: G \to G'$이 존재할 때, 군 G와 G'은 **동형**이라 한다. 동형이면 두 군의 성질은 f 혹은 f^{-1}에 의해 완전하게 옮겨지기 때문에, 외관은 다르더라도 군 G와 G'은 같다고 생각해도 괜찮다.

그리고 군의 준동형사상 $f: G \to G'$이 주어졌을 때, 이 준동형사상을 조사하기 위해 중요한 것이 다음의 두 집합

$$\mathrm{Im}(f) = \{f(g) \in G' : g \in G\}$$
$$\mathrm{Ker}(f) = \{g \in G : f(g) = e\}$$

이다. 이들이 각각 G', G의 부분군임은 바로 확인할 수 있다. 이들을 각각 준동형사상 f의 **상군**(像群), **핵군**(核群)이라 부른다. 기호 Im, Ker은 각각 상(image), 핵(kernel)의 약자이다. 정의로부터 사상 f는 그 상으로의 사상 $f: G \to \mathrm{Im}(f)$라고 생각할 수 있으며, 그렇게 생각했을 때는 전사인 사상이 된다. 또 $\mathrm{Ker}(f)$는 G의 정규부분군이다. 실제로 $k \in \mathrm{Ker}(f)$, $g \in G$일 때,

$$f(g^{-1}kg) = f(g)^{-1}f(k)f(g) = f(g)^{-1}ef(g) = e$$

가 성립하며, $g^{-1}kg \in \mathrm{Ker}(f)$이기 때문이다. 이제 정규부분군 $\mathrm{Ker}(f)$에 의한 잉여류 $g\mathrm{Ker}(f)$를 생각하자. 이 잉여류에서 어떠한 원소를 가지고 오더라도

$$f(gk) = f(g)f(k) = f(g)e = f(g)$$

이므로 f의 상은 모두 같다. 따라서 이것을 잉여류의 상이라고 정하고, $\tilde{f}(g\mathrm{Ker}(f))$로 나타내면, 사상

$$\tilde{f} : G/\mathrm{Ker}(f) \to \mathrm{Im}(f)$$

를 얻는다. 이때 군의 **제1준동형정리**를 얻는다.

정리 2.3.3 | $\tilde{f} : G/\mathrm{Ker}(f) \to \mathrm{Im}(f)$는 군의 동형사상이다.

증명 | $\tilde{f}$가 군의 준동형사상임은 정의로부터 바로 보일 수 있다. 또 위에서도 말했듯이, $\tilde{f}$는 전사사상이다. 따라서 동형임을 보이기 위해서는 단사(일대일)사상임을 보이면 된다. 2개의 잉여류 $g\mathrm{Ker}(f)$, $g'\mathrm{Ker}(f)$에 대해 $\tilde{f}(g\mathrm{Ker}(f)) = \tilde{f}(g'\mathrm{Ker}(f))$가 성립한다고 하자. 이것은 정의로부터 $f(g) = f(g')$이다. 따라서 $f(g^{-1}g') = e$가 성립하고, $g^{-1}g' \in \mathrm{Ker}(f)$이다. 이것은 $g\mathrm{Ker}(f) = g'\mathrm{Ker}(f)$를 의미하므로 $\tilde{f}$는 단사이다. □

다음에 제2준동형정리를 설명하자. 군 G의 두 부분군 H, K를 생각하자. 이때 G의 부분집합

$$HK = \{hk \in G : h \in H,\ k \in K\}$$

는 일반적으로 G의 부분군은 아니지만 한쪽의 군, 예를 들어 K가 정규부분군일 때는

$$(h_1k_1)(h_2k_2) = (h_1h_2)(k_1'k_2)$$

가 되도록 하는 $k' \in K$가 존재하므로 HK는 곱에 관하여 닫혀 있으며, G의 부분군이 됨을 쉽게 확인할 수 있다. 이때, K는 HK의 정규부분군이다. 실제

$$(hk)^{-1}k'(hk) = k^{-1}h^{-1}k'hk = k^{-1}k''k \in K$$

이다. 또 공통부분 $H \cap K$가 H의 정규부분이라는 것도 정의에 의해 분명하다. 이제 $p : G \to G/K$를 잉여군으로의 자연적인 사상이라 하자. 사상

$$f : H \to G/K$$

를 $f(h) = p(h) = hK$라 정의하자. 이때

$$\mathrm{Im}(f) = (HK)/K, \quad \mathrm{Ker}(f) = H \cap K$$

임에 유의하면, 제1준동형정리로부터 다음의 **제2준동형정리**를 얻는다.

정리 2.3.4 | H는 G의 부분군, K는 G의 정규부분군이라 하자. 이때

$$\tilde{f} : H/(H \cap K) \to (HK)/K$$

는 동형사상이다.

이제 2개의 군 G_1, G_2에서 직적집합(直積集合), 즉 G_1의 원소와 G_2의 원소 쌍들의 집합

$$G_1 \times G_2 = \{(g_1, g_2) : g_1 \in G_1, g_2 \in G_2\}$$

를 생각하고, 곱연산을

$$(g_1, g_2)(g_1', g_2') = (g_1g_1', g_2g_2')$$

라고 정하면 군이 됨을 쉽게 확인할 수 있다. 이것을 군 G_1과 G_2의 **직적**(直積)이라 하고, $G_1 \times G_2$로 나타낸다. 3개 이상의 군들에 대해서도 마찬가지로 직적인 군 $G_1 \times \cdots \times G_m$이 정의된다.

군 G가 어떨 때 두 군의 직적이 되는지를 생각해보자.

보조정리 2.3.5 | H, K는 군 G의 부분군이라 하자. 이때, G의 임의의 원소가

$$hk(h \in H,\ k \in K)$$

인 단 한 가지 꼴로 나타내어지기 위한 필요충분조건은 $G = HK$ 및 $H \cap K = \{e\}$가 성립하는 것이다.

증명 | G의 임의의 원소를 $hk(h \in H,\ k \in K)$의 꼴로 나타낼 수 있다는 것은 명백히 $G = HK$와 같은 것이다.

$$hk = h'k' \Leftrightarrow h'^{-1}h = k'k^{-1}$$

이므로 $H \cap K = \{e\}$이면, $hk = h'k' = e$이므로 $h = h'$, $k = k'$이다. 역으로 표현 방법이 일의적이라 하면, 임의의 원소 $g \in H \cap K$에 대해 표시 $gg^{-1} = e = ee$이므로 $g = e$이다. 따라서 $H \cap K = \{e\}$이다. □

정리 2.3.6 | H, K가 모두 군 G의 부분군이라 하고, $G = HK$ 및 $H \cap K = \{e\}$가 성립한다고 하자. 이때,

(1) H의 원소와 K의 원소의 곱은 교환가능하다. 즉 임의의 원소 $h \in H$와 $k \in K$에 대해 $hk = kh$가 성립한다.

(2) G는 직적인 군 $H \times K$와 동형이다.

증명 | (1) K는 정규부분군이므로 임의의 $h \in H$와 $k \in K$에 대해서

$$hkh^{-1} = k' \in K$$

이다. 즉 $hk = k'h$가 성립한다. H도 정규부분군이므로 마찬가지로 적당한 $h' \in H$이 있어서 $k'h = h'k'$이 성립한다. 따라서 $hk = h'k'$이 되는데, 가정과 보조정리 2.3.5로부터 $h = h'$, $k = k'$이다. 그러므로 $hk = kh$가

성립한다.

(2) 직적인 군에서의 사상 $\varphi : H \times K \to G$를

$$\varphi(h,\ k) = hk$$

라 하면, (1)로부터 φ는 준동형사상임을 쉽게 알 수 있다. 가정 $G = HK$로부터 φ는 전사이다. 또 핵군은 단위원만으로 이루어진다. 실제 $(h,\ k) \in \mathrm{Ker}(\varphi)$라 하면, $hk = e = ee$이므로 표시의 일의성으로부터 $h = k = e$이다. 따라서 준동형정리로부터 φ는 동형사상이다. □

▶ 유한군

이제부터는 유한군만을 생각하자. 여기에서는 유한군의 기본적인 성질과 가해군의 정의를 다룬다. 중요한 유한군의 예, 유한 아벨군과 대칭군의 자세한 성질은 제2.4절과 제3.3절에서 다시 다룬다.

다음 정리는 간단하지만 매우 응용범위가 넓은 정리이다.

정리 2.3.7 | 군 G는 유한군, H는 부분군이고 $|G|$, $|H|$는 각각 군 G, H의 위수라 하자. 이때 $|H|$는 $|G|$의 약수이다. 또 류의 집합 G/H의 원소의 개수는 $|G|/|H|$이다.

증명 | e를 단위원이라 하면, 류 eH는 부분집합 H이다. H의 원소 h에 ah를 대응시키면 집합 사이의 일대일 대응 $H \to aH$를 얻는다. 따라서 모든 류의 원소의 개수는 H의 개수와 같다. 류들의 합이 G이므로 $|H|$는 $|G|$의 약수이어야 한다. 후반부의 주장은 명백하다. □

계 2.3.8 | 군 G는 유한군, N는 정규부분군이라 하자. 이때 잉여군의 위수는 $|G/N|=|G|/|N|$이다.

정리 2.3.9 | G, G'은 유한군, $f: G \to G'$은 준동형이라 하자. 이때, 군의 위수에 대해서

$$|G| = |\mathrm{Ker}(f)| \times |\mathrm{Im}(f)|$$

가 성립한다.

증명 | 동형인 군의 위수는 같으므로 준동형사상으로부터

$$|G/\mathrm{Ker}(f)| = |\mathrm{Im}(f)|$$

가 성립한다. 이것과 계 2.3.8로부터 필요한 결과를 얻을 수 있다. □

군 G는 위수가 n인 유한군이라 하자. G의 원소 a에 대해

$$aa = a^2,\ \ aaa = a^3,\ \ \cdots$$

로 나타내자. $a^0 = e$ 그리고 a^{-1}를 a의 역원이라 하자. 이때

$$a^{-1}a^{-1} = a^{-2},\ \ a^{-1}a^{-1}a^{-1} = a^{-3},\ \ \cdots$$

이라 하면, 임의의 정수 k에 대해 a^k이 정의되고 지수법칙

$$a^k a^l = a^{k+l}$$

이 성립한다. G는 유한군이므로 원소 a, a^2, $\cdots$ 속에 같은 원소가 있다. 그것을 $a^k = a^l\,(k > l)$이라 하면, 양변에 a^{-l}을 곱하여 $a^{k-l} = e$가 된다. 그래서 $a^r = e$가 되는 최소의 양의 정수 r을 원소 a의 **위수**라 부른다. 그리고 군

G에서 $a^k(k=0,\ \pm1,\ \pm2,\ \cdots)$인 꼴의 원소들의 집합은 부분군이다. 이것을 원소 a로 생성된 부분군이라 부르고, $<a>$라는 기호로 나타낸다. 위의 논의로부터 알 수 있듯이, 집합 $<a>$는 실제로 r개의 원소 $e,\ a,\ \cdots,\ a^{r-1}$로 이루어져 있다. 즉 원소 a의 위수 r은 부분군 $<a>$의 위수이다. 따라서 위의 정리로부터 다음 결과를 얻는다.

계 2.3.10 | G를 위수가 n인 유한군이라 하자. 이때, G의 임의의 원소 a의 위수는 n의 약수이다. 특히 $a^n=e$이다.

군 G가 **순회군**이라는 것은 원소 a에 대하여 부분군 $<a>$가 G와 일치하는 것을 말한다. 이때 원소 a를 G의 **생성원**이라 부른다. 군 G의 위수를 n이라 하면, n은 $a^k=e$가 되는 최소의 자연수이다. 또 분명히 순회군은 아벨군이다. 위의 계 2.3.10으로부터 다음 결과는 분명하다.

정리 2.3.11 | p는 소수라 하자. 이때, 위수가 p인 군 G는 순회군이고, 단위원과 다른 임의의 원소는 생성원이다.

정리 2.3.12 | G는 자명하지 않은 아벨군이라 하자. G의 위수가 소수가 아니면, 자명하지도 않고 G 전체도 아닌 부분군이 존재한다.

증명 | G의 위수는 소수가 아니므로 $|G|=nm$과 같이 자연수의 곱으로 나타낼 수 있다. 단위원과 다른 원소 a로 생성된 부분군 $<a>$를 생각하자. a의 위수가 $|G|$의 진약수이면, $<a>$가 구하는 것이다. a의 위수가 $|G|$일 때는 a^n은 위수가 m이므로 $<a^n>$이 구하는 것이다. □

▶ 잉여류의 덧셈군과 곱셈군

여기서 아벨 유한군의 구체적이고 중요한 예를 몇 가지 들어두자. $\mathbb{Z}$를 정수 전체의 군, n을 자연수라 하자. 정수 a, b에 대하여 $a-b$는 n으로 나누어 떨어진다. 다시 말해서

$$a-b=qn$$

이 되는 정수 q가 존재할 때, a와 b를 n을 법(法)으로 하는 합동이라 하고

$$a \equiv b \pmod n$$

으로 나타낸다. 또 이 동치관계로 유별한 류를 n을 법으로 하는 **잉여류**라 부른다. 정수 k가 속하는 류를 $[k]$로 나타내자. 즉

$$[k]=\{k+ni : i \in \mathbb{Z}\}$$

이다. $k \equiv l \pmod n$이라는 것은 류의 용어로 말하면, $[k]=[l]$과 같다. 그리고 n의 배수로 되어 있는 정수의 집합 $\{in : i=0, \pm 1, \pm 2, \cdots\}$는 아벨군 $\mathbb{Z}$의 부분군이다. 이것을 $n\mathbb{Z}$로 나타내면, 잉여군 $\mathbb{Z}/n\mathbb{Z}$가 얻어진다. 이것은 n을 법으로 하는 잉여류들의 집합이다. 또 n으로 나눈 나머지가 같은 정수들을 한데 모아서 유별한 것이라고 해도 되므로, 집합으로서는 n개의 원소로 이루어지는 집합 $\{0, 1, \cdots, n-1\}$과 일대일로 대응한다. 특히 1이 속하는 류(같은 기호 1로 나타낸다)가 생성원이 되는 위수 n인 순회군이다. 이 군 $\mathbb{Z}/n\mathbb{Z}$는 n을 법으로 하는 **잉여류의 덧셈군**이라 부른다.

다음으로 정수의 곱셈도 잉여류들 사이의 곱셈을 결정한다는 것을 보이자. 정수들의 등식

$$(a+ni)(b+nj)=ab+n(aj+bi)$$

에서 알 수 있듯이, 정수 a와 b의 곱의 류는 a, b가 각각 속하는 류로부터 일

의적으로 정해진다. 따라서 잉여류의 집합 $\mathbb{Z}/n\mathbb{Z}$에는 덧셈과 곱셈이 정의된다. 이들은 정수들의 덧셈이나 곱셈으로부터 유도된 것이므로 정수환의 성질을 만족하며 가환환이 됨을 간단히 확인할 수 있다. $\mathbb{Z}/n\mathbb{Z}$는 덧셈군이지만, 곱셈에 관해서는 군이 되지 않는다. 예를 들어, $\mathbb{Z}/6\mathbb{Z}$에서 류의 곱 $[2]\times[3]=[6]=[0]$이므로 $[2]$나 $[3]$은 곱셈에 관한 역원을 가지지 않는다.

그러나 잉여류들 $\mathbb{Z}/n\mathbb{Z}$의 어떤 부분집합이 곱셈에 관해서 군이 됨을 보이자. 0이 아닌 정수 k와 자연수 n은, n과 $|k|$가 1 이외의 공약수를 가지지 않을 때 **서로소**라 한다. 이때, 임의의 정수 a에 대해 n과 $k+na$도 서로소이다. 따라서 잉여류의 집합 $\mathbb{Z}/n\mathbb{Z}$에서도 n과 소(素)인 류(이것을 **기약 잉여류**라 한다)를 생각할 수 있다. 또 k, k'이 모두 n과 서로소이면 곱 kk'도 소이며, 이것으로부터 $\mathbb{Z}/n\mathbb{Z}$에서 n과 소인 류들이 이루는 부분집합(기호로는 $(\mathbb{Z}/n\mathbb{Z})^{\times}$로 나타내자)에서 곱을 정의할 수 있다. 류에서 생각하는 것이 어려우면, $1\leq k<n$인 범위에서 n과 서로소인 정수 k들의 집합을 생각하고 곱 연산으로는 kk'을 n으로 나눈 나머지를 생각하면 된다. 집합 $(\mathbb{Z}/n\mathbb{Z})^{\times}$가 군임을 보이자. 이 곱이 공리 G1을 만족함은 쉽게 확인할 수 있다. 또 1인 류(같은 기호 1을 이후 사용한다)가 단위원이다. 공리 G3, 즉 역원의 존재가 성립함은 다음과 같이 보일 수 있다.

증명을 위해 **방 나누기 논법**이라 불리는 사고 방법이 필요하다. X와 Y는 유한집합으로 원소의 개수가 같다고 가정하자. 이때 사상 $f: X\to Y$는 단사(일대일 사상)라는 것과 전사(위로의 사상)라는 것은 동치이다. 예를 들어, f가 일대일이라면 X의 원소를 하나씩 Y로 보냈을 때 원소의 개수가 같으므로 Y의 모든 원소가 f의 상이 되지 않으면 안 된다. 따라서 집합의 원소의 개수가 같을 때는 일대일 사상이므로 동형사상이다. 즉 역대응을 주는 사상이 있음을 알 수 있다. 이러한 사실을 이용해서 논증하는 것을 방 나누기 논법이라 부른다.

이제 집합 $(\mathbb{Z}/n\mathbb{Z})^{\times}$로 돌아가자. $(\mathbb{Z}/n\mathbb{Z})^{\times}$에서 곱 연산을 보통의 곱과 구별하기 위해 여기만의 기호로서 $a*b$로 나타내자. 원소 a를 고정하고, 원소

x를 $a*x$로 보내는 사상

$$a*(\ ):(\mathbb{Z}/n\mathbb{Z})^{\times}\to(\mathbb{Z}/n\mathbb{Z})^{\times}$$

를 생각하자. 이 사상은 일대일이다. 실제 $(\mathbb{Z}/n\mathbb{Z})^{\times}$의 원소를 $1\le k<n$의 범위에 있는 n과 서로소인 정수라고 생각해도 된다. 이때 두 원소가 다르다는 것은 정수로서 다르다는 것이다. $x\ge y$가 되는 두 원소 x, y가 $a*x=a*y$를 만족하면, $a(x-y)$는 n으로 나누어떨어진다. 그런데 a는 n과 서로소이므로 $x-y$가 n으로 나누어떨어진다. 하지만, $0\le x-y<n$이므로 $x=y$이다. 따라서 방 나누기 논법으로부터 사상 $a*(\ )$는 위로의 사상이다. 특히 $a*x=1$이 되는 원소 x가 존재한다. 따라서 공리 G3을 만족한다.

이 군을 n을 법으로 하는 **기약 잉여류의 곱셈군**이라 부른다. 가환환 $\mathbb{Z}/n\mathbb{Z}$의 용어로 말하면, 기약 잉여류란 가역원(단원(單元)) 바로 그것이다. 일반적인 가환환에서도, 가역원들만을 생각하면 곱셈에 관해서 군이 된다.

예 2.3.3 $(\mathbb{Z}/12\mathbb{Z})^{\times}$를 조사하자. 기약 잉여류는 1, 5, 7, 11의 류들이다. $[1]=1$은 곱셈군의 단위원이다. 5^2, 7^2, 11^2은 모두 12를 법으로 1이다. 따라서 단위원 이외의 세 원소는 모두 위수가 2이다. 또 $5\times7\equiv11\pmod{12}$이다. 따라서 $(\mathbb{Z}/12\mathbb{Z})^{\times}$는 위수가 2인 두 군의 직적과 동형이다.

정리 2.3.13 | 위수가 n인 순회군은 n을 법으로 하는 잉여류의 덧셈군 $\mathbb{Z}/n\mathbb{Z}$와 동형이다.

증명 | G는 위수가 n인 순회군이고 a를 생성원이라 하자. 정수 k에 대해서 $a^k\in G$를 생각하면, $a^{k+dn}=a^k$이므로 원소 a^k은 정수 k의 n을 법으로 하는 영여류에 의해 정해진다. 따라서 사상

$$f:\mathbb{Z}/n\mathbb{Z}\to G$$

는 $f([k]) = a^k$에 의해 정의된다. 이것은 군의 준동형사상이며 또한 동형사상임은 쉽게 알 수 있다. □

정리 2.3.14 | 위수가 n인 순회군 G의 생성원의 개수는 기약 잉여류의 개수, 즉 곱셈군 $(\mathbb{Z}/n\mathbb{Z})^\times$의 위수와 같다.

증명 | 위의 명제로부터 G가 덧셈군 $\mathbb{Z}/n\mathbb{Z}$일 때를 생각하면 된다. 정수 k가 속하는 잉여류를 $[k]$로 나타내자. k와 n이 서로소가 아니라고 하면 공약수 $d(\neq 1)$가 있다. 이때 $(n/d)[k] = [nk/d] = (k/d)[n] = 0$이므로 $[k]$의 위수는 n보다 작고, 따라서 생성원이 되지 않는다. 역으로 $[k]$가 생성원이 아니라고 하자. 이때, n의 진약수 m이 있어 $m[k] = 0$이 된다. 이것은 mk가 n으로 나누어떨어짐을 의미하며, 따라서 k와 n은 서로소가 아니다. □

계 2.3.15 | $\mathbb{Z}/n\mathbb{Z}$의 원소 $[k]$에 대해서 다음 세 가지는 동치이다.

(1) 기약 잉여류이다. (k와 n은 서로소이다)
(2) 덧셈군 $\mathbb{Z}/n\mathbb{Z}$의 생성원이다.
(3) 가환환 $\mathbb{Z}/n\mathbb{Z}$의 가역원이다.

A를 아벨군이라 할 때, A에서 A 자신으로 보내는 동형사상을 자기동형사상이라 한다. 사상 $\varphi : A \to A$, $\psi : A \to A$를 자기동형사상이라 하면, 그 합성사상 $\varphi \circ \psi$도 자기동형사상이며, φ의 역사상도 자기동형사상이다. 쉽게 알 수 있듯이, A의 자기동형사상들의 집합은 다시 군이 된다. 일반적으로 이 군이 아벨군이라고는 한정할 수 없으며 복잡하지만, A가 덧셈군 $\mathbb{Z}/n\mathbb{Z}$일 때는 다음과 같이 간단하다. $f : \mathbb{Z}/n\mathbb{Z} \to \mathbb{Z}/n\mathbb{Z}$를 준동형사상이라 하면,

$$f([k]) = f([1] + \cdots + [1]) = f([1]) + \cdots + f([1]) = kf([1])$$

이므로 f는 $[1]$의 행선으로 정해진다. 그러면 f가 단사(방 나누기 논법으로부터 동형)가 되기 위한 필요충분조건은 $f([1])$이 기약 잉여류가 된다는 것이다. 따라서 다음을 얻을 수 있다.

계 2.3.16 | 덧셈군 $\mathbb{Z}/n\mathbb{Z}$의 자기동형인 군은 기약 잉여류의 곱셈군 $(\mathbb{Z}/n\mathbb{Z})^{\times}$와 동형이다.

이제 특별한 경우로 n을 소수 p라 하자. 이때 $\mathbb{Z}/p\mathbb{Z}$의 잉여류 $[0]$, $[1]$, $\cdots$, $[p-1]$ 가운데, 덧셈군의 0 원소인 $[0]$ 이외는 모두 기약 잉여류이다. 따라서 0 이외는 곱셈에 관한 역원을 가지므로 다음 정리가 성립한다.

정리 2.3.17 | p가 소수일 때, p를 법으로 하는 잉여류의 집합 $\mathbb{Z}/p\mathbb{Z}$은 표수가 p인 체이다.

이 정리로부터 초등정수론에서 페르마[3]의 소정리로 잘 알려진 결과를 얻게 된다.

계 2.3.18 | p는 소수, k는 p와 소인 자연수라 하자. 이때 k^{p-1}은 p를 법으로 1과 합동이다. 즉 $k^{p-1} \equiv 1 \pmod p$가 성립한다.

증명 | 위의 정리로부터 $\mathbb{Z}/p\mathbb{Z}$의 0 원소 이외에는 곱셈군을 이룬다. 이 군의 위수는 $p-1$이므로 모든 원소 x에 대해 $x^{p-1}=1$이다. 이것을 원소의 자연

3) Pierre de Fermat(1608~1665)는 프랑스의 수학자이다. 본업은 변호사이며 파스칼, 데카르트와도 교류가 있었다. 1995년 앤드류 와일즈에 의해 증명된 페르마의 마지막 정리는 너무나도 유명한 난제였다.

수로 생각하면 구하는 결과를 얻는다.

주 2.3.1 k가 p의 배수일 때, $k^p \equiv k \pmod{p}$가 성립한다. 더욱이 이 형태는 수학적 귀납법에 의해 간단히 보일 수 있다.

예 2.3.4 $p=13$이라 하자. 페르마의 소정리로부터 k가 1에서 12까지의 어떤 수라도 $k^{12} \equiv 1 \pmod{13}$이 성립한다. 그러나 예를 들어 $12^2 \equiv 1 \pmod{13}$이므로 정확히 12제곱해서 $\equiv 1 \pmod{13}$이 되는 것이 있는지, 즉 $(\mathbb{Z}/13\mathbb{Z})^{\times}$가 순회군인지 아닌지는 페르마의 소정리로부터는 알 수 없다. 그러나 $2^4 \equiv 3 \pmod{13}$과 $2^6 \equiv 12 \pmod{13}$으로 2는 12제곱해서 처음 1이 되므로 순회군이다. 뒤(계 3.4.7)에서 보이겠지만, p가 소수일 때 위수가 $p-1$인 곱셈군 $(\mathbb{Z}/p\mathbb{Z})^{\times}$는 항상 순회군이다. 소수를 법으로 하지 않으면, 이것은 항상 성립하지는 않는다. 실제로 예 2.3.3에서 보았듯이 $(\mathbb{Z}/12\mathbb{Z})^{\times}$는 순회군이 아니다.

가해군

일반적으로 군 G의 원소 a, b는 G의 원소 x가 있어서 $b=xax^{-1}$가 될 때 공역이라 한다. 부분군에 의한 잉여류와 마찬가지로, 공역이라는 관계에 의해서 G의 원소를 유별할 수 있음은 쉽게 확인할 수 있다. 따라서 G의 원소 a와 공역인 원소들의 집합을 $C_a = \{xax^{-1} : x \in G\}$로 나타낼 때,

$$G = C_a \cup C_b \cup \cdots$$

와 같이 공통부분이 없는 류들의 합으로 나타낼 수 있다. 특히 G가 유한군일 때 G의 위수는 각 류의 원소의 개수의 합이다. 여기서 C_a의 원소의 개수를 조사해보자. $xax^{-1} = yay^{-1}$가 되는 것은, 이 식의 양변에 왼쪽에서부터 y^{-1}, 오른쪽에서부터 x를 곱해 정리하면 알 수 있듯이,

$$(y^{-1}x)a = a(y^{-1}x)$$

가 성립한다는 것과 같다. $Z(a) = \{u \in G : uau^{-1} = a\}$라 두자. 이것은 a와 교환가능한 원소들의 집합이며 G의 부분군이다. 위의 식은 x와 y가 부분군 $Z(a)$에 관해서 같은 류에 속해 있음을 의미한다. 따라서 집합 C_a의 원소의 개수 $|C_a|$는 잉여류들의 개수 $|G|/|Z(a)|$와 같다.

특히 $|C_a| = 1$이 되는 것은 모든 원소 $x \in G$에 대해 $xa = ax$가 성립한다는 것이다. 이러한 원소 a들의 집합을 군 G의 **중심**이라 부르며, $Z(G)$로 나타낸다. (유한군으로 한정하지 않고) 일반적인 군에 대해서 다음 보조정리는 정의로부터 쉽게 보일 수 있다.

보조정리 2.3.19 | 군 G의 중심 $Z(G)$는 G의 정규부분군이다.

다음으로 위수가 소수 p의 거듭제곱 즉, p^r인 군을 생각하자. 이러한 군을 p군이라 부른다. $r = 0$일 때는 자명한 군이다. G를 p군이라 가정하자. 이때 $|G|/|Z(a)|$는 $Z(a)$가 G와 일치하지 않으면 p로 나누어떨어진다. 한편, $Z(a) = G$가 되는 것은 a가 G의 모든 원소와 교환가능, 즉 a가 G의 중심에 포함되는 경우이다. 따라서 G의 공역류에 의한 유별과, 각 류의 원소의 개수로부터, G의 중심 $Z(G)$의 위수는 p로 나누어떨어지지 않으면 안 된다. 특히 다음 결과가 얻어진다.

정리 2.3.20 | G는 자명하지 않은 p군이라 하자. 이때 중심 $Z(G)$는 자명하지 않은 부분군이다.

예 2.3.5 소수 위수인 군은 순회군이었지만, 일반적으로 p군은 아벨군이 되지 않는다. 예로서 앞에서 소개한 사원수 체를 생각하자. 여기서 8개의 원소

$$\pm 1, \ \pm i, \ \pm j, \ \pm k$$

로 이루어진 집합 Q를 생각하자. 이것은 정의로부터 곱에 관해서 닫혀 있으며, 쉽게 알 수 있듯이 위수 $8 = 2^3$인 군이다. 그러나 $j \times i = -k \neq i \times j$이므로 가환은 아니다.

유한군 G는 다음 성질을 만족하는 부분군의 열

$$G \supset G_1 \supset \cdots \supset G_{k-1} \supset G_k$$

를 가질 때, **가해군**(加解群)이라 한다.

(1) G_k는 자명한 군이다.
(2) $G = G_0$라 둘 때, 각 G_i는 G_{i-1}의 정규부분군이다.
(3) 잉여군 G_{i-1}/G_i는 소수 위수인 순회군(자명한 군도 포함한다)이다.

정리 2.3.21 | 가해군의 부분군 및 잉여군은 가해군이다.

증명 | G를 가해군이라 하고, 위와 같은 부분군의 열 G_i를 생각하자. H를 G의 부분군이라 할 때, H의 부분군의 열 $G_i \cap H$가 위의 세 가지 조건을 만족함을 확인하자. (1)은 분명하며, (2)도 정의로부터 쉽게 알 수 있다. (3)을 보이자. 포함사상 $G_{i-1} \cap H \subset G_{i-1}$은 잉여류의 준동형사상

$$j : (G_{i-1} \cap H)/(G_i \cap H) \to G_{i-1}/G_i$$

를 자연스럽게 정한다. 잉여류 $g(G_i \cap H)$에 대해 $j(g(G_i \cap H))$가 단위원이면, $g(G_i \cap H) \subset G_i$이고, $g \in G_i \cap H$, 즉 $g(G_i \cap H) \in (G_{i-1} \cap H)/(G_i \cap H)$

는 단위원이다. 따라서 j는 일대일 사상이며, 잉여군 $(G_{i-1} \cap H)/(G_i \cap H)$는 G_{i-1}/G_i의 부분군이 되는데, G_{i-1}/G_i는 소수 위수인 군이므로 그 부분군은 자명한 군 또는 소수 위수이어서 어떤 경우에도 순회군이다.

다음으로 H가 정규부분군일 때 잉여군 G/H를 생각하자. 이때 $G_i \cap H$는 분명히 G_i의 정규부분군이다. 이때 포함사상 $G_i \to G$로부터 잉여군의 준동형 $j: G_i/(G_i \cap H) \to G/H$가 정해진다. 잉여류 $g(G_i \cap H)$, $g \in G_i$가 G/H의 단위원이면, $g \in H$이므로 $g(G_i \cap H)$ 자신이 단위원이다. 따라서 j는 단사이고, 잉여군 $G_i/(G_i \cap H)$는 G/H의 부분군이다. 여기서 G_{i-1}의 부분군 G_i와 $G_{i-1} \cap H$에 대해 제2준동형정리(69쪽)를 이용하면, 동형

$$(G_{i-1} \cap H)/(G_i \cap H) \to \{(G_{i-1} \cap H) \cdot G_i\}/G_i$$

가 얻어진다. 한편 자연스럽게 정해지는 준동형

$$\{(G_{i-1} \cap H) \cdot G_i\}/G_i \to G_{i-1}/G_i$$

는 분명히 단사이다. 따라서 잉여군 $(G_{i-1} \cap H)/(G_i \cap H)$는 소수 위수인 순회군 G_{i-1}/G_i의 부분군과 동형이므로 자명하든지 소수 위수인 순회군이다. 따라서 G/H도 가해군이다. □

정리 2.3.22 | G는 유한군, N은 G의 정규부분군이라 하자. N과 잉여군 G/N이 모두 가해군이면, G도 가해군이다.

증명 | $G/N = G'$이라 하고, $\pi: G \to G'$은 자연적인 준동형(67쪽)이라 하자. G'은 가해이므로, 부분군의 열

$$G' \supset G'_1 \supset \cdots \supset G'_{k-1} \supset G'_k = \{e\}$$

가 있어서, G'_i은 G'_{i-1}의 정규부분군이고 G'_{i-1}/G'_i은 소수 위수인 순회

군이다. G의 부분군

$$G_i = \pi^{-1}(G'_i) = \{g \in G : \pi(g) \in G'_i\}$$

를 생각하자. 자연적인 준동형

$$G_{i-1} \xrightarrow{\pi} G'_{i-1} \to G'_{i-1}/G'_i$$

의 합성은 전사이고, 그 핵군(67쪽)은 명백히 G_i이다. 따라서 G_i는 G_{i-1}의 정규부분군이고, 제1준동형정리에 의해 G_{i-1}/G_i은 G'_{i-1}/G'_i과 동형이므로, 가정으로부터 소수 위수인 순회군이다. 이제, $G_k = N$에 유의하자. 따라서 가정으로부터 N의 부분군의 열 $G_k = N \supset G_{k+1} \supset \cdots \supset G_{k+l} = \{e\}$가 존재하고, 잉여군은 소수 위수인 순회군이다. 따라서 전체인 G는 가해군이다.

계 2.3.23 | 유한군 G의 부분군의 열

$$G = G_0 \supset G_1 \supset \cdots \supset G_{k-1} \supset G_k = \{e\}$$

가 있어, 각 i에 대해서 G_i는 G_{i-1}의 정규부분군이고, 잉여군 G_{i-1}/G_i가 가해(可解)이면, G는 가해군이다.

증명 | 정리 2.3.22를 G_{i-1}, G_i에 적용하면, i에 관한 (역)귀납법에 의해 G_i는 가해이다. 특히 $G = G_0$는 가해이다. □

정리 2.3.24 | 아벨군 및 p군은 가해군이다.

증명 | G를 아벨군 혹은 p군이라 하고, G의 위수에 관한 귀납법으로 증명하자. G의 위수가 소수일 때는 정리 2.3.11에 의해 순회군이므로 정의로부터 분명하다. 위수가 n 미만인 군에 대해서 성립한다고 가정하고, 위수가 n인

군 G를 생각하자. n은 소수가 아니라고 해도 되므로 정리 2.3.12와 정리 2.3.20으로부터 자명하지도 G 전체도 아닌 정규부분군 N이 존재하는데, G/N은 역시 아벨군 또는 p군이고 귀납법의 가정으로부터 가해이다. 따라서 정리 2.3.22로부터 G도 가해이다. □

군론 교과서에서는 보통 가해군의 정의로 81쪽의 조건 (3)을 잉여군 G_{i-1}/G_i이 아벨군이라고 한다. 그러나 계 2.3.23과 정리 2.3.24로부터 이들 정의가 동치임을 알 수 있다.

비가해군의 가장 중요한 예는 $n \geq 5$일 때의 대칭군 Σ_n이다. 이 비가해성은 계 3.3.19에서 증명하겠지만, 갈루아에 의한 5차 이상의 대수방정식의 비가해성을 증명하는 열쇠이다.

2.4 환과 다항식

가환환과 아이디얼의 일반론

환에 대해서는 49쪽에서 정의를 다루었는데, 여기서는 추상적인 환의 일반론에는 깊게 들어가지 않고, 가환환으로서 정수들의 환과 다항식환의 성질을 구체적으로 다루도록 한다. 이 책에서는 비가환환을 다루지 않지만, 비가환환의 중요하고 대표적인 예로 n차 (복소) 정방행렬들의 집합을 들어두자. 행렬들의 합이나 곱 혹은 기본적인 성질은 선형대수로 잘 알려져 있는데, 조르단의 표준형 등의 고도의 이론을 배우기 위해서는 행렬들이 이루는 환을 잘 이해하는 것이 가장 효율적인 학습법이다.

K가 체일 때,

$$f(x) = a_0x^n + a_1x^{n-1} + \cdots + a_{n-1}x + a_n \quad (a_i \in K)$$

인 꼴의 식을 x의 K계수 **다항식** 혹은 정식(整式)이라 한다. 계수 a_i들이 실수일 때는 실계수 다항식, 복소수일 때는 복소계수 다항식이라 하는데, 다항식의 일반적인 논의를 위해서는 계수들이 어떤 체 K의 원소이면 된다. 이후의 논의에서 특별한 경우가 아니면 계수가 되는 체는 일반적인 것으로 한다.

위와 같은 식에서 $a_0 \neq 0$일 때 다항식 $f(x)$의 **차수**는 n이라고 하고, $\deg f = n$으로 나타낸다. 두 다항식 $f(x)$, $g(x)$가 **같다**($f(x) = g(x)$)는 것은 $f(x)$와 $g(x)$의 차수가 같고 또 각 k에 대해서 x^k에 대응하는 계수가 같은 경우를 말한다.

K계수 다항식들의 집합을 $K[x]$로 나타낸다. 두 다항식의 덧셈과 곱셈은 잘 알려진 방법으로 정의하고, 이들이 체의 공리 중 A8(곱에 관한 역원의 존재) 이외의 모든 성질을 만족함은 쉽게 확인할 수 있다. 따라서 집합 $K[x]$는 가환환인데, 두 다항식 $f(x)$, $g(x)$가 $f(x)g(x) = 0$을 만족하면, 명백히 어느 쪽인가는 0이고, 따라서 정역(整域)이 된다. 다항식들의 집합 $K[x]$는 체 K 위의 **다항식환**이라 부른다. $K[x]$는 정역이므로 그 상체(商体)를 생각할 수 있다. 이것은 분수식 $f(x)/g(x)$들을 통분하여 같은 것을 동일시하여 얻어지는 집합이다. 이 체는 $K(x)$로 나타내고, 체 K 위의 (1변수) **유리함수체**라고도 부른다.

체의 원소를 계수로 하는 다항식환 $K[x]$는 몇 가지 점에서 정수환 $\mathbb{Z}$와 아주 비슷한 성질이 있다. 첫 번째로 이들은 모두 유클리드 환이라고 불리는 가환환이다. 그 결과로 단항(單項) 아이디얼환이 되며, 다시 그 결과로서 일의적인 소인수분해를 할 수 있다.

이들을 순차적으로 설명하자. 먼저 일반적인 사항을 말하기 위해 R은 임의의 가환환이라 하자. R의 원소 u는 (R 안에서) 역원을 가지는, 즉 $uv = 1$이 되는 원소 v가 존재할 때 **가역원**이라 한다. R이 $\mathbb{Z}$일 때는 ± 1의 두 원소만이 가역원이다. R이 다항식환 $K[x]$일 때 가역원이란 0이 아닌 상수이다.

주 2.4.1 대수학 교과서 등에는 가역원을 단원(單元; unit)이라 부르는 경우가 많다. 그러나 unit는 단위원이라고도 번역되며, 곱셈의 단위원인 1과 혼동하기 쉽기 때문에 이 책에서는 모두 가역원이라 부르기로 한다.

> 정의 2.4.1 | R의 부분집합 I가 다음 두 조건을 만족할 때, 가환환 R의 아이디얼이라 한다.
>
> (1) I는 덧셈에 관해서 R의 부분군이다.
> (2) $a \in I$, $r \in R$일 때, $ra \in I$이다.

R의 원소 d가 주어졌을 때, du 꼴인 원소들의 집합 $\{du : u \in R\}$는 아이디얼이다. 이것을 (d)로 나타내고, d로 생성된 **단항(單項) 아이디얼**이라 한다. d가 R의 가역원이면 $(d) = R$이고, 그 역도 성립한다. 실제로 d가 가역원이면 $dd^{-1} = 1$이 되는 원소 d^{-1}가 있는데, 이때 임의의 원소 $a \in R$는 $d(d^{-1}a)$로 나타낼 수 있으므로 $a \in (d)$이다. 역도 마찬가지로 보일 수 있다.

가환환 R의 아이디얼 I가 주어졌을 때, R의 원소 a, b 사이에 동치관계를

$$a \sim b \overset{\text{def}}{\iff} a - b \in I$$

로 정할 수 있다. 이것은 가환환 R을 덧셈군으로 생각하고, 부분군인 I를 법으로 하는 합동관계(64쪽)이므로, 원소 a와 b는 아이디얼 I를 법으로 합동이다라 하고, $a \equiv b \pmod I$로 나타낸다. 이 동치관계에 의한 환 R의 동치류(동치인 것을 한데 모아서 생각하는 것, 이 경우는 아이디얼 I를 법으로 하는 **잉여류**라 한다)의 집합을 R/I로 나타낸다. 원소 a가 속하는 류를 기호 $[a]$로 나타내자. 이때 단순한 덧셈군의 경우는 다른 중요한 성질로 $a \sim b$이고 $a' \sim b'$이면,

$$a + a' \sim b + b', \quad aa' \sim bb'$$

이 성립함을 알 수 있다. 그리고 $u=a-b$, $v=a'-b'$라 두면,

$$a=b+u,\ \ a'=b'+v$$

이다. 따라서

$$aa'=(b+u)(b'+v)=bb'+bv+ub'+uv$$

이고, 아이디얼의 조건으로부터 $bv+ub'+uv\in I$이다. 전반부의 주장도 마찬가지이다. 이 성질로부터 R의 원소의 합이나 곱은 잉여류의 합이나 곱을

$$[a]+[a']=[a+a'],\ \ [a][a']=[aa']$$

에 의해 모순 없이 (잉여류 안의 원소를 취하는 방법과 무관하게) 정할 수 있다. 또 이 합과 곱에 의해 잉여류의 집합 R/I가 가환환이 되는 것도 간단하게 확인할 수 있다. 이것을 아이디얼 I에 의한 R의 **잉여환**이라 부른다. 환 R이 $\mathbb{Z}$일 때는 자연수 n을 법으로 하는 잉여류의 덧셈군(74쪽)이다.

다음으로 두 가환환 사이의 준동형에 대해서 살펴보자. R과 S를 가환환이라 하자. 사상

$$\varphi : R\to S$$

가 $\varphi(1)=1$을 만족하고 또 합과 곱을 보존할 때, 즉 임의의 원소 $a, b\in R$에 대해

$$\varphi(a+b)=\varphi(a)+\varphi(b),\ \ \varphi(ab)=\varphi(a)\varphi(b)$$

가 존재할 때, φ는 환의 **준동형사상**이라 한다. 환의 준동형사상 φ는 역사상

$$\varphi^{-1} : S\to R$$

이 존재할 때 **동형사상**이라고 한다. 이때 φ^{-1}도 환의 준동형사상이다. 또 환의 준동형 φ에 대해 $\{a\in R : \varphi(a)=0\}$를 φ의 핵(核)이라 하고, $\mathrm{Ker}(\varphi)$로

나타낸다. 이때 환에 대한 **준동형정리**가 성립한다.

> **정리 2.4.2** | $\varphi : R \to S$는 환의 준동형사상이라 하자. 이때
>
> (1) $\mathrm{Ker}(\varphi)$는 환 R의 아이디얼이다.
>
> (2) φ는 전사사상이라고 가정하자. 이때 환의 동형사상
>
> $$R/\mathrm{Ker}(\varphi) \to S$$
>
> 가 존재한다.

증명 | (1)은 쉽게 확인할 수 있다. (2)를 보이자. R의 원소 a의 잉여류를 $[a]$로 나타내자. 이때 사상

$$\tilde{\varphi} : R/\mathrm{Ker}(\varphi) \to S$$

를 $\tilde{\varphi}([a]) = \varphi(a)$라 두자. a와 a'이 동치, 즉 $a - a' \in \mathrm{Ker}(\varphi)$라 하면

$$\varphi(a) - \varphi(a') = \varphi(a - a') = 0$$

이므로 위의 사상 $\tilde{\varphi}$가 모순 없이 정해진다. 또 $\tilde{\varphi}$가 환의 준동형이라는 것도 정의에 따라 확인할 수 있다. 역으로 S의 원소 b에 대해, φ의 전사성으로부터 $\varphi(a) = b$가 되는 원소 $a \in R$를 취할 수 있다. 이러한 원소 a'이 있다면

$$0 = \varphi(a) - \varphi(a') = \varphi(a - a')$$

이므로 a와 a'은 동치가 된다. 따라서 사상 $S \to R/\mathrm{Ker}(\varphi)$가 모순 없이 정해지는데, 이것이 $\tilde{\varphi}$의 역사상임은 쉽게 알 수 있다. □

▶ 단항 아이디얼환

지금부터 가환환으로 정수환 혹은 체 K 위의 다항식환 $K[x]$를 주로 생각하자. 이러한 환의 공통적인 성질로서 나눗셈이 있다. 우선 자연수 n을 0이 아닌 자연수 m으로 나누는 것을 생각하자. 이때

$$n = qm + r, \quad 0 \le r < m$$

을 만족하는 자연수 q, r이 단 한 가지로 정해진다. q는 몫, r은 나머지라 부른다. 음수도 포함해서 생각하면 다음과 같이 말할 수 있다. 정수 n과 0이 아닌 정수 m이 주어졌을 때

$$n = qm + r, \quad 0 \le |r| < |m|$$

을 만족하는 정수 q, r이 단 한 가지로 정해진다. 단, $|a|$는 절댓값이다. 절댓값 대신 다항식의 차수를 취하면, 똑같은 명제가 다항식에 대해서도 성립한다. 즉 체 K의 원소를 계수로 하는 다항식 $f(x)$와 0이 아닌 다항식 $g(x)$에 대해

$$f(x) = q(x)g(x) + r(x), \quad \deg r(x) < \deg g(x)$$

를 만족하는 다항식 $q(x)$, $r(x)$가 단 하나 존재한다. 정수의 경우와 마찬가지로 $q(x)$를 몫, $r(x)$를 나머지라 한다.

일반적으로 정역 R의 0이 아닌 원소에 위의 절댓값이나 차수와 같이 그 원소의 크기를 나타내는 정수가 정해지고, 나눗셈에 대해서 위와 같은 사실이 성립할 때 R을 유클리드환이라 부른다. 유클리드환에 대해서는 아래의 대부분의 결과가 성립하는데 여기서는 일반적인 취급은 하지 않고, R을 정수의 집합 $\mathbb{Z}$ 혹은 다항식환 $K[x]$ 중 어느 것인가를 나타낸다고 생각하자.

정리 2.4.3 | R의 아이디얼은 모두 단항 아이디얼이다. 즉 I를 아이디얼이라 하면, R의 원소 d가 존재해서 $I=(d)$가 된다. 이러한 원소 d는 R의 가역원배를 제외하고 일의적이다.

증명 | R이 다항식환 $K[x]$인 경우에 증명하자. 먼저 I의 원소가 0으로만 이루어지는 경우는 분명하기 때문에, 그렇지 않은 경우를 생각하자. I에 속하는 0이 아닌 다항식 중에 차수가 최소인 것이 있다. 그러한 다항식 $d(x)$를 생각하자. I의 임의의 다항식 $f(x)$를 $d(x)$로 나누었을 때

$$f(x)=p(x)d(x)+r(x)$$

라 하자. 단 $r(x)$는 나머지이다.

$$r(x)=f(x)-p(x)d(x)$$

는 위의 두 조건으로부터 I에 속하는데, $d(x)$의 차수의 최소성에 의해 $r(x)=0$이 되어야 한다. 따라서 $f(x)=p(x)d(x)$가 된다. 다항식 $d(x)$가 0이 아닌 정수배를 제외하면 한 가지로 정해짐은 쉽게 알 수 있다. 정수환인 경우는 다항식을 정수, 차수를 정수의 절댓값으로 바꾸면 완전히 똑같이 증명할 수 있다. □

일반적으로 이러한 정리가 성립하는 환을 **단항 아이디얼환**이라 한다. 즉 정리는 정수환이나 다항식환이 단항 아이디얼환이라고 말하고 있다. 또 증명으로부터 알 수 있듯이, 일반적으로 유클리드환은 단항 아이디얼환이다.

R이 다항식환 $K[x]$에서 아이디얼 I가 다항식 $p(x)$로 생성된 단항 아이디얼 $(p(x))$인 경우, 이 아이디얼을 법으로 하는 동치관계는

$$f(x)\sim g(x) \overset{\text{def}}{\Longleftrightarrow} f(x)-g(x)\text{가 } p(x)\text{로 나누어떨어진다}$$

라고 쓸 수 있다. 다항식 $f(x)$를 $p(x)$로 나누었을 때

$$f(x) = p(x)q(x) + r(x)$$

로 나타낼 수 있다면 $f(x)$는 $p(x)$에 의한 나머지 $r(x)$와 동치이다. $p(x)$의 차수를 n이라 하면, 잉여류의 다항식은 차수가 $n-1$ 이하인 것으로 일의적으로 대표된다. 따라서 잉여환 $K[x]/(p(x))$는 집합으로서 $n-1$차 이하의 다항식들로 구성된다고 볼 수 있다.

이제 일반적으로 가환환 R의 0이 아닌 원소 a가 두 원소의 곱 $a=bc$로 나타낼 수 있을 때, b와 c를 a의 **약원(約元)**이라 한다. 또 a는 b 또는 c로 나누어떨어진다고 한다. u가 가역원일 때 임의의 원소 a에 대해 $a=(au^{-1})u$이므로 u는 a의 약원임에 유의하자. R의 원소 d는 두 원소 a, b 쌍방의 약원일 때 **공약원(公約元)**이라 한다. 더욱이 공약원 d는 a, b 모두의 공약원이 d의 약원이 될 때 **최대공약원**이라 한다. a, b의 공약원이 가역원 말고는 없을 때, 혹은 바꾸어 말하자면 최대공약원이 가역원일 때, a와 b는 **서로소**라 한다. 공약원이나 최대공약원을 가역원배 하더라도 변하지 않음에 유의하자. R이 정수환일 때는 약원이나 공약원은 보통의 약수, 공약수이다.

정리 2.4.4 | R은 정수환 $\mathbb{Z}$ 또는 체 위의 다항식환 $K[x]$라 하자.

(1) a, b를 R의 두 원소라 하자. 이때 a와 b의 최대공약원이 R의 가역원배를 제외하고 일의적으로 존재한다.

(2) d를 a와 b의 최대공약원이라 할 때

$$ap + bq = d$$

가 되는 p, $q \in R$가 존재한다.

증명 | (1)과 (2)를 동시에 보이자. a, b를 R의 원소라 할 때, 부분집합

$$I = \{ap + bq : p,\ q \in R\}$$

를 생각하자. 이것이 아이디얼임은 쉽게 확인할 수 있다. 따라서 정리 2.4.3으로부터 어떤 원소 $d \in R$가 존재하여

$$\{ap+bq : p, q \in R\} = \{du : u \in R\}$$

이 된다. 이때 먼저 $p=1$, $q=0$ 혹은 $p=0$, $q=1$인 경우를 보면 d는 a와 b의 공약원임을 알 수 있다. 한편 $u=1$인 경우로부터

$$ap+bq=d$$

가 되는 $p, q \in R$가 존재한다. 이것으로부터 d는 a와 b의 최대공약원, 즉 a와 b의 모든 공약원은 d의 약원이라는 것도 알 수 있다. 또 이 d는 a와 b로부터 가역원배 하는 것($\mathbb{Z}$인 경우는 ± 1배)을 제외하면 한 가지로 정해진다는 것도 정리 2.4.3과 마찬가지로 알 수 있다. □

▶ 유한 아벨군의 구조정리

앞에서 말한 정리는 매우 강력하며 다양한 응용이 있다. 다항식환에서의 응용은 뒤에 논하기로 하고, 아벨군의 구조에 관한 응용에 대해 말해 두자. 이하 아벨군의 곱을 곱셈의 형태로 쓰면 번잡하므로 덧셈군의 형태로 나타내기로 한다. 특히 단위원은 0으로 나타낸다. 또 원소 a의 위수가 n이라는 것은 $na=0$이며 n의 진약수 m에 대해서 $ma \neq 0$이 되는 것이다.

정리 2.4.5 | G는 유한 아벨군이라 하자. p를 G의 위수 $|G|$의 한 소인수라 하자. 이때 위수가 정확히 p인 원소가 존재한다.

증명 | G의 위수에 관한 귀납법으로 보이자. G의 위수가 소수인 경우는 분명하다. 소수가 아닌 경우는 정리 2.3.12에서 생각한 것처럼 G의 자명하지 않은 진부분군 H가 존재한다. $|G|$의 소인수 p가 $|H|$의 소인수이면, 귀납법의 가정으로부터 H에 위수 p인 원소가 존재하므로 증명이 끝난다. 그렇지 않으

면 p는 잉여군의 위수 $|G/H|$의 소인수이므로 역시 귀납법의 가정으로부터 G/H에 위수 p인 원소 z가 존재한다. G의 원소 x에서 그 잉여류가 z가 되는 것을 고른다. x의 위수를 m이라 하면 $mz=0$이다. p와 m이 서로소이면 $am+bp=1$이 되는 정수 a, b가 존재하고, $z=(am+bp)z=0$이 되어 모순이다. 따라서 $m=kp$가 되므로 kx는 위수가 정확히 p인 원소이다. □

n_1, n_2를 서로소인 자연수라 하고 $n=n_1n_2$라 하자. A는 위수 n인 아벨군이라 하자.

$$B=\{x\in A : n_1x=0\},\quad C=\{y\in A : n_2y=0\}$$

이라 두자. 분명히 B, C는 A의 부분군이다. $B\times C$를 군 B와 C의 직적인 군(70쪽)이라 하자. 이때 다음과 같이 정리할 수 있다.

정리 2.4.6 |

(1) $f(x, y)=x+y$로 정의된 사상

$$f : B\times C\to A$$

는 군의 동형이다.

(2) 군 B, C의 위수는 각각 n_1, n_2이다.

(3) A가 순회군이기 위한 필요충분조건은 B, C가 함께 순회군이라는 것이다.

증명 | (1) 가정과 정리 2.4.4로부터 $d_1n_1+d_2n_2=1$이 되는 정수 d_1, d_2가 존재한다. 먼저 f가 전사임을 보이자. A의 임의의 원소 z에 대해

$$z=(d_1n_1+d_2n_2)z=(d_2n_2)z+(d_1n_1)z$$

가 성립한다. 여기서 $x=(d_2n_2)z$, $y=(d_1n_1)z$라 하면 된다. 다음으로 단사임을 보이기 위해 $f(x, y)=x+y=0$이라 가정하자. 이때

$$0 = n_2(x+y) = n_2x + n_2y = n_2x$$

이지만,

$$x = (d_1n_1 + d_2n_2)x = 0 + 0 = 0$$

이고, 따라서 $y = 0$이다. 따라서 f는 단사이다.

(2) 먼저 위와 마찬가지의 이유로 B의 임의의 원소 $x \neq 0$에 대해 $n_2x \neq 0$이다. 만약 B의 위수 $|B|$와 n_2가 서로소가 아니면, 공통인 소인수 p가 있는데, 정리 2.4.5로부터 B에 위수 p인 원소 x가 존재한다. 이때 $n_2x = 0$이므로 위에서 말한 것에 모순된다. 따라서 $|B|$와 n_2는 서로소이다. 또 $|A| = |B||C| = n_1n_2$이므로 $|B| = n_1$, $|C| = n_2$가 얻어진다.

(3) A가 순회군이면 위수가 n_1n_2인 원소 z가 존재한다. 이때 $x = (d_2n_2)z$, $y = (d_1n_1)z$의 위수는 각각 n_1, n_2이다. 예를 들어 x의 위수가 n_1의 진약수 m이라 하면

$$(mn_2)z = (mn_2)(x+y) = (mn_2)x + (mn_2)y = 0$$

이므로 z의 위수가 n_1n_2임에 모순이다. 따라서 B, C는 함께 순회군이다. 역으로 B, C가 함께 순회군이라 하고, x, y를 각각 위수 n_1, n_2인 원소라 하면, $x+y$의 위수는 분명히 n_1n_2이다. □

보조정리 2.4.7 | p는 소수라 하자. 위수가 p인 아벨군은 몇 개의 순회군들의 직적이다.

증명 | 아벨군 A의 위수를 p^n이라 할 때, n에 관한 귀납법으로 증명하자. $n = 1$일 때는 정리 2.3.11로부터 A 자신이 순회군이다. $n \geq 2$라 하고, $n-1$까지 순차적으로 보조정리가 성립한다고 하자. a를 A의 원소이고 위수가 최대인 것이라 하자. 만약 a의 위수가 p^n일 때 A는 순회군이므로 a의 위수는

p^m, $0 < m < n$이라 가정해도 된다. 원소 a로 생성된 부분군 $< a >$와 잉여군 $A/< a >$를 생각하자. 원소 $b \in A$의 잉여류를 $\bar{b} \in A/< a >$로 나타낸다.

$A/< a >$의 0이 아닌 원소 β의 위수를 p^t, $t > 0$이라 하자. 이때 β의 대표원소 $b \in A$, 즉 $\bar{b} = \beta$가 되는 원소에서 위수가 정확히 p^t인 것을 취할 수 있음을 보이자. $p^{t-1}\bar{b} = \overline{p^{t-1}b} \neq 0$, $p^t\bar{b} = \overline{p^t b} = 0$이므로 $p^{t-1}b \notin < a >$이고 $p^t b \in < a >$이다. 따라서 어떤 자연수 u가 있어서 $p^t b = ua$로 나타낼 수 있다. u는 p와 서로소인 자연수 d를 이용하여 $u = dp^s$으로 쓸 수 있으므로 $p^t b = dp^s a$이다. 단 a의 위수가 p^m이므로 $s \leq m$이라 해도 되고 $t-1+m-s \geq 0$이다. 이때

$$p^{t-1+m-s}b = dp^{m-1}a \neq 0$$

이다. 이제 $t > s$라 하면 $t-1+m-s \geq m$이므로 $p^m b \neq 0$이 되고, 위수가 최대인 원소라는 가정에 모순이다. 따라서 $t \leq s$가 되고

$$p^t b - dp^s a = p^t(b - dp^{s-t}a) = 0$$

이 성립한다. $b' = b - dp^{s-t}a$라 두면 b와 b'은 같은 잉여류를 정하는데, b'과 $\bar{b} = \overline{b'}$의 위수는 모두 p^t이므로 같다. 즉, 잉여류와 위수가 같은 대표원소가 존재함을 보였다.

이제 $A/< a >$는 A보다 위수가 작으므로, 귀납법의 가정으로부터 순회군 C_i가 있어서

$$A/< a > = C_1 \times \cdots \times C_k$$

이다. C_i의 생성원 α_i에 대해 대표원소 $b_i \in A$ 즉 $\overline{b_i} = \alpha_i$가 되는 원소에서 α_i와 위수가 같은 것을 택해 둔다. 이때 b_i로 생성된 A의 순회부분군을 $< b_i >$라 하고, 자연스럽게 정해지는 준동형

$$< a > \times < b_1 > \times \cdots \times < b_k > \ \rightarrow A$$

를 생각하자. 직적인 군 $< a > \times < b_1 > \times \cdots \times < b_k >$의 위수는 대표원소들의 선택방법으로부터 A의 위수와 같다. 또 이것이 전사라는 것도 쉽게 알 수 있다. 따라서 방 나누기 논법(75쪽)에 의해 위의 준동형은 동형이며

$$A = < a > \times < b_1 > \times \cdots \times < b_k >$$

를 보였다. □

이상을 이용하여 유한 아벨군의 구조정리를 보일 수 있다.

정리 2.4.8 | 유한 아벨군은 위수가 소수의 거듭제곱인 순회군들의 직적이다.

증명 | $n = p_1^{a_1} \cdots p_r^{a_r}$을 소인수분해라 하자. A가 위수 n인 아벨군일 때, $A_i = \left\{x \in A : p_i^{a_i}x = 0\right\}$이라 두자. 이 A_i를 A의 p_i성분이라 부른다. 이때 정리 2.4.6을 반복 이용하여 다음의 동형

$$A = A_1 \times \cdots \times A_r$$

이 존재함을 말할 수 있다. 위의 보조정리로부터 각 A_i는 순회군의 직적이다. 따라서 A도 그러하다. □

계 2.4.9 | 유한 아벨군 A가 순회군이기 위한 필요충분조건은 그 p성분이 모두 순회군이라는 것이다.

이제 n은 자연수라 하자. n과 서로소이고 n보다 작은 자연수들의 개수를 $\varphi(n)$으로 나타내며 **오일러 함수**라 부른다. 예를 들어, $n = 12$일 때 n과 서로

소인 수는 1, 5, 7, 11이므로 $\varphi(12)=4$이다. 계 2.3.15로부터 이것은 n을 법으로 하는 기약 잉여류의 개수이며, 순회군 $\mathbb{Z}/n\mathbb{Z}$의 생성원들의 개수이기도 하다. 위와 같은 결과를 이용하면 다음 결과가 얻어진다.

계 2.4.10 | $n=p_1^{a_1}\cdots p_r^{a_r}$을 소인수분해라 하자. 이때

$$\varphi(n)=(p_1^{a_1}-p_1^{a_1-1})\cdots(p_r^{a_r}-p_r^{a_r-1})$$

증명 | 위와 같은 n의 소인수분해가 있으면, 정리 2.3.13과 정리 2.4.6으로부터 순회군 $\mathbb{Z}/n\mathbb{Z}$는 직적인 군

$$\mathbb{Z}/p_1^{a_1}\mathbb{Z}\times\cdots\times\mathbb{Z}/p_r^{a_r}\mathbb{Z}$$

와 동형이다. 직적인 군의 생성원은 각 $\mathbb{Z}/p_i^{a_i}\mathbb{Z}$의 생성원의 쌍 $(x_1,\ \cdots,\ x_r)$과 일대일 대응이다. 실제로 각 x_i가 $\mathbb{Z}/p_i^{a_i}\mathbb{Z}$의 생성원이라 하면, $p_1^{a_1}\cdots p_r^{a_r}$의 진약수 m에 대해 $m(x_1,\ \cdots,\ x_r)\neq 0$이므로 $(x_1,\ \cdots,\ x_r)$는 직적인 군을 생성한다. 역으로 $(x_1,\ \cdots,\ x_r)$이 직적인 군의 생성원이면, 각 x_i가 $\mathbb{Z}/p_i^{a_i}\mathbb{Z}$의 생성원이라는 것도 분명하다. 따라서 직적인 군의 생성원의 개수는 각 $\mathbb{Z}/p_i^{a_i}\mathbb{Z}$의 생성원들의 개수의 곱으로 주어진다. 위수가 소수 거듭제곱인 순회군 $\mathbb{Z}/p^a\mathbb{Z}$의 경우, p^a과 서로소이고, p^a보다 작은 자연수의 개수는 p^a-p^{a-1}이므로 구하는 결과를 얻는다. □

정리 2.4.4의 다른 응용으로서 다음 결과가 얻어진다.

정리 2.4.11 | 순회군의 부분군 및 잉여군도 순회군이다.

증명 | G는 순회군이고 a를 생성원이라 하자. H를 G의 부분군이라 하고, a^k, $a^l \in H$라 하자. k와 l의 최대공약수를 d라 할 때, $pk+ql=d$가 되는 정수 p, q가 존재하므로

$$a^d = a^{pk+ql} = (a^k)^p (a^l)^q \in H$$

이고, a^k, $a^l \in < a^d >$이 성립한다. 이것을 반복하면 H는 단 하나의 원소로 생성되므로 순회군이다. 잉여군에 대해서는 분명하다. □

2.5 다항식환에 관한 조금 깊은 결과

▶ 유클리드 호제법의 응용

이제부터 환 R은 정수환 $\mathbb{Z}$ 또는 체 K 위의 다항식환 $K[x]$를 나타내기로 한다. 환 R에서 최대공약수를 구체적으로 계산하는 잘 알려진 알고리즘이 있다. 유클리드 호제법이라 불리는 것으로, 자연수의 경우는 유클리드 시대 혹은 훨씬 전부터 알려져 있던 계산법이다. 다항식환 $K[x]$인 경우를 설명하자. $f_1(x)$, $f_2(x)$를 K 계수 다항식이라 하자. $\deg f(x)$를 다항식 $f(x)$의 차수라 하자. 다음과 같이 차례로 다항식 $f_i(x)$를 $f_{i+1}(x)$로 나누고 나머지를 $f_{i+2}(x)$라 두자.

$$\begin{aligned} f_1(x) &= u_1(x)f_2(x) + f_3(x), \quad \deg(f_3) < \deg(f_2) \\ f_2(x) &= u_2(x)f_3(x) + f_4(x), \quad \deg(f_4) < \deg(f_3) \\ &\vdots \end{aligned}$$

이때 $f_i(x)$의 차수는 단조감소하므로 $f_s(x) \neq 0$ 그리고 $f_{s+1}(x) = 0$이 되는 번호 s가 있다. 즉

$$f_{s-1}(x) = u_{s-1}(x)f_s(x), \quad f_{s+1}(x) = 0$$

이 된다. 이때 $f_s(x)$는 모든 $f_i(x)$의 약원이며, 특히 $f_1(x)$와 $f_2(x)$의 공약원이다. 또 어떤 다항식 $h(x)$가 $f_1(x)$와 $f_2(x)$의 공약원이면, 명백히 $h(x)$는 모든 $f_i(x)$ 특히 $f_s(x)$의 약원이므로 $f_s(x)$는 $f_1(x)$와 $f_2(x)$의 최대공약원이다. 또

$$f_i(x) = p_i(x)f_1(x) + q_i(x)f_2(x)$$

가 되는 다항식 $p_i(x)$, $q_i(x)$가 존재한다는 것도 귀납법으로 보일 수 있다. 특히

$$f_s(x) = p_s(x)f_1(x) + q_s(x)f_2(x)$$

이다. 이것은 정리 2.4.4를 다시 증명하고 있는데, 보다 강한 다음 사실을 보일 수 있다.

> **정리 2.5.1 |** 환 R의 두 원소 a, b의 최대공약원을 d라 하자. 이때 R을 포함하는 어떤 환 S에서도 d는 a, b의 최대공약원이다.

증명 | $a = f_1$, $b = f_2$라 하고 유클리드 호제법에 의해 차례로 얻어지는 원소를 f_i라 하자. 위에서 말한 것처럼, R의 원소 p_i, q_i가 있어서

$$f_i = p_i f_1 + q_i f_2$$

가 성립한다. 또 가역원배를 제외하면 어떤 번호 s일 때 $f_s = d$라고 생각해도 된다. u를 환 S에서 원소 a, b의 임의의 공약원이라 하면, S에서 $a = a'u$, $b = b'u$로 나타낼 수 있다. $a = f_1$, $b = f_2$이었으므로

$$f_i = p_i a' u + q_i b' u = (p_i a' + q_i b')u$$

이다. 따라서 u는 S에서 모든 f_i의 공약원이며, 특히 d의 약원이다. 그러므로 d는 S에서도 최대공약원이다. □

▶ 유일 소인수분해 정리

다음으로 인수분해에 대해서 생각하자. 중학교에서도 배우듯이 자연수에 대해서는 소인수분해가 일의적으로 가능하다. 같은 것이 다항식환에서도 성립함을 살펴보자.

환 R의 원소 p는 본래 가역원이 아닌 두 원소 a, b의 곱 $p = ab$로 나타낼 수 없을 때 **소원(素元)**이라 한다. 바꾸어 말하면, $p = ab$로 나타낼 수 있을 때 a, b 중 어느 것은 가역원이라는 것이다. 정의로부터 가역원은 소원임에 유의하자. 자연수의 범위 내에서 p가 소수라고 하는 것은 $p = ab$로 나타낼 수 있을 때 a, b 중 어느 것은 1이라는 것이다. 자연수의 범위 내에서 가역원은 1뿐이라는 것이 그 이유이다. 다항식환에서 소원이라는 것은 상수가 아닌 두 다항식의 곱으로 나타낼 수 없는 식, 즉 **기약다항식**(0이 아닌 상수도 0차 기약다항식이라고 생각한다)을 말한다. 특히 일차식은 모두 소원이다. 역으로, 다항식 $f(x)$가 상수가 아닌 두 다항식의 곱 $f(x) = g(x)h(x)$로 표현될 때, $f(x)$는 **가약**이라 하고 이러한 분해를 인수분해라 한다.

주 2.5.1 여기서의 다항식은 모두 계수체 K를 고정하여 생각하고 있음에 유의하자. 예를 들어, $x^2 - 2$라는 다항식은 유리수체 위의 다항식이라고도, 실수체 $\mathbb{R}$ 위의 다항식이라고도 생각할 수 있다. 유리수체 위의 다항식으로서 $x^2 - 2$는 기약이지만, 실수체 $\mathbb{R}$로 넓혀서 생각하면 $x^2 - 2 = (x - \sqrt{2})(x + \sqrt{2})$로 인수분해 할 수 있으므로 $\mathbb{R}[x]$에서는 기약이 아니다.

보조정리 2.5.2 | p는 환 R의 가역원과는 다른 소원이라 하자. p가 두 원소의 곱 ab의 약원이면, p는 a 또는 b의 약원이다.

증명 | p가 a의 약원이 아니라고 가정하자. 이때 p와 a는 서로소이므로 정리 2.4.4로부터 $au+pv=1$이 되는 원소 u, v가 존재한다. b를 양변에 곱하면 $b=abu+pbv$인데, 가정으로부터 p는 ab의 약원이므로 b의 약원이다. □

> **정리 2.5.3 |** 환 R의 0도 가역원도 아닌 임의의 원소 a는 (가역원과는 다른) 소원들의 곱 $a=p_1 \cdots p_r$로 분해할 수 있다. 또 다음 소인수분해의 일의성이 성립한다. $a=p_1 \cdots p_r = q_1 \cdots q_s$이면 $r=s$이고, 필요에 의해 순서를 바꾸면 p_i와 q_i는 가역원배를 제외하고 일치한다.

증명 | R이 다항식환인 경우에 대해서 증명하자. 먼저 소인수분해를 할 수 있음을 다항식의 차수에 관한 귀납법으로 증명하자. 일차식은 기약이므로 명백히 성립한다. $k-1$차 이하의 다항식에 대해서 성립한다고 하고, 기약이 아닌 k차식 $f(x)$를 생각하자. $f(x)$는 $f(x)=g(x)h(x)$로 인수분해되고, $g(x)$, $h(x)$의 차수는 $k-1$ 이하이다. 따라서 그들은 소인수분해 되므로 $f(x)$도 그러하다.

다음으로 일의성을 보이자. 다항식 a의 두 소인수분해

$$a=p_1 \cdots p_r = q_1 \cdots q_s$$

가 있다고 하자. 이때 p_1은 곱 $q_1 \cdots q_s$의 약원이므로 보조정리 2.5.2로부터 p_1은 어떤 q_i의 약원이다. q_i는 소원이므로 q_i는 p_1의 가역원배이다. 번호를 바꾸어 q_i를 q_1이라고 해도 된다. 따라서 p_1과 q_1은 가역원배를 제외하고 약분할 수 있다. 이것을 반복하면 구하는 결과가 얻어진다. □

상체에서의 가약성과 아이젠슈타인의 기약판정법

다음으로 R의 상체를 Ω로 나타낸다.

정리 2.5.4 | 환 R의 원소를 계수로 하는 다항식[4] $f(x)$가 R 계수 다항식으로서 가약이라는 것 — 즉, 상수가 아닌 2개의 R 계수 다항식의 곱으로 나타내는 것 — 과 Ω 계수 다항식으로서 가약이라는 것은 동치이다.

증명 | R이 정수환 $\mathbb{Z}$인 경우를 보이자. 다항식환인 경우도 마찬가지이다. 정수계수 다항식 $a_0x^n + a_1x^{n-1} + \cdots + a_n$은 계수 a_i들의 최대공약수가 ± 1일 때, **원시적**이라 한다. 임의의 정수계수 다항식 $f(x)$에 대해서 계수들의 최대공약수를 d라 하면, $g(x) = f(x)/d$는 원시적인 정수계수 다항식이다. 즉, 임의의 정수계수 다항식 $f(x)$는 ± 1배를 제외하면 일의적으로 원시적인 정수계수 다항식의 정수배 $dg(x)$로 나타낼 수 있다. 더욱이 유리계수 다항식 $u(x)$에 대해서도 $u(x) = (a/b)h(x)$가 되는 원시적인 정수계수 다항식 $h(x)$와 유리수 a/b가 ± 1배를 제외하면 일의적으로 정해지는 것도 쉽게 알 수 있다.

한편 $f(x)$가 정수계수 다항식으로 가약이라면 유리계수 다항식으로서도 가약이라는 것은 분명하다. 역으로, 유리계수 다항식으로서 가약이라 하자. 즉 상수가 아닌 유리계수 다항식 $u(x)$, $v(x)$가 있어서 $f(x) = u(x)v(x)$가 된다고 하자. 이때, $f(x)$는 원시적이라고 가정해도 된다. 그래서 $u(x)$, $v(x)$에 대응하는 원시적인 정수계수 다항식을 각각 $h(x)$, $k(x)$라 하면, 적당한 정수 a, b, a', b'이 있어서

$$f(x) = \frac{aa'}{bb'}h(x)k(x)$$

를 만족한다. 다음 보조정리에서 보듯이 $h(x)k(x)$는 원시적이다. 따라서 원

4) R이 다항식환 $K[t]$일 때는 t의 다항식들을 계수로 하는 x의 다항식, 즉 x와 t의 다항식이다.

시적인 정수계수 다항식에 의한 표현의 일의성으로부터

$$f(x) = \pm h(x)k(x)$$

이고, 정수계수 다항식으로 인수분해 된다. □

보조정리 2.5.5 | $h(x)$, $k(x)$는 원시적인 정수계수 다항식이라 하자. 이때 $h(x)k(x)$도 원시적이다.

증명 | $h(x)$, $k(x)$를 각각

$$h(x) = a_0 + a_1x + \cdots + a_nx^n, \quad k(x) = b_0 + b_1x + \cdots + b_mx^m$$

으로 나타내자. p는 소수라 하자. $h(x)$, $k(x)$는 각각 원시적이므로 p로 나누어떨어지지 않는 계수가 있고, 그러한 최초의 계수 a_s, b_t를 생각할 수 있다. $h(x)k(x)$의 x^{s+t}의 계수는 $h(x)k(x)$를 전개해보면 쉽게 알 수 있듯이 p로 나누어떨어지지 않는다. 따라서 $h(x)k(x)$는 원시적이다. □

이 정리는 예를 들어 x^2+x+1이 $\mathbb{Q}$ 계수 다항식으로서 가약이라면, $\mathbb{Z}$ 계수 다항식으로서 가약이다. 즉, 정수 a, b, c, d가 있어서

$$x^2 + x + 1 = (ax+b)(cx+d)$$

가 된다는 것을 의미한다. 이 경우는 분명히 $a = c = 1$이라고 생각하면 된다. 따라서 방정식 $x^2+x+1=0$이 유리수 해를 가지면 그것은 정수이어야 하지만, 이 방정식은 명백히 정수해를 가지지 않는다. 따라서 $x^2+x+1=0$은 유리수 해를 가지지 않음을 알 수 있다.

정리 2.5.6 | (아이젠슈타인[5])의 판정법) 환 R의 원소를 계수로 하는 n차 다항식

$$f(x)=a_nx^n+a_{n-1}x^{n-1}+\cdots+a_1x+a_0$$

을 생각하자. R의 소원 p로 다음 세 가지 조건

(1) a_n은 p로 나누어떨어지지 않는다(p는 약원이 아니다).

(2) $i<n$일 때 a_i는 p로 나누어떨어진다.

(3) a_0은 p^2으로 나누어떨어지지 않는다.

을 만족하는 것이 있으면, $f(x)$는 R 계수 다항식으로서 기약이다.

증명 | $f(x)$를 상수가 아닌 두 다항식

$$g(x)=b_rx^r+b_{r-1}x^{r-1}+\cdots+b_1x+b_0$$
$$h(x)=c_sx^s+c_{s-1}x^{s-1}+\cdots+c_1x+c_0$$

의 곱 $f(x)=g(x)h(x)$로 나타낼 수 있다고 하자. 단 b_r, c_s는 0이 아니라고 하자. 상수항을 비교하면 알 수 있듯이 b_0, c_0 중 어느 것인가가 p로 정확히 나누어떨어지고, 나머지는 p로 나누어떨어지지 않는다. 그래서 b_0가 정확히 p로 나누어떨어진다고 하자. 가정의 (3)으로부터 b_r은 p로 나누어떨어지지 않으므로 계수 b_i들 안에 p로 나누어떨어지지 않는 번호 중 최소인 것을 k라 두자. $0<k<r<n$에 유의하자. 이제 x^i의 계수를 비교하여

$$a_k=b_kc_0+b_{k-1}c_1+\cdots+b_0c_k$$

5) Gotthold Eisenstein(1823~1852)은 독일의 수학자이며 가우스의 제자이다. 타원함수론, 정수론에서 업적을 남겼다.

를 보면, 우변의 제2항 이하는 p로 나누어떨어지고 제1항은 p로 나누어떨어지지 않으므로 a_k도 p로 나누어떨어지지 않는다. 그러나 이것은 가정 (2)에 모순이다. □

예 2.5.1 본론과는 약간 동떨어지지만, 아이젠슈타인의 판정법의 응용으로

'p가 홀수인 소수일 때 $\cos\dfrac{\pi}{2p}$는 무리수이다'

를 보이자. 드무아브르의 공식

$$\begin{aligned}\cos n\theta + i\sin n\theta &= (\cos\theta + i\sin\theta)^n \\ &= \cos^n\theta - \binom{n}{2}\cos^{n-2}\theta\sin^2\theta + \cdots \\ &\quad + i\left(n\cos^{n-1}\theta\sin\theta - \binom{n}{3}\cos^{n-3}\theta\sin^3\theta + \cdots\right)\end{aligned}$$

의 제3항의 실수부와 허수부의 꼴로부터

$$\cos n\theta = f_n(\cos\theta),\ \ \sin n\theta = g_n(\cos\theta)\sin\theta$$

를 만족하고, 계수가 모두 정수인 n차식 $f_n(x)$와 $n-1$차식 $g_n(x)$가 존재함을 알 수 있다.

이러한 다항식(체비쉐프 다항식이라 부른다)에 대해서 다음 사항이 성립한다.

(1) $\cos nt = f_n(\cos t)$의 양변을 미분하면, $-n\sin nt = -\sin t f_n{}'(\cos t)$이다. 따라서 모든 t에 대해서 등식

$$ng_n(\cos t)\sin t = \sin t f_n{}'(\cos t)$$

가 성립한다. 이때 다항식으로서 $f_n{}'(x) = ng_n(x)$이다.

(2) n이 홀수일 때 (ⅰ) $f_n(0) = f_n\left(\cos\dfrac{\pi}{2}\right) = \cos\dfrac{n\pi}{2} = 0$이므로 $f_n(x)$의

상수항은 0이다. (ii) $g_n(0)=\pm 1$이므로 $g_n(x)$의 상수항은 ± 1이다. 따라서 $f_n{}'(0)=ng_n(0)=\pm n$이 되고, $f_n(x)$의 일차 계수는 $\pm n$이다.

(3) p가 홀수인 소수일 때, (i) 다항식 $f_p{}'(x)=pg_p(x)$의 각 계수는 p로 나누어떨어진다. 따라서 $f_p(x)$의 계수도 최고차(p차) 이외는 p로 나누어떨어지지 않는다. (ii) $f_p(x)$의 최고차의 계수는 p와 서로소이다. 실제로 $f_p(x)$의 $p-1$차 이하의 계수는 모두 p로 나누어떨어지므로, 만약 최고차의 계수가 p로 나누어떨어지면, 임의의 자연수 k에 대해 $f_p(k)$는 p로 나누어떨어지는 것이 되지만, 이것은 $f_p(1)=f_p(\cos 0)=\cos 0=1$에 모순이다.

이상으로부터 p가 홀수인 소수일 때 방정식 $f_p(x)=0$은 아이젠슈타인의 판정법을 적용할 수 있으며 $\mathbb{Q}$ 위의 기약이므로 유리수해를 가지지 않는다. 따라서 $\cos\dfrac{\pi}{2p}$는 무리수임을 알 수 있다.

▶ 체와 방정식

이제 $f(x)\in K[x]$는 체 K의 원소를 계수로 하는 다항식이라 하자. L은 K를 포함하는 체, 즉 K의 **확대체**라 하자. 이때 $f(x)$는 L의 원소를 계수로 하는 다항식이라 생각할 수 있다. 따라서 L의 임의의 원소 c를 x에 **대입**할 수 있어 L의 원소 $f(c)$가 얻어진다. 이러한 사실로부터 다항식 $f(x)$는 L에서 L로 가는 사상을 결정한다. 특히 L이 실수체 $\mathbb{R}$일 때, 이것은 실수 위의 연속함수가 되고 다항식 $f(x)$로 나타내어지는 함수라 부른다. 이때 일차식에 의한 나눗셈을 생각하면, 다음의 **잉여정리** 및 **인수정리**가 성립함은 쉽게 알 수 있다.

정리 2.5.7 | $f(x)$는 체 K 위의 다항식, c는 K의 원소라 하자. 이때 $f(x)$를 일차식 $x-c$로 나눈 나머지는 $f(c)$이다. 특히 $f(x)$가 일차식 $x-c$로 나누어떨어지기 위한 필요충분조건은 $f(c)=0$이 성립하는 것이다.

$f(x)$를 체 K 위의 다항식이라 하자. 이때 방정식 $f(x)=0$을 K 위의 대수방정식이라 하고, 특히 $f(x)$가 기약다항식일 때 **기약방정식**이라 한다. L이 K의 확대체일 때, 이러한 다항식은 L 위의 다항식이라고 생각할 수도 있다. 이때 $f(x)$는 L 위에서 기약이라고 한정하지 않는다. 따라서 기약다항식이라 할 때는, K 위의 기약 혹은 L 위의 기약이라는 등 어떤 체 위에서 생각하고 있는가를 명시하지 않으면 안 된다. 이제 상수가 아닌 다항식 $f(x)$에 대해 $f(c)=0$이 되는 L의 원소 c를 방정식 $f(x)=0$의 체 L에서의 해라 한다. 이때 위의 정리로부터

$$f(x)=(x-c)g(x)\in L[x]$$

인 꼴로 인수분해 할 수 있다. 혼동하기 쉬운 용어이지만, 다항식 $f(x)$가 $L[x]$에서 위와 같이 인수분해 될 때, $c\in L$를 다항식 $f(x)$의 L에서 **근**이라 한다. 인수정리로부터 근과 해는 실질적으로는 같은 것이지만, 근은 다항식에 대해서 사용하는 용어이고 해는 방정식에 대해서 사용하는 경우가 많다. 또 해나 근이라는 단어는 생각하고 있는 체를 명기하지 않으면 안 되지만, 단순히 해 또는 근이라고 한다면 적당한 확대체에서의 것으로 한다.

정리 2.5.8 | $f(x)$는 n차 다항식이라 하자. 이때 어떤 체에서도 방정식 $f(x)=0$의 서로 다른 해는 기껏해야 n개이다.

증명 | $c_1,\ \cdots,\ c_k$를 방정식 $f(x)=0$의 서로 다른 해라고 하자. 그러면 인수정리로부터 $f(x)=(x-c_1)f_1(x)$이다. 이때 $f_1(c_2)=0$으로부터 $f_1(x)$는

$x-c_2$를 인수로 가진다. 이것을 반복하면 $f(x)$는 $(x-c_1)\cdots(x-c_k)$를 인수로 가진다. 따라서 차수의 가정으로부터 $k \le n$이다. □

$f(x)$로 나타내어지는 함수가 항등적으로 0이면, 체 K의 원소는 모두 $f(x)=0$의 해이다. 위의 정리로부터 $f(x)=0$은 0다항식이 아니라면, 다항식의 차수보다 많은 해를 가지지 않는다. 따라서 K가 실수체, 혹은 표수가 0인 체와 같이 **무한개**의 원소를 포함한다면, $f(x)$는 다항식으로서 0이어야 한다.

K가 유리수체 $\mathbb{Q}$일 때, $\mathbb{Q}$ 계수 다항식 $f(x)$에 대해 방정식 $f(x)=0$의 해가 되는 복소수를 **대수적 수**라 한다. 더욱이 다항식 $f(x)$가 정수계수이고 최고차의 계수가 1일 때, $f(x)=0$의 해를 **대수적 정수**라 한다. 이제 $f(x)$는 최고차의 계수가 1인 정수계수 다항식이라 하고, 방정식 $f(x)=0$이 유리수해 q를 가진다고 하자. 이때 q는 정수이다. 가정으로부터 $\mathbb{Q}$ 위의 인수분해 $f(x)=(x-q)g(x)$가 있는데, 정리 2.5.4로부터 이러한 인수분해는 정수 위에서 가능하다. 그러나 최고차의 계수가 1이므로 q는 정수이어야 한다.

이제 $f(x)$는 체 K 위의 이차 이상의 기약다항식이라 하자. 이때 정리 2.5.7로부터 방정식 $f(x)=0$은 K에서 해를 가지지 않는다. 그렇지만 체 K를 포함하는 새로운 체를 만들고, 그 속에서 방정식의 해를 구하는 것은 항상 가능하다. 이것을 보이기 위해서 다음 정리가 중심적인 역할을 다한다.

정리 2.5.9 | $f(x)$는 체 K 위에서 정의된 기약다항식이라 하자. 이때 잉여환 $K[x]/(f(x))$는 체이다.

증명 | 체의 공리인 A8이 성립함을 보이면 된다. $f(x)$의 차수를 n이라 하자. 91쪽의 논의에서 보인 것처럼, 잉여류의 집합 $K[x]/(f(x))$의 0이 아닌 원소 a는 n보다 작은 차수의 0이 아닌 다항식 $g(x)$로 대표된다. $f(x)$는 기약이므로 $g(x)$와는 서로소이다. 따라서 최대공약원은 1이라고 생각해도 되므로

정리 2.4.4로부터

$$f(x)u(x)+g(x)v(x)=1$$

을 만족하는 다항식 $u(x)$, $v(x)$가 존재한다. $v(x)$가 정하는 잉여류를 b로 나타내면, 위의 식은 $ab=1$을 의미한다. 따라서 $K[x]/(f(x))$는 체이다. □

분해체

이제 체 $K[x]/(f(x))$를 L로 나타내자. L의 원소는 x의 다항식의 아이디얼 $(f(x))$를 법으로 하는 잉여류이다. 특히 x 자신이 속하는 류를 (부정원 x의 이미지를 잊어버리기 위해서) α로 나타내자. 이때 임의의 다항식 $h(x)$가 속하는 류는 x에 α를 대입한 $h(\alpha)$이다. 특히 $f(\alpha)$는 $f(x)$가 속하는 류이므로, 정의로부터 체 L에서

$$f(\alpha)=0$$

이 성립한다. 즉 방정식 $f(x)=0$은 L 내에서 해를 가진다. 그리고 체 L은 체 K를 포함하고 있다. 즉 L은 K의 확대체이며, 뒤에서 살펴보겠지만 중요한 확대체는 대부분 이렇게 해서 얻어진다.

정리 2.5.10 | $f(x)$는 체 K 위의 n차 다항식(기약이라고는 한정하지 않는다)이라 하자. 이때 K의 확대체 Ω와 그 원소 α_1, $\cdots$, α_n이 있어서 Ω 위의 다항식으로서 $f(x)$는 일차식의 곱

$$f(x)=(x-\alpha_1)(x-\alpha_2)\cdots(x-\alpha_n)$$

으로 분해된다.

증명 | 다항식 $f(x)$의 차수 n에 관한 수학적 귀납법으로 증명하자. $n=1$일 때는 분명하다. $f(x)$를 기약인 다항식들의 곱 $p_1(x)\cdots p_k(x)$로 나타낼 수

있다. 위에서 말한 것으로부터 $p_1(x)=0$의 하나의 해(α_1이라 나타내자)를 포함하는 체(K_1으로 나타내자)가 있다. 인수정리로부터 $K_1[x]$에서 $f(x)=(x-\alpha)g(x)$로 나타내며, $g(x)$는 $n-1$차식이다. 따라서 귀납법의 가정으로부터 $g(x)=0$의 모든 해를 포함하는 K_1의 확대체가 존재한다. 이것이 구하는 것이다. □

위의 정리에서 확대체 Ω는 다항식 $f(x)$의 모든 근 혹은 방정식 $f(x)=0$의 모든 해를 포함하는 체라 해도 된다. 이러한 체 Ω를 취했을 때, 그 속에 다항식 $f(x)$의 모든 근을 포함하는 **최소**의 체를 다항식 $f(x)$ 혹은 방정식 $f(x)=0$의 **분해체**라 한다. 체 Ω는 일의적으로 정해지는 것이 아님에 유의하자. 예를 들어, K가 유리수체일 때 Ω는 정리 2.5.9를 반복 이용해서도 얻을 수 있는데 대수학의 기본정리로부터 복소수체 $\mathbb{C}$도 그러하다. 이들은 체로서는 다르며, 따라서 그 부분체인 분해체도 다르다. 일반적으로 방정식 $f(x)=0$의 분해체는 하나라고 한정되지 않지만, 이들은 어느 것이나 갈루아 확대이며 서로 동형임을 제3.2절에서 보인다(131쪽).

대수학의 기본정리(39쪽)로부터 복소계수 방정식 $f(x)=0$은 항상 복소수 해를 가진다. 따라서 정리 2.5.10에서 $K=\mathbb{C}$일 때 다음 결과가 성립한다.

계 2.5.11 | $f(x)$는 복소계수인 n차 다항식이라 하자. 이때 n개의 복소수 $\alpha_1, \cdots, \alpha_n$이 존재하고, $f(x)$는

$$f(x)=(x-\alpha_1)(x-\alpha_2)\cdots(x-\alpha_n)$$

의 꼴로 인수분해 된다.

중근 판정방법

다음으로 다항식의 중근에 대해서 생각하자. $f(x)$는 체 K 위의 n차 다항식이라 하자. 이때, 정리 2.5.10으로부터 $f(x)$는 적당한 확대체 안에서 일차식의 곱

$$f(x) = (x-\alpha_1)(x-\alpha_2)\cdots(x-\alpha_n)$$

으로 분해된다. 여기서 α_i들에 같은 것이 있으면, 그것들을 같은 기호로 나타내고, 다른 근들을 λ_1, $\cdots$, λ_k라 하자. 이때 위의 분해식은

$$f(x) = (x-\lambda_1)^{d_1}(x-\lambda_2)^{d_2}\cdots(x-\lambda_k)^{d_k}$$

로 나타낼 수 있다. 여기서 d_i는 근 λ_i의 중복도를 말한다. $d_i = 1$일 때 단순근, $d_i > 1$일 때는 중근이라 한다.

다항식이 중근을 가지는지를 조사하기 위해서는 다항식의 미분이 중요한 역할을 한다. 임의의 체 K 위의 다항식

$$f(x) = a_0x^n + a_1x^{n-1} + \cdots + a_{n-1}x + a_n$$

의 미분이라는 것을

$$f'(x) = na_0x^{n-1} + (n-1)a_1x^{n-2} + \cdots + a_{n-1}$$

이라 정의하자. 물론 체 K가 실수체일 때, 이것은 통상의 함수로서의 미분과 일치한다. 일반적인 체에서도 다음의 라이프니츠[6] 공식

$$(f(x)g(x))' = f'(x)g(x) + f(x)g'(x)$$

---

6) Gottfrid Wilhelm Leibniz(1646~1716)는 독일의 수학자이자 철학자이다. 미적분법의 창시자인데, 그 우선권을 둘러싼 뉴턴과의 다툼은 유명하다.

가 성립함은 쉽게 확인할 수 있다. $f'(x) = 0$이 되는 것은 언제인지를 살펴보자. K의 표수가 0일 때는 $f(x)$가 상수일 때이다. 한편 K의 표수가 소수 p일 때는 쉽게 알 수 있듯이

$$f(x) = b_0 x^{pn} + b_1 x^{p(n-1)} + \cdots + b_{n-1} x^p + b_n$$

인 꼴의 다항식, 다시 말해 $g(x^p)$의 꼴임이 필요충분이다.

보조정리 2.5.12 | 체 K 위의 상수가 아닌 다항식 $f(x)$가 적당한 확대체 속에서 중근을 가지기 위한 필요충분조건은 $f(x)$와 그 미분 $f'(x)$가 확대체에서 공통근을 가지는 것이다. 단, $f'(x) = 0$인 경우는 공통근을 가지는 것으로 약속한다.

증명 | 미분이라는 연산은 계수 체를 확대하더라도 같은 것임에 유의하자. 먼저 $f(x)$가 적당한 확대체에서 중근 α를 가진다고 하면, $f(x) = (x-\alpha)^2 g(x)$로 인수분해 된다. 따라서

$$f'(x) = (x-\alpha)(2g(x) + (x-\alpha)g'(x))$$

이다. 따라서 $f'(x) = 0$인 경우도 포함해서 $f(x)$와 $f'(x)$는 공통근을 가진다.

역으로 $f'(x)$가 0이 아니고 $f(x)$와 공통근 α를 가지면, $f(x) = (x-\alpha)h(x)$라 두고 미분하면 알 수 있듯이 $f(x)$는 $(x-\alpha)^2$을 인수로 가진다. $f'(x) = 0$이 일어나는 것은 계수 체의 표수가 어떤 소수 p이고, $f(x)$가 x^p의 다항식 $g(x^p)$의 꼴일 때이다. 이때 다음에 말하는 보조정리 2.5.15로부터 $f(x) = g(x^p) = g(x)^p$이므로 $f(x)$의 근은 모두 p중근이다. □

보조정리 2.5.13 | $f(x)$, $g(x)$는 체 K 위의 다항식이라 하자. $f(x)$는 K 위의 기약이고, $f(x)$, $g(x)$가 적당한 확대체 속에서 중근을 가진다고 하자.

이때 $g(x)$는 $f(x)$로 나누어떨어진다.

증명 | 보조정리에서 확대체를 L이라 하자. 이때 가정으로부터 환 $L[x]$에서 $f(x)$와 $g(x)$의 최대공약원은 일차 이상의 다항식이다. 따라서 정리 2.5.1로부터 환 $K[x]$에서도 최대공약원은 일차 이상이다. 가정으로부터 $f(x)$는 K 위의 기약이므로 $f(x)$ 자체가 $g(x)$의 인수이다. □

정리 2.5.14 | $f(x)$는 체 K 위의 기약다항식이라 하자. 체 K의 표수가 0이면, 다항식 $f(x)$는 (분해체에서) 중근을 가지지 않는다.

증명 | 체 K의 표수가 0이므로 다항식 $f(x)$가 확대체 L 안에서 중근 α를 가지면, 위의 보조정리 2.5.12로부터 $f'(x)$도 α를 근으로 가진다. 따라서 환 $L[x]$에서 $f(x)$와 $f'(x)$는 상수가 아닌 공약원을 가진다. 따라서 정리 2.5.1로부터 환 $K[x]$에서도 그러하며, 이때 보조정리 2.5.13으로부터 $f'(x)$가 $f(x)$로 나누어떨어지므로 모순이다. □

한편 다항식이 중근을 가지는지를 판정하는 또 한 가지 방법은 판별식이다. 이것에 대해서는 제3.3절에서 다룬다.

▶ 표수가 p인 체 위의 다항식

표수가 소수 p인 체를 살펴보자. 이러한 체 위의 다항식은 표수가 0인 체(실수체나 복소수체) 위의 다항식과 상당히 다른 성질을 가지고 있다. 여기의 결과는 원분다항식의 기약성(정리 3.4.3)의 증명에 이용된다.

먼저 표수가 p인 체의 예로서는 정리 2.3.17에서 보인 것처럼, 정수인 p를 법으로 하는 잉여류의 집합 $\mathbb{Z}/p\mathbb{Z}$이다. 이것이 체임은 정리 2.5.9에서 다항식환과 기약다항식 대신에 정수환과 소원(소수)을 취하면 마찬가지로 보일 수 있다. $\mathbb{Z}/p\mathbb{Z}$가 체임을 강조하고 싶을 때는 $\mathbb{F}_p$라고도 나타낸다. K는 표수가

p인 체라 하자. K 위의 다항식의 특징은 두 다항식 $f(x)$, $g(x)$에 대해서

$$(f(x)+g(x))^p = \sum \binom{p}{i} f(x)^i g(x)^{p-i} = f(x)^p + g(x)^p$$

이 성립한다는 것이다. 이것은 $0 < i < p$일 때, 이항계수

$$\binom{p}{i} = \frac{p!}{i!(p-i)!}$$

이 K에서는 0이 되기 때문이다. 이것으로부터 다음 보조정리를 얻는다.

보조정리 2.5.15 | $K[x]$의 다항식 $f(x)$에 대해 $f(x^p) = f(x)^p$이 성립한다.

증명 | 다항식

$$f(x) = a_0 x^n + a_1 x^{n-1} + \cdots + a_n$$

에 대해

$$f(x)^p = a_0^p x^{pn} + \cdots + a_n^p = a_0 (x^p)^n + \cdots + a_n$$

이다. □

예 2.5.2 표수가 0인 체 K 위의 다항식 $f(x)$는 다항식으로서 0인 것과 함수로서 항등적으로 0인 것은 동치였다. 그러나 $\mathbb{F}_p$ 위의 0이 아닌 다항식 $f(x) = x^p - x$는 페르마의 소정리로부터 항등적으로 0이다.

제3장

갈루아 이론

이 장에서는 체의 확대에 관한 갈루아 이론, 특별한 확대인 원분 확대 그리고 대칭식이나 대칭군을 해설하고, 최종적으로 제5절에서 5차 이상 대수방정식의 비가해성(非可解性)에 관한 아벨의 정리를 증명한다. 원분 확대는 나중에 정다각형의 작도문제에도 필요하다. 또 라플라스에 의한 대수학의 기본정리의 증명도 제3절에서 주어진다.

3.1 확대체

▶ 확대체

L은 확대체라 하자. L의 부분집합 K가 L의 사칙연산에 대해 닫혀 있을 때, K 역시 체이다. 이럴 때 K는 L의 부분체, 또는 L은 K의 확대체라 한다. 예를 들어 실수체는 복소수체의 부분체이며, 유리수체는 실수체의 부분체이다.

정리 3.1.1 | L은 K의 확대체라 하자. 이때 L은 K를 스칼라 체로 하는 벡터공간이다.

증명 | 체 L에서의 덧셈을 벡터로서의 합이라 하자. 또 K의 원소는 L의 원소라 생각하여, L의 원소에 곱할 수 있다. 이것을 스칼라 배라 할 때, 이러한 연산이 벡터공간의 공리를 만족함은 쉽게 확인할 수 있다. □

이 벡터공간의 차원이 유한일 때, 확대체 L을 **유한차 확대**라 한다. 이때 이 벡터공간의 차원을 $[L : K]$로 나타내고, 확대체 L의 **확대차수**라 한다.

3개의 체 K, L, M이 각각 L은 K의, M은 L의 확대체일 때, L은 K와 M의 **중간체**라 한다.

정리 3.1.2 | L은 K와 M의 중간체라 하자. M이 K의 유한차 확대체이기 위한 필요충분조건은 L이 K의, 또 M이 L의 유한차 확대체인 것이다. 또 이때 확대차수에 대해서

$$[M : K] = [M : L][L : K]$$

가 성립한다.

증명 | L은 K의, M은 L의 유한차 확대체라 하고, $[M : L] = l$, $[L : K] = k$라 하자. 또 $u_1, \cdots, u_l$을 L 위의 벡터공간 M의 기저, $v_1, \cdots, v_k$를 K 위의 벡터공간 L의 기저라 하자. 이때 kl개의 M의 원소

$$u_i v_j, \quad 1 \le i \le l,\ 1 \le j \le k$$

가 K 위의 벡터공간 M의 기저가 됨을 보이면, M이 K의 유한차 확대체임과 확대차수의 등식을 보일 수 있다. 먼저 이들 벡터는 일차독립이다. 실제로 일차관계식

$$\sum_{ij} a_{ij} u_i v_j = 0,\ \ a_{ij} \in K$$

이 있다고 하자. 이때

$$\sum_i \left(\sum_j a_{ij} v_j\right) u_i = 0$$

인데, 이것은 벡터 u_i들의 체 L 위의 일차관계식이다. u_i들은 일차독립이므로 모든 i에 대해서 $\sum_j a_{ij} v_j = 0$이 성립하는데, 이번에는 v_j들의 일차독립성으로부터 $a_{ij} = 0$임을 보일 수 있다. $u_i v_j$들이 체 K 위의 벡터공간 M을

생성하는 것도 마찬가지로 보일 수 있다.

역으로, M이 K의 유한차 확대체라 가정하자. 이때 L은 K 위의 벡터공간으로서 M의 부분 벡터공간이므로, 정리 2.2.6으로부터 K 위의 유한차원이다. 한편, u_1, $\cdots$, u_n을 K 위의 벡터공간 M의 기저라 하자. M을 체 L 위의 벡터공간이라고 생각했을 때도 u_1, $\cdots$, u_n들이 M을 생성함은 분명하다. 따라서 M은 L 위의 유한생성이므로 정리 2.2.5로부터 유한차원이다.

□

L_1, L_2는 모두 어떤 확대체 Ω에 포함되어 있다고 하자. 이때 L_1과 L_2의 공통부분 $L_1 \cap L_2$는 체이다.

정리 3.1.3 | L_1, L_2는 K의 유한차 확대체이고, 모두 어떤 확대체 Ω에 포함되어 있다고 하자. 확대차수 $[L_1 : K]$와 $[L_2 : K]$가 서로소이면, $L_1 \cap L_2 = K$이다.

증명 | $L_1 \cap L_2$는 K와 L_i, $i = 1, 2$의 중간체이다. 따라서 정리 3.1.2에 의해 확대차수 $[L_1 \cap L_2 : K]$는 $[L_1 : K]$와 $[L_2 : K]$의 공약수이다. 따라서 가정으로부터 $[L_1 \cap L_2 : K] = 1$인데, 이것은 $L_1 \cap L_2 = K$를 의미한다. □

▶ 단순확대

체 K의 확대를 생각할 때, 미리 충분히 큰 확대체 Ω를 고정해 두고 그 속에서 K의 다양한 확대체를 생각하는 것이 중요하다. α를 Ω의 원소라 할 때, K의 원소와 α로부터 모든 유리연산을 해서 얻을 수 있는 원소(α의 분수식으로 나타낼 수 있는 원소)들의 집합을 생각하자. 이것이 체임은 쉽게 확인할 수 있다. 이것을 체 K에 α를 **부가**(付加)해서 얻어지는 체라 하고, $K(\alpha)$로 나타낸다. 또 단 하나의 원소를 부가해서 얻어진다는 의미로 **단순확**

대라 한다. 예로서 $K=\mathbb{Q}$, $\Omega=\mathbb{R}$, $\alpha=\sqrt{2}$라 하자. α의 분수식은 모두 $a+b\sqrt{2}$, a, $b\in\mathbb{Q}$의 꼴로 쓸 수 있으므로(47쪽)

$$\mathbb{Q}(\sqrt{2})=\{a+b\sqrt{2} : a,\ b\in\mathbb{Q}\}$$

이다. 또 Ω의 원소 $\alpha_1, \cdots, \alpha_r$을 부가한 체

$$K(\alpha_1, \cdots, \alpha_r)$$

도 마찬가지로 생각할 수 있다. 이것은 단순확대를 차례로 행한 체

$$K(\alpha_1)\cdots(\alpha_r)$$

과 같다. 또 $K(\alpha_1, \cdots, \alpha_r)$은 Ω에서 K와 $\alpha_1, \cdots, \alpha_r$을 포함하는 최소의 체임은 분명하다. L이 K 위의 유한차 확대이면, L은 분명히 이러한 확대라 생각해도 좋다. 실제 $\alpha_1, \cdots, \alpha_r$로는 벡터공간에서의 기저를 잡으면 된다.

체 K 위의 방정식 $f(x)=0$이 주어졌을 때, 정리 2.5.10으로부터 $f(x)=0$의 모든 해를 포함하는 체 Ω가 존재한다. Ω에서 $f(x)=0$의 모든 해를 포함하는 최소의 체를 방정식 $f(x)=0$의 분해체(109쪽)라고 했다. Ω에서 방정식의 해를 $\alpha_1, \cdots, \alpha_r$이라 할 때, 분해체는 확대체 $K(\alpha_1, \cdots, \alpha_r)$이다.

이제 K의 확대체 Ω의 원소 α에 대해, 어떤 자연수 n이 있어서

$$1,\ \alpha,\ \alpha^2,\ \cdots,\ \alpha^n$$

이 K 위의 벡터공간의 원소로서 일차종속일 때, 원소 α는 K 위에서 **대수적**이라 한다. 이때 정의로부터 자명하지 않은 일차관계식

$$a_n\alpha^n+\cdots+a_1\alpha+a_0=0,\ a_i\in K$$

이 존재한다. 따라서 K 위의 상수가 아닌 다항식

$$f(x)=a_nx^n+\cdots+a_1x+a_0$$

을 생각할 때 $f(\alpha)=0$, 즉 α는 K 위의 대수방정식 $f(x)=0$의 해이다. 또 이러한 자연수 n이 존재하지 않을 때 α는 K 위에서 **초월적**이라 한다. 특히 K가 유리수체 $\mathbb{Q}$, Ω가 복소수체일 때, $\mathbb{Q}$ 위의 대수적인 원소는 단순히 **대수적 수**라 하고, 초월적인 원소는 **초월수**라 한다. 원주율 π나 자연로그의 밑 e는 초월수이다.

α가 주어졌을 때, 다항식환 $K[x]$에서 Ω로의 사상

$$\varphi: K[x] \to \Omega$$

를 $\varphi(f(x))=f(\alpha)$라 정의하자. 즉 다항식에 α를 대입하는 사상이다. 이것이 환의 준동형임은 명백하다. 따라서 정리 2.4.2로부터 φ의 핵 $\mathrm{Ker}(\varphi)$는 다항식 $K[x]$의 아이디얼이다. 또 명백히 'α가 대수적이다'와 'φ가 단사가 아니다'는 동치이다. 또 이것은 '$\mathrm{Ker}(\varphi)$는 0이 아니다'와 동치, 즉

$$\mathrm{Ker}(\varphi)=\{f(x): f(\alpha)=0\}=\{\alpha\text{를 근으로 하는 다항식들}\}$$

이다. 정리 2.4.3으로부터 $\mathrm{Ker}(\varphi)$는 단항 아이디얼이고, 그 생성원 $d(x)$는 최소 차수인 다항식이어서 최고차의 계수가 1인 것을 취할 수 있다. 쉽게 알 수 있듯이, 이것은 α를 포함하는 체 Ω를 취하는 방법과는 상관없이 α로부터 단 한 가지로 정해진다. 이 다항식 $d(x)$를 α의 **최소다항식**이라 부른다. 최소다항식은 K 위의 기약인 다항식이다. 실제로 $d(x)$가 기약이 아니라고 가정하자. 즉, 상수가 아닌 다항식 $h_1(x)$, $h_2(x)$가 있어서 $d(x)=h_1(x)h_2(x)$라 하자. 이때 $h_1(\alpha)h_2(\alpha)=d(\alpha)=0$이므로 $h_1(\alpha)=0$ 혹은 $h_2(\alpha)=0$인데, 이것은 $d(x)$의 차수의 최소성에 모순이다. 또 α를 근으로 하는 K 위의 기약다항식은 본질적으로 단 하나 있으며, 상수 배를 제외하고는 α의 최소다항식과 일치한다.

이제 체 사이의 사상 $\varphi : K_1 \to K_2$는 환의 준동형이고, 사상으로서는 동형 즉, 전단사일 때 **체의 동형**이라고 한다. 이때 체 K에 대수적 원소 α를 부가해서 얻어지는 단순확대체 $K(\alpha)$의 구조는 다음 정리로 주어진다.

정리 3.1.4 | $\alpha \in \Omega$는 K 위에서 대수적이라 하자. 이때

(1) 체의 동형 $K[x]/(d(x)) \to K(\alpha)$가 존재한다.
(2) 확대차수 $[K(\alpha) : K]$는 최소다항식 $d(x)$의 차수와 같다.

증명 | (1) 사상 $\varphi : K[x] \to \Omega$의 상 $\{f(\alpha) \in \Omega : f(x) \in K[x]\}$는 α의 다항식으로 나타낼 수 있는 원소의 집합이다. 정리 2.4.2로부터 환의 동형

$$K[x]/(d(x)) \to \{f(\alpha) \in \Omega : f(x) \in K[x]\}$$

가 존재하는데, $d(x)$가 기약이므로 정리 2.5.9로부터 환 $K[x]/(d(x))$는 체가 된다. 따라서 $\{f(\alpha) \in \Omega : f(x) \in K[x]\}$도 체가 되는데, 이것은 체 K 및 α를 포함하고 있으므로 $K(\alpha)$와 일치한다.

(2) 최소다항식의 차수를 n이라 하자. 이때 최소다항식의 정의로부터 $1, \alpha, \cdots, \alpha^{n-1}$이 K 위의 벡터공간으로서의 기저임은 분명하다. □

이 정리로부터 정의는 α의 분수식들의 집합인 체 $K(\alpha)$가 α의 다항식으로 모두 표현됨을 알 수 있다. 또 어떤 의미에서 위의 정리의 역이 성립한다. 즉, $f(x)$는 K 위의 기약인 다항식이고 α는 적당한 확대체에서 $f(x)=0$의 해라 하면, 체 $K[x]/(f(x))$는 단순확대체 $K(\alpha)$와 동형이다.

이제 체 K의 확대체 Ω의 원소 α와 α'은 K 위의 같은 기약방정식 $f(x)=0$의 해일 때, K 위에서 **공액**이라 한다. 이 관계는 확대체를 취하는 방법과 무관하게 성립한다.

정리 3.1.5 | K 위에서 대수적인 원소 α, α'이 K 위에서 공액일 필요충분조건은 K의 원소는 움직이지 않고, α를 α'으로 보내는 체의 동형

$$\varphi : K(\alpha) \to K(\alpha')$$

이 존재하는 것이다.

증명 | 먼저 α, α'이 K 위에서 공액이라 하자. 이때 α, α'은 같은 최소다항식을 가진다. 따라서 정리 3.1.4로부터 구하는 체의 동형이 존재함은 분명하다. 역으로, 위와 같은 동형이 있다고 하자. α의 최소다항식을 $f(x)$라 하면 φ는 체 K의 원소를 움직이지 않으므로

$$0 = \varphi(f(\alpha)) = f(\varphi(\alpha)) = f(\alpha')$$

이다. 따라서 α'도 $f(x)$의 근이므로 공액이다. □

주 3.1.1 α와 α'이 공액이면, 큰 체 Ω에서 $K(\alpha)$와 $K(\alpha')$은 동형이지만, 일치하는지 안 하는지는 모른다. 예를 들어, $\mathbb{Q}$ 위의 기약방정식 $x^2 - 2 = 0$과 $x^3 - 2 = 0$을 생각하자. 전자의 경우는 공액인 두 해 $\sqrt{2}$, $-\sqrt{2}$에 대해 명백히 $\mathbb{Q}(\sqrt{2}) = \mathbb{Q}(-\sqrt{2})$이다. 한편, 후자는 공액인 두 해 $\sqrt[3]{2}$, $\omega\sqrt[3]{2}$에 대해 $\mathbb{Q}(\sqrt[3]{2}) \neq \mathbb{Q}(\omega\sqrt[3]{2})$이다. 단, ω는 1의 허수인 세제곱근이다. 이제 $K = \mathbb{Q}(\omega)$라 하자. 다항식 $x^3 - 2 = 0$은 K 위에서도 기약이다. 따라서 3개의 해 $\sqrt[3]{2}$, $\omega\sqrt[3]{2}$, $\omega^2\sqrt[3]{2}$는 K 위에서 공액이며, 게다가 3개의 체 $K(\omega^i\sqrt[3]{2})$는 모두 같은 체이다. 다음 절의 갈루아 이론은 이와 같은 확대체를 생각하는 것이다.

대수적 확대

체 K의 확대체 L은 L의 모든 원소가 K 위에서 대수적일 때 **대수적 확대체**라 한다.

정리 3.1.6 |

(1) L이 K의 유한차 확대체이면 대수적 확대이다.

(2) L이 K의 유한차 확대체이기 위한 필요충분조건은 L이 K에서 유한개의 대수적 원소를 첨가해서 얻어진다는 것이다.

증명 | (1) 확대차수를 d라 하면, $\dim_K L = d$이다. 따라서 L의 임의의 원소 α에 대해 $d+1$개의 원소 $1, \alpha, \cdots, \alpha^d$은 K 위에서 일차종속이다.

(2) L은 K의 유한차 확대라 하자. L의 원소 $1, \alpha_1, \cdots, \alpha_d$를 체 K 위의 벡터공간의 기저라 하면, (1)로부터 그들은 대수적이고, 명백히 $L = K(\alpha_1, \cdots, \alpha_d)$이다. 역으로, 유한개의 대수적 원소 β_i에 의해 $L = K(\beta_1, \cdots, \beta_s)$로 나타내어진다고 하자. 이것은 단순확대의 반복

$$K(\beta_1, \cdots, \beta_s) = K(\beta_1) \cdots (\beta_s)$$

라 생각해도 되는데, 대수적 원소에 의한 단순확대는 명백히 유한차 확대이므로 그 반복인 L은 유한차 확대이다. □

39쪽에서 대수학의 기본정리를 증명했는데, 이것을 확대체의 용어로 말하면 다음의 정리가 된다.

정리 3.1.7 | 복소수체 $\mathbb{C}$의 대수적 확대체는 자기 자신에 한한다.

증명 | K를 $\mathbb{C}$의 대수적 확대라 하자. K의 0이 아닌 임의의 원소 α의 최소다항식을 $f(x)$라 하자. 이것은 복소계수 다항식이므로 계 2.5.11로부터 일차식의 곱이다. 또 121쪽의 논의로부터 기약이므로 $f(x)$는 일차식이다. 이것은 α 자신이 복소수임을 의미한다. □

계 3.1.8 | 실수체 $\mathbb{R}$과 다른 대수적 확대체는 복소수체에 한한다.

증명 | K를 $\mathbb{R}$의 대수적 확대체라 하자. K의 실수가 아닌 임의의 원소 β의 최소다항식을 $g(x)$라 하자. 이것은 실계수 다항식이므로 복소수인 근은 복소 공액의 쌍으로 나타난다. 따라서 $g(x)$는 몇 개의 실계수 일차식과 이차식의 곱이다. 또 기약성으로부터 $g(x)$는 일차식이거나 이차식인데, 가정에 의해 실수 위의 기약인 이차식이다. 이때 실수 a, $d>0$이므로 $g(x)=(x-a)^2+d$로 나타낼 수 있다. $j=(\beta-a)/\sqrt{d}\in K$라 두면, $g(\beta)=0$으로부터

$$j^2=(\beta-a)^2/d=-1$$

이다. 따라서 K의 부분체 $\mathbb{R}(j)$는 복소수체와 동형이다. 분명히 K는 $\mathbb{R}(j)$ 위에서 대수적이므로 위의 정리로부터 K는 복소수체와 동형이다. □

주 3.1.2 해밀턴의 사원수(28쪽)의 집합 H는 사체이며, $\mathbb{R}$ 위의 4차원 벡터 공간이다. 따라서 $\mathbb{R}$의 비가환 확대체이다. 실은 이러한 $\mathbb{R}$의 비가환 유한차 확대체가 H에 한한다는 것은 잘 알려져 있다.

▶ 유한차 확대는 단순확대이다

다음은 체의 확대를 조사할 때 매우 편리한 정리이다.

정리 3.1.9 | 체 K의 표수가 0이라 가정하자. 이때 K의 모든 유한차 확대는 단순확대이다.

증명 | L을 K의 유한차 확대라 하자. 정리 3.1.6의 증명에서 보듯이, 대수적인 원소 $a_1,\ \cdots,\ a_k$가 있어서

$$L=K(a_1,\ \cdots,\ a_k)$$

의 꼴이라고 생각해도 된다. 정리를 증명하기 위해서는 두 원소를 부가한 체 $K(a, b)$가 단순확대임을 보이면 충분하다. 실제로 귀납적으로 $a_1, \cdots, a_{k-1}$이 단순확대 $K(\alpha)$임을 보이면

$$K(a_1, \cdots, a_k) = K(\alpha, a_k)$$

도 단순확대이다.

이제 확대체 $K(a, b)$를 생각하자. a와 b의 K 위의 최소다항식을 각각 $f(x)$, $g(x)$라 하자. 기약방정식 $f(x)=0$ 및 $g(x)=0$의 모든 해를 포함하는 체 Ω(예를 들어, 방정식 $f(x)g(x)=0$의 분해체)를 생각하고, 그 안에서 각각의 방정식의 해를

$$a=\alpha_1, \alpha_2, \cdots, \alpha_n \text{ 및 } b=\beta_1, \beta_2, \cdots, \beta_m$$

이라 하자. $n(m-1)$개의 자연수의 쌍 (i, j), $1 \leq i \leq n$, $2 \leq j \leq m$에 대해서 Ω의 원소

$$-(\alpha_i - \alpha_1)/(\beta_j - \beta_1)$$

을 생각하자. 가정으로부터 체 K의 표수는 0이므로 K는 무한개의 원소를 포함한다(유리수체를 포함하고 있다). 따라서 위의 $n(m-1)$개의 모든 원소와 다른 K의 원소 c를 취할 수 있다. 이때 위와 같은 모든 쌍 (i, j)에 대해

$$\alpha_i + c\beta_j \neq \alpha_1 + c\beta_1 = a + bc$$

가 성립한다. 이제 $\lambda = a + bc$라 두고 단순확대체 $K(\lambda)$를 생각하자. 이것은 명백히 $K(a, b)$의 부분체이다. 정리를 증명하기 위해서는 b가 $K(\lambda)$에 속한다는 것을 보이면 된다. 실제로 $a = \lambda - bc$도 $K(\lambda)$에 속하기 때문이다. 이제

$$h(x) = f(\lambda - cx)$$

라 두고, 방정식 $g(x)=0$, $h(x)=0$을 생각하자. 분명히 $b\in\Omega$는 이 두 방정식의 공통해이다. $g(x)$는 표수가 0인 체 K 위의 기약다항식이므로 정리 2.5.14로부터 $g(x)=0$은 중해를 가지지 않는다. 즉 β_j들은 모두 다르다. $j\neq 1$일 때

$$\lambda-c\beta_j=\alpha_1+\beta_1c-c\beta_j\neq\alpha_j$$

이므로 $\lambda-c\beta_j$는 어떤 α_i와도 일치하지 않는다. 즉 β_j들은 $h(x)=0$의 해가 아니다. 따라서 다항식 $g(x)h(x)$의 분해체 Ω에서 b만이 위의 두 방정식의 공통해이다. 이제 다항식 $g(x)$와 $h(x)$는 모두 $K(\lambda)$ 계수의 다항식이라 생각해도 된다. 다항식환 $K(\lambda)[x]$와 그것을 포함하는 환 $\Omega[x]$를 생각했을 때, $\Omega[x]$에서 $g(x)$와 $h(x)$의 최대공약수는 일차식 $x-b$이다. 따라서 정리 2.5.1로부터 $g(x)$와 $h(x)$의 최대공약수는 $K(\lambda)[x]$에서도 $x-b$이어야 한다. 그러므로 $x-b$는 $K(\lambda)[x]$에 속하며, b는 $K(\lambda)$의 원소이다. 따라서 $a=\lambda-bc$도 $K(\lambda)$의 원소이므로 $K(\lambda)=K(a,\ b)$이다. □

표수가 소수인 경우

이 절에서는 확대체를 생각하고 있는데, 여기까지는 체의 표수가 0인 경우를 주로 다루었다. 이제 표수가 소수인 체의 확대에 관한 몇몇 결과를 다루도록 하자.

p는 소수라 하자. 체 K의 임의의 원소 a에 대해 $pa=0$이 성립하면, K의 표수는 p라 했다. 이것은 단위원 1에 대해 $p1=0$이 성립하는 것과 같다. 정수환 $\mathbb{Z}$의 p를 법으로 하는 잉여환 $\mathbb{Z}/p\mathbb{Z}$는 표수가 p인 체이다. 이 체를 $\mathbb{F}_p$로 나타내었다(정리 2.3.17 참조). K가 표수가 p인 체일 때, 단위원 1의 정수배 전체는 $\mathbb{F}_p$와 동형인 체이므로, $\mathbb{F}_p$는 표수가 p인 체 가운데 가장 작은 체이다. 그런 의미에서 $\mathbb{F}_p$를 표수가 p인 **소체**(素体)라 한다.

이제 소체 $\mathbb{F}_p$ 위에서 방정식 $x^{p^n}-x=0$의 분해체를 L이라 하자. 이것은

방정식 $x^{p^n}-x=0$의 모든 해를 포함하는 최소의 확대체이다. 그러나 L에서 방정식 $x^{p^n}-x=0$의 해들의 부분집합은 그 자신이 체가 된다. 실제로 표수가 p인 체에서는

$$(a+b)^p=a^p+b^p$$

가 성립함에 유의하자(114쪽). 따라서 α, β가 해이면,

$$(\alpha+\beta)^{p^n}=\alpha^{p^n}+\beta^{p^n}=\alpha+\beta$$
$$(\alpha\beta)^{p^n}=\alpha^{p^n}\beta^{p^n}=\alpha\beta$$

이다. 즉 α와 β의 합과 곱은 다시 방정식의 해이므로 해의 집합은 L 속에서 부분체가 된다. 그런데 분해체의 최소성으로부터 분해체는 방정식 $x^{p^n}-x=0$의 해의 집합과 일치한다.

다음으로 해의 개수를 생각하자. $f(x)=x^{p^n}-x$라 하면, $f'(x)=-1$이므로 $f(x)$와 $f'(x)$는 공통근을 가지지 않는다. 따라서 보조정리 2.5.12로부터 이 방정식은 중근을 가지지 않으므로 원소의 개수는 p^n이다. L은 $\mathbb{F}_p$ 위의 벡터공간이므로 그 차원을 m이라 하면, L은 m차원 벡터공간 $(\mathbb{F}_p)^m$과 벡터공간으로서 동형이다. 따라서 원소의 개수를 비교하면 $m=n$이고, L은 $\mathbb{F}_p$의 n차 확대이다. 이 체는 $\mathbb{F}_{p^n}$으로 나타낸다.

역으로 K는 $\mathbb{F}_p$의 임의의 n차 확대체라 하자. 이때 K는 $\mathbb{F}_p$ 위의 n차원 벡터공간이므로 p^n개의 원소를 가진다. K의 원소는 모두 방정식 $x^{p^n}-x=0$의 해임에 유의하자. 사실 K에서 0 원소를 제외한 집합 $K^\times$는 체의 곱셈에 의해 위수가 p^n-1인 아벨군이다. 따라서 $K^\times$의 원소는 모두 K에서의 방정식

$$x^{p^n-1}-1=0$$

의 해이기 때문이다. 위에서 말한 것처럼 방정식 $x^{p^n}-x=0$은 중근을 가지

지 않으므로 K의 원소와 이 방정식의 해는 일치한다. 따라서 앞에서 다룬 분해체 L과 일치한다.

이상의 것으로부터 다음 정리가 얻어진다.

정리 3.1.10 | 원소의 개수가 p^n인 체는 동형을 제외하고 단 하나 존재한다. 그것은 방정식 $x^{p^n} - x = 0$의 해들의 집합이다.

원소의 개수가 유한인 체, 즉 유한체는 위의 정리에서 말하는 체에 한한다는 것을 쉽게 알 수 있다. 실제로 유한체의 표수가 0이 아니기 때문에, 표수를 적당한 소수 p로 두면 위의 논의를 적용할 수 있다.

3.2 갈루아 이론

체의 동형과 연장

이 절에서는 논의를 간단히 하기 위해 체의 표수는 0이라고 가정한다. 따라서 체의 대수확대는 모두 단순확대라는 것(정리 3.1.9) 혹은 기약방정식이 중근을 가지지 않는다는 것(정리 2.5.14)이 성립한다. 체의 동형에 대해서는 앞 절에서도 다루었지만 다시 다루도록 한다.

정의 3.2.1 | K, K'은 체라 하자. 체의 동형사상이란 K에서 K'으로의 사상

$$\varphi : K \to K'$$

가 있어서, 환의 사상으로서 동형사상(88쪽)이 된다. 특히 $K = K'$인 동형을 **자기동형사상**이라 부른다. 또 K에서 K'으로의 어떤 동형사상이 있을 때,

K와 K'은 **동형**이라 한다.

$K \subset L$ 및 $K' \subset L'$은 모두 체와 그 확대체라 하자. 이러한 쌍의 동형사상이란 체의 동형사상

$$\varphi : K \to K', \quad \tilde{\varphi} : L \to L'$$

인 쌍이 있어서 $\tilde{\varphi}$를 K로 제한했을 때 φ와 일치하는 것이다. 이때 동형사상 $\tilde{\varphi}$는 φ의 L로의 **연장**이라 한다. 특히 $K = K'$이고 φ가 항등사상일 때, 그 연장 $\tilde{\varphi} : L \to L'$은 단순히 K 위의 동형이라 한다. 더욱이 $L = L'$일 때는 K 위의 자기동형이라 한다.

예 3.2.1 유리수체 $\mathbb{Q}$의 자기동형은 항등사상뿐이다. $K = K' = \mathbb{C}$를 복소수체라 할 때, 공액복소수를 취하는 대응 $\varphi(a+bi) = a - bi$는 분명히 자기동형이다.

정리 3.2.2 | 체 $L = K(\alpha)$, $L' = K'(\alpha')$은 각각 체 K와 K'의 단순확대, $d(x)$, $d'(x)$는 각각 α, α'의 최소다항식이라 하자. 이때, 동형

$$\varphi : K \to K'$$

이 $\tilde{\varphi}(\alpha) = \alpha'$을 만족하는 동형

$$\tilde{\varphi} : K(\alpha) \to K'(\alpha')$$

에 연장할 수 있기 위한 필요충분조건은 $d^{\varphi}(x) = d'(x)$가 되는 것이다. 단, $d^{\varphi}(x)$는 $d(x)$의 계수를 동형대응 φ로 보내서 얻어지는 K' 계수의 다항식이다.

증명 | 먼저 $d^{\varphi}(x)$는 K' 위의 같은 차수의 기약다항식임에 유의하자. 실제 $d^{\varphi}(x)$가 가약이면 φ의 역사상을 생각하고 $d(x)$가 가약이 되기 때문이다.

처음에 이러한 연장 $\tilde{\varphi}$가 있다고 하자. 정의로부터 $d(\alpha) = 0$이므로

$$0 = \tilde{\varphi}(d(\alpha)) = d^{\varphi}(\tilde{\varphi}(\alpha)) = d^{\varphi}(\alpha')$$

이다. 따라서 최소다항식의 성질로부터 $d'(x)$는 $d^{\varphi}(x)$의 약수인데, $d^{\varphi}(x)$가 기약이므로 $d'(x) = d^{\varphi}(x)$이다.

역을 보이자. 정리 3.1.4로부터 x를 각각 α, α'으로 보내는 동형

$$K[x]/(d(x)) \to K(\alpha), \ \ K'[x]/(d'(x)) \to K'(\alpha')$$

이 존재한다. $d'(x) = d^{\varphi}(x)$를 가정하면, 다항식의 차수를 φ로 보내는 사상 $K[x] \to K'[x]$가 동형 $K[x]/(d(x)) \to K'[x]/(d'(x))$를 결정함은 쉽게 알 수 있다. 따라서 $\tilde{\varphi}(\alpha) = \alpha'$을 만족하는 동형

$$\tilde{\varphi} : K(\alpha) \to K'(\alpha')$$

이 존재한다. □

예 3.2.2 $K = K'$이라 하고 $L = K(\alpha)$, $L' = K(\alpha')$은 각각 단순확대라 하자. 이때 정리 3.1.5로부터 α를 α'으로 보내는 K 위의 동형

$$\tilde{\varphi} : K(\alpha) \to K(\alpha')$$

이 존재하기 위한 필요충분조건은 α와 α'이 K 위에서 공액이 되는 것이다.

정리 3.2.3 | L은 K의 유한차 확대라 하자. 이때 주어진 체의 동형사상 $\varphi : K \to K'$에 대해 K'의 충분히 큰 확대체 Ω'을 잡으면, φ의 L로의 다른 연장

$$\tilde{\varphi} : L \to L' \subset \Omega'$$

이 정확히 확대차수 $[L : K]$개 존재한다.

증명 | 정리 3.1.9로부터 체 L을 K에 어떤 기약방정식 $f(x)=0$의 하나의 해 α를 부가한 체 $K(\alpha)$라고 생각해도 된다. 다항식 $f(x)$의 계수를 동형대응 φ로 보내서 얻어지는 K' 계수의 기약다항식 $f^{\varphi}(x)$의 분해체를 Ω'이라 하자.

먼저 하나의 연장 $\tilde{\varphi}: L \to L' \subset \Omega$가 있다고 하자. $L=K(\alpha)$이므로 이러한 사상은 α의 상 $\alpha'=\tilde{\varphi}(\alpha)$로 일의적으로 정해진다. 또

$$0=\tilde{\varphi}(f(\alpha))=f^{\varphi}(\tilde{\varphi}(\alpha))=f^{\varphi}(\alpha')$$

이므로 α'은 기약방정식 $f^{\varphi}(x)=0$의 해이어야 한다

역으로, 기약방정식 $f^{\varphi}(x)=0$의 하나의 해 α'을 택하고, $L'=K'(\alpha')$이라 두자. 이때 정리 3.2.2로부터 $\tilde{\varphi}(\alpha)=\alpha'$을 만족하는 연장이 존재한다. 따라서 서로 다른 연장은 서로 다른 해의 개수만큼 있는데, 체의 표수가 0이므로 정리 2.5.14로부터 기약방정식은 중해를 가지지 않는다. 따라서 그것은 기약방정식의 차수, 즉 정리 3.1.4로부터 확대체수 $[L : K]$와 같다. □

여기서 다항식의 분해체의 일의성을 보여 두자. 109쪽에서 다룬 것처럼, 체 K 위의 다항식 $f(x)$의 분해체는 그것을 포함하는 큰 체 Ω를 취하는 방법에 의존한다.

> **정리 3.2.4 |** 체 K 위의 다항식 $f(x)$의 분해체는 모두 K 위의 동형이다. 즉
>
> $$L=K(\alpha_1, \cdots, \alpha_n),\ M=K(\alpha'_1, \cdots, \alpha'_n)$$
>
> 을 충분히 큰 2개의 체 Ω, Ω'에서 정의된 분해체라 할 때, α_i를 적당한 j에 대한 α'_j으로 보내는 K 위의 동형이 존재한다.

증명 | 정리 3.2.3을 $K'=K$에 φ는 항등사상에 대해 적용하자. 이때 K의 항등사상의 연장 $\tilde{\varphi}: L \to L'$이 존재한다. $\tilde{\varphi}(\alpha_i)=\beta_i$라 두면, $L'=K(\beta_1, \cdots,$

β_n)이다. 또 φ는 항등사상이므로

$$0 = \widetilde{\varphi}(f(\alpha_i)) = f(\widetilde{\varphi}(\alpha_i)) = f(\beta_i)$$

이다. 따라서 β_i는 방정식 $f(x) = 0$의 해이므로 적당한 j가 있어서 $\beta_i = \alpha'_j$이고, $L' = M$이 성립한다. □

갈루아 확대

이제 갈루아 확대를 정의하자. 이야기를 간단히 하기 위해, 체의 표수는 지금까지처럼 0이라 하자. 체 K의 충분히 큰 확대체 Ω를 **고정**하고, 그 속에서 K의 유한 확대체를 생각한다. K의 두 확대체 L, L'은 K 위의 동형사상이 있을 때 K 위에서 **공액**이라 한다. 예 3.2.2에서 다룬 것처럼 단순확대 $L = K(\alpha)$, $L' = K(\alpha')$일 때, 원소 α, α'이 공액이면 L, L'은 공액이다. 주 3.1.1에서 본 것처럼 K의 확대체에서 같지는 않지만 공액인 것이 존재한다. 그러므로 다음을 정의하자.

정의 3.2.5 | L을 체 K의 유한차 확대체라 하자. L과 K 위에서 공액인 체가 L 자신에 한할 때, L을 K의 **갈루아 확대**라 한다.

L이 K의 갈루아 확대일 때, L의 K 위의 자기동형(L이 자기동형이어서 K의 원소는 움직이지 않는다)들의 집합은 군이다. 실제로 곱은 두 자기동형의 합성이라 하면 되고, 단위원은 항등사상, 역원은 역대응을 취하면 된다. 이 군을 **갈루아군**이라 하고, $\mathrm{Gal}(L/K)$로 나타낸다. 정리 3.2.3으로부터 이러한 동형은 확대차수개만큼 있으므로 갈루아군은 위수가 $[L : K]$인 유한군이다.

정리 3.2.6 | $f(x)$를 K 위의 다항식이라 하자. 이때 방정식 $f(x) = 0$인 분해체는 갈루아 확대이다. 또 그 갈루아군의 원소는 방정식의 해들의 치환으

로 주어진다.

증명 | $L=K(\alpha_1, \cdots, \alpha_n)$을 충분히 큰 체 Ω에서 정의된 $f(x)=0$의 분해체라 하자. L'을 L과 공액인 체, 즉 Ω의 부분체이고 K 위의 동형 $\varphi : L \to L'$이 존재한다고 하자. 이때 분명히 L'은 $f(x)=0$의 모든 해를 포함하지만, L과 같은 체 Ω에 포함되므로 $L=L'$이고 L은 갈루아 확대이다. 갈루아군에 대해서는 정리 3.2.4에서 $\Omega=\Omega'$일 때를 생각하면 분명하다. □

보조정리 3.2.7 | L은 K의 갈루아 확대, K'은 L과 K의 중간체($K \subset K' \subset L$)라 하자. 이때 L은 K'의 갈루아 확대이다.

증명 | K' 위에서 L과 공액인 체 L'을 생각하자. 즉 K' 위의 동형 $\varphi : L \to L'$이 존재하는데, 이것은 분명히 K 위의 동형이다. 가정으로부터 L은 K의 갈루아 확대이므로 $L=L'$이다. □

보조정리 3.2.8 |

(1) K의 유한차 확대체 $L=K(\alpha_1, \cdots, \alpha_n)$은 α_i의 모든 K 위의 공액원이 L에 속한다고 하자. 이때 L은 K의 갈루아 확대이다.

(2) L을 K의 갈루아 확대라 하자. 이때 L의 임의의 원소의 K 위의 공액원도 L에 속한다.

(3) L을 K의 갈루아 확대라 하자. 이때 L의 두 원소 β, β'이 K 위에서 공액이기 위한 필요충분조건은 $\gamma(\beta)=\beta'$이 되는 갈루아군의 원소 $\gamma \in \mathrm{Gal}(L/K)$가 존재한다는 것이다.

증명 | (1) L'을 L과 공액인 확대체라 하고, $\varphi : L \to L'$을 K 위의 동형이라 하자. L의 원소 α_i에 대해 $f_i(x)$를 α_i의 최소다항식(120쪽)이라 하자. 이때

$$0=\varphi(f_i(\alpha_i))=f_i^{\varphi}(\varphi(\alpha_i))=f_i(\varphi(\alpha_i))$$

로부터 $\varphi(\alpha_i)$는 α_i의 공액원이다. 가정에 의해 $\varphi(\alpha_i)$는 L에 속하지만, φ는 동형이므로 $\varphi(\alpha_i)$들은 L'을 생성하며 $L = L'$이 된다. 따라서 L은 갈루아 확대이다.

(2) L의 원소 β의 공액원 β'을 생각하자. 이때 예 3.2.2로부터 K 위의 동형 $\psi : K(\beta) \to K(\beta')$이 존재한다. 그러면 정리 3.2.3으로부터 $K(\beta')$의 확대체 L'과 동형의 연장 $L \to L'$이 얻어지는데, 이것은 K 위의 동형이므로 가정으로부터 $L = L'$이다. 따라서 β'은 L에 속한다.

(3) 먼저 β, β'이 K 위에서 공액이라고 하자. 이때 예 3.2.2로부터 β를 β'으로 보내는 K 위의 동형 $\psi : K(\beta) \to K(\beta')$이 존재한다. (1)의 후반과 마찬가지로 ψ는 L의 자기동형, 즉 갈루아군의 원소로 연장할 수 있으므로 구하는 결과가 얻어진다.

역으로, $\gamma(\beta) = \beta'$이 되는 갈루아군의 원소가 있다고 하자. γ는 K 위의 L의 자기동형이므로 (1)의 논의와 마찬가지로 β와 β'은 공액이다. □

계 3.2.9 | 체 L이 K의 갈루아 확대라 하자. 갈루아군 $\mathrm{Gal}(L/K)$의 모든 원소 γ에 대해 $\gamma(\alpha) = \alpha$를 만족하는 원소 α는 체 K에 속한다.

증명 | 위의 보조정리 (3)으로부터 이러한 가정 아래에서는 α와 공액인 원소는 α에 한하는데, 이것은 α가 만족하는 기약방정식이 일차방정식임을 의미한다. 따라서 α는 체 K에 속한다. □

예 3.2.3 이차확대는 모두 갈루아 확대이다. $L = K(\alpha)$를 이차확대라 하자. 이때 α는 어떤 이차방정식 $x^2 + ax + b = 0$의 하나의 해이다. 이때 α의 공액원이란 남은 해 β인데, 해와 계수의 관계 $\alpha + \beta = -a$로부터 $\beta \in L$이므로 L은 방정식의 분해체이다. 삼차확대에서는 이것이 반드시 성립하는 것은 아니다. 주 3.1.1의 유리수체 $\mathbb{Q}$ 위의 방정식 $x^3 - 2 = 0$을 생각하자. 이때 $\mathbb{Q}(\sqrt[3]{2})$는 갈루아 확대가 아니다. 한편, ω를 1의 허수인 세제곱근, $K = \mathbb{Q}(\omega)$라 하면,

K의 확대체 $K(\sqrt[3]{2})$는 방정식 $x^3-2=0$의 분해체이고 갈루아 확대이다.

예 3.2.4 체 K의 단순확대 $K(\alpha)$가 갈루아 확대라 하자. 보조정리 3.2.8의 (3)으로부터 φ를 $K(\alpha)$의 K 위의 자기동형이라 하면 $\varphi(\alpha)$는 α의 공액원이고, 역으로 임의의 공액원 α'에 대해 $\varphi(\alpha)=\alpha'$이 되는 K 위의 자기동형 φ가 존재한다. $K(\alpha)$는 단순확대이므로 이러한 자기동형은 α의 상으로 일의적으로 정해진다. 따라서 이 대응에서 자기동형, 즉 갈루아군의 원소와 α의 공액원들은 일대일 대응한다.

예 3.2.5 L을 K의 갈루아 확대라 하자. L의 원소 a가 주어졌을 때, a의 모든 공액원의 제곱근을 L에 부가한 체는 K의 갈루아 확대이다. a가 만족하는 K 위의 기약방정식을 $f(x)=0$이라 하면, a의 모든 공액원의 제곱근들은 K 위의 방정식 $f(x^2)=0$의 모든 해이다. 따라서 이들을 모두 부가한 체는 갈루아 확대이다.

마찬가지의 것을 홀수인 소수 p에서 생각하자. L은 K의 갈루아 확대이고, 또 L은 1의 p제곱근을 모두 포함하고 있다고 하자. L의 원소 a가 주어졌을 때, a의 모든 공액원의 p제곱근을 L에 부가한 체는 K의 갈루아 확대이다. 가정으로부터 이 경우는 **하나의** p제곱근을 부가하는 것과 **모든** p제곱근을 부가하는 것이 동치이다. 이때 a가 만족하는 K 위의 기약방정식을 $f(x)=0$이라 하면, a의 모든 공액원의 p제곱근들은 K 위의 방정식 $f(x^p)=0$의 모든 해이다.

▶ 갈루아의 기본정리

L은 K의 갈루아 확대, $\mathrm{Gal}(L/K)$를 그 갈루아군이라 하자. H를 $\mathrm{Gal}(L/K)$의 부분군이라 할 때, 다음 집합

$$L^H=\{a\in L : H\text{의 임의의 원소 } h\text{에 대해 } h(a)=a\text{가 성립한다}\}$$

를 생각하자. 이것이 K와 L의 중간체임은 체의 자기동형의 성질로부터 쉽게 확인할 수 있다. 이것을 H **불변**인 부분체라 한다.

다음 정리를 갈루아의 기본정리라 부른다.

정리 3.2.10 | L은 K의 갈루아 확대, $\mathrm{Gal}(L/K)$을 그 갈루아군이라 하자. 이때 군 $\mathrm{Gal}(L/K)$의 부분군들과, L과 K의 중간체들은 부분군 H에 대해 L^H를 대응시킴으로써 일대일 대응한다.

증명 | 위의 대응과 역으로 L과 K의 중간체 K'이 주어졌다고 하자. K'의 모든 원소를 움직이지 않게 하는 갈루아군의 원소 γ들의 집합 H'은 분명히 갈루아군의 부분군이다. 이것을 중간체 K'의 **고정화 부분군**이라 부르자. 위와 같은 γ는 L의 K' 위의 자기동형이다. 보조정리 3.2.7로부터 L은 K'의 갈루아 확대이지만, 정의로부터 그 갈루아군이란 H'이다. 한편, 계 3.2.9로부터 $L^{H'} = K'$이 성립한다. 이것은 '중간체 → 고정화 부분군 → 불변 부분체'의 대응이 원래로 되돌아온다는 것을 보이고 있다. 다음으로 갈루아군의 '부분군 → 불변 부분체 → 고정화 부분군'은 완전히 같은 것이다. 따라서 '불변 부분체'를 생각하는 것과 '고정화 부분군'을 생각하는 것은 서로 역대응이 되고 있다. □

이제 L은 K의 갈루아 확대, K'은 중간체라 하자. 이때 L은 K'의 갈루아 확대이지만, K'이 K의 갈루아 확대인지 아닌지는 알 수 없다. 이것에 대해서는 다음 정리가 성립한다.

정리 3.2.11 | K'이 K의 갈루아 확대이기 위한 필요충분조건은 갈루아군 $\mathrm{Gal}(L/K')$이 갈루아군 $\mathrm{Gal}(L/K)$의 정규부분군이 되는 것이다. 또 이때 갈루아군 $\mathrm{Gal}(K'/K)$는 잉여군 $\mathrm{Gal}(L/K)/\mathrm{Gal}(L/K')$과 동형이다.

증명 | K''을 K 위에서 K'과 공액인 체, $\varphi : K' \to K''$을 K 위의 동형이라 하자. L이 갈루아 확대이므로 정리 3.2.3으로부터 이 동형을 L 위에 연장한 것은 L의 자기동형, 즉 갈루아군의 원소 γ를 결정한다. 따라서 $\gamma(K') = K''$은 L의 부분체이다. K'의 고정화 부분군을 H', K''의 고정화 부분군을 H''이라 하자. H'은 갈루아군 $\mathrm{Gal}(L/K')$이다. H''을 조사해보자. K''의 원소는 $\gamma(a)$, $a \in K'$의 꼴이므로

$$h'' \in H'' \;\Leftrightarrow\; h''\gamma(a) = \gamma(a) \quad \forall\, a \in K'$$

이다. K'의 고정화 부분군이 H'이었으므로 이것은 $\gamma^{-1}H''\gamma = H'$을 의미한다. $K'' = K'$ 즉 K'이 K의 갈루아 확대이기 위한 필요충분조건은 고정화 부분군에 대해서 $H' = H''$이 성립하는 것인데, 정규부분군의 정의로부터 이것은 $H' = \mathrm{Gal}(L/K')$이 $\mathrm{Gal}(L/K)$의 정규부분군이 된다는 것이다. 또 이때 K'은 K의 갈루아 확대이므로 $\mathrm{Gal}(L/K)$의 원소 g, 즉 L의 K 위의 자기동형은 K'으로 한정하는 것으로 K'의 자기동형, 즉 $\mathrm{Gal}(K'/K)$의 원소를 결정한다. 이것을 $\lambda(g)$라 나타내면, 군의 준동형 $\lambda : \mathrm{Gal}(L/K) \to \mathrm{Gal}(K'/K)$가 얻어진다. 정리 3.2.3으로부터 $\mathrm{Gal}(K'/K)$의 원소는 $\mathrm{Gal}(L/K)$의 원소로 연장할 수 있으므로 λ는 전사이다. $\lambda(g) = e$라는 것은 $g \in \mathrm{Gal}(L/K')$이므로 제1준동형정리로부터 구하는 동형이 얻어진다. □

예 3.2.6 $K \subset L \subset L'$은 체의 확대라 하자. L이 K의 갈루아 확대이고, L'이 L의 갈루아 확대이더라도 L'이 K의 갈루아 확대라고는 한정할 수 없다. 특히 2차 확대는 항상 갈루아 확대(예 3.2.3)이지만, 2차 확대의 2차 확대는 반드시 갈루아 확대가 아니다. 예를 들어, $K = \mathbb{Q}$, $L = \mathbb{Q}(\sqrt{2})$, $L' = \mathbb{Q}(\sqrt[4]{2})$라 하자. 단, $\sqrt[4]{2}$는 양의 실수라 하자. 이때 L'은 $\sqrt[4]{2}$의 $\mathbb{Q}$ 위의 공액원 $i\sqrt[4]{2}$를 포함하지 않으므로 $\mathbb{Q}$ 위의 갈루아 확대는 아니다.

정리 3.2.12 | 체 L을 체 K의 갈루아 확대라 하자. 이때 갈루아군 $\mathrm{Gal}(L/K)$가 가해군이기 위한 필요충분조건은 중간체 K_i의 열

$$K = K_0 \subset K_1 \subset \cdots \subset K_r = L$$

이 있어서 각 $0 < i$에 대해 $K_{i-1} \subset K_i$가 소수차 순회확대가 되는 것이다.

증명 | 먼저 갈루아군 $\mathrm{Gal}(L/K)$가 가해군이라 가정하자. 이때 $\mathrm{Gal}(L/K)$의 부분군의 열

$$\mathrm{Gal}(L/K) = G_0 \supset G_1 \supset \cdots \supset G_{r-1} \supset G_r = \{e\}$$

가 있어서, 각 G_i는 G_{i-1}의 정규부분군이고, 잉여군 G_{i-1}/G_i가 소수 위수의 순회군이 되는 것이 존재한다. 이때 대응해서 L의 부분체의 열

$$K = L^{G_0} \subset L^{G_1} \subset \cdots \subset L^{G_{r-1}} \subset L^{G_r} = L$$

이 얻어진다. 정리 3.2.10으로부터 L은 L^{G_i}의 갈루아 확대이고 갈루아군은 G_i이다. 확대 $L^{G_{i-1}} \subset L^{G_i} \subset L$에 대해 정리 3.2.11로부터 $L^{G_{i-1}} \subset L^{G_i}$는 소수차 순회확대이다.

역으로 중간체 K_i의 열

$$K = K_0 \subset K_1 \subset \cdots \subset K_{r-1} \subset K_r = L$$

이 있어서, 각 $0 < i$에 대해 $K_{i-1} \subset K_i$가 소수차 순회확대라 하자. $K \subset L$은 갈루아 확대이므로 각 i에 대해 $K_i \subset L$도 갈루아 확대이다. 이때 K_i의 고정화 부분군을 $G_i \subset \mathrm{Gal}(L/K)$라 하면, $K_{i-1} \subset K_i \subset L$에 정리 3.2.11을 적용해서 G_i는 G_{i-1}의 정규부분군이고, 잉여군 G_{i-1}/G_i는 소수차 순회군이다. 따라서 $\mathrm{Gal}(L/K)$는 가해군이다. □

이제 K'을 체 K의 확대체라 하자. 단순확대 $K'(\alpha)$, $K(\alpha)$에 대해서 생각하자. 이때 $K'(\alpha)$는 $K(\alpha)$로부터 기초체를 확대해서 얻어진다고 한다.

정리 3.2.13 | $K(\alpha)$를 K의 갈루아 확대라 하자. 이때 $K'(\alpha)$는 K'의 갈루아 확대이고, 갈루아군 $\mathrm{Gal}(K'(\alpha)/K')$은 $\mathrm{Gal}(K(\alpha)/K)$의 부분군이다.

증명 | 가정으로부터 α가 만족하는 기약방정식 $f(x)=0$의 해는 모두 $K(\alpha)$에 포함된다. 방정식 $f(x)=0$은 K' 위의 가약일지도 모르지만, α와 K' 위의 공액인 원소는 K 위에서도 공액이므로 $K(\alpha)$에 속한다. 즉, $K'(\alpha)$에 속한다. 따라서 보조정리 3.2.8로부터 갈루아 확대이다. 또 갈루아군은 α와 K' 위에서 공액인 원소의 집합과 일대일 대응이므로 본래 갈루아군의 부분군이다. □

3.3 대칭식과 대칭군

▶ 다변수 다항식

R은 가환인 정역(정수환 $\mathbb{Z}$ 혹은 체 K라 생각해도 상관없다)이라 하자. n개의 변수 $x_1, \cdots, x_n$과 R의 원소 a에 대해

$$a x_1^{i_1} \cdots x_n^{i_n} \quad (i_s\text{는 음이 아닌 정수})$$

꼴의 식을 단항식이라 하고, 단항식들의 유한합

$$\sum a_{(i_1, \cdots, i_n)} x_1^{i_1} \cdots x_n^{i_n} \quad (a_{(i_1, \cdots, i_n)} \in R)$$

을 R의 원소를 계수로 하는 n변수 다항식이라 한다. 이하 n변수 다항식이라

는 것은 이러한 것을 의미한다. 단항식 $ax_1^{i_1}\cdots x_n^{i_n}$에 대해 $i_1+\cdots+i_n$을 그 차수라 한다. 0이 아닌 단항식의 차수의 최댓값을 그 다항식의 차수라 부른다. 또 모든 단항식의 차수가 k로 같은 다항식을 k차 제차(齊次)다항식이라 한다.

n변수 다항식 $f(x_1, \cdots, x_n)$들의 집합($R[x_1, \cdots, x_n]$으로 나타낸다)에는 덧셈과 곱셈이 일변수 다항식과 마찬가지로 정의되며, 가환환이 되는 것은 쉽게 확인할 수 있다. 이것을 n변수 다항식환이라 부른다.

R을 가환인 정역, S를 R을 포함하는 가환환이라 하자. S의 n개의 원소 $u_1, \cdots, u_n$이 주어졌을 때, n변수 다항식환에서 S로의 환준동형

$$\varphi : R[x_1, \cdots, x_n] \to S$$

를 $\varphi(a)=a,\ a\in R$ 및 $\varphi(x_i)=u_i$에 의해 정의할 수 있다. 이 사상이 전사임은, S가 $u_1, \cdots, u_n$에 의해 R 위의 환으로 생성된다는 것과 동치이다. 이때 원소 $u_1, \cdots, u_n$은 환 S의 환생성원 혹은 대수적 생성원이라 한다. 다음으로 준동형 φ가 단사가 아니라고 하자. 이때 0이 아닌 n변수 다항식 $f(x_1, \cdots, x_n)$이 있어서 x_i에 u_i를 **대입**하면, $f(u_1, \cdots, u_n)=0\in S$이 성립한다. 이러한 관계식을 자명하지 않은 대수적 관계식이라 하고, 원소 $u_1, \cdots, u_n$은 대수적으로 종속되어 있다고 한다. 이것의 부정, 즉 $f(u_1, \cdots, u_n)=0\in S$이 되는 n변수 다항식 $f(x_1, \cdots, x_n)$이 0 다항식뿐일 때, 원소 $u_1, \cdots, u_n$은 **대수적으로 독립**이라 한다. 따라서

$$\varphi\text{가 단사} \iff u_1, \cdots, u_n\text{이 대수적으로 독립}$$

이다. φ가 단사이면, 환준동형 φ의 상, 즉 $u_1, \cdots, u_n$으로 생성된 S의 부분환은 다항식환 $R[x_1, \cdots, x_n]$과 동형이다.

n변수 다항식환의 부분환이 반드시 다항식환과 동형이 된다고는 할 수 없음에 유의하자. 예를 들어, 이변수 다항식환 $R[t_1, t_2]$에서 $u_1=(t_1t_2)^2$, u_2

$=(t_1t_2)^3$이라 하고, $u_1^3-u_2^2=0$이라는 대수적 관계가 있으며, u_1, u_2로 대수적으로 생성된 부분환은 이변수 다항식환이 아니다.

n변수 다항식환 $R[x_1, \cdots, x_n]$은 정역이다. 이것은 단항식 $x_1^{i_1}\cdots x_n^{i_n}$의 지수 $(i_1, \cdots, i_n)$에 왼쪽부터 사전식 순서를 주면, $f(x_1, \cdots, x_n)g(x_1, \cdots, x_n)=0$이다. 그리고 $g(x_1, \cdots, x_n)\neq 0$일 때 f의 최대인 다항식으로부터 차례로 확인하면 분명히 알 수 있듯이 $f=0$이다. 따라서 분수식 $f(x_1, \cdots, x_n)/g(x_1, \cdots, x_n)$을 생각함으로써 그 상체(商体)를 생각할 수 있다. R이 체 K인 경우 이것을 $K(x_1, \cdots, x_n)$으로 나타내고, n변수 유리함수체라 부른다. 이것을 함수체라 부르는 것은 분모와 분자에 공통인자가 있어 분수식을 통분할 때, 분모의 영점(零點)을 제외한 체 K의 원소 위의 함수라고 생각되어지기 때문이다. 또 이 기호는 체 K에 대수적으로 독립인 부정원 $x_1, \cdots, x_n$을 부가하여 얻어지는 체임을 나타내고 있다.

▶ 대칭식

1에서 n까지의 자연수들의 집합에서 그 자신으로의 일대일 대응을 n차 치환이라 했다(61쪽). n차 치환들의 집합 Σ_n은 n차 대칭군이라는 위수가 $n!$인 군이다. γ를 n차 치환이라 하자. $f(t_1, \cdots, t_n)$을 변수 $t_1, \cdots, t_n$들의 n변수 다항식이라 할 때, 변수 t_i를 $t_{\gamma(i)}$로 고쳐 써서 얻어지는 다항식을 γf로 나타낸다. 즉

$$(\gamma f)(t_1, \cdots, t_n)=f(t_{\gamma(1)}, \cdots, t_{\gamma(n)})$$

으로 정의된다. 예를 들어, $f(t_1, t_2, t_3)=t_1^2-t_2^2+t_3$이고 $\gamma=(1, 3)$이 1과 3의 호환일 때 $(\gamma f)(t_1, t_2, t_3)=t_3^2-t_2^2+t_1$이다.

보조정리 3.3.1 | γ, τ를 n차 치환이라 하고, f는 n변수 다항식이라 하자. 이때 다항식으로서 $\tau(\gamma f)=(\tau\gamma)f$가 성립한다.

증명 | 정의로부터 $(\tau(\gamma f))(t_1, \cdots, t_n)=(\gamma f)(t_{\tau(1)}, \cdots, t_{\tau(n)})$이다. 여기서 변수를 $t_{\tau(i)}=u_i$라 바꾸어 쓰자. 그러면

$$(\tau(\gamma f))(t_1, \cdots, t_n)=(\gamma f)(u_1, \cdots, u_n)=f(u_{\gamma(1)}, \cdots, u_{\gamma(n)})$$

이다. 그래서 $u_{\gamma(i)}=t_{\tau(\gamma(i))}=t_{(\tau\gamma)(i)}$에 유의하면 구하는 결과를 얻는다. □

보조정리 3.3.2 | γ는 n차 치환, f, g는 n변수 다항식이라 하자. 이때 n변수 다항식의 합과 곱에 대해서

$$\gamma(f+g)=\gamma f+\gamma g, \quad \gamma(fg)=(\gamma f)(\sigma g)$$

가 성립한다.

보조정리 3.3.2에 대한 증명은 분명하다.

모든 n차 치환 γ에 대해서 $\gamma f=f$를 만족하는 n변수 다항식을 n변수 **대칭다항식**이라 한다. 먼저 n변수 기본대칭식을 정의하자. 변수 x와 변수 t_1, $\cdots$, t_n에 관한 다항식 $(x-t_1)\cdots(x-t_n)$을 생각한다. 이것을 x의 다항식으로 전개한 것을

$$(x-t_1)\cdots(x-t_n)=x^n-\sigma_1 x^{n-1}+\cdots+(-1)^i\sigma_i x^{n-i}+\cdots+(-1)^n\sigma_n$$

이라 하면, 변수 t_1, $\cdots$, t_n들의 다항식 $\sigma_i=\sigma_i(t_1, \cdots, t_n)$이 정의된다. 쉽게 알 수 있듯이,

$$\sigma_k(t_1, \cdots, t_n) = \sum_{i_1 < \cdots < i_k} t_{i_1} \cdots t_{i_k}$$

이다. 예를 들어, $n = 3$, $k = 2$일 때

$$\sigma_2(t_1, t_2, t_3) = \sum_{i_1 < i_2} t_{i_1} t_{i_2} = t_1 t_2 + t_1 t_3 + t_2 t_3$$

이다. 이렇게 정의된 다항식 $\sigma_i(t_1, \cdots, t_n)$은 명백히 n변수 대칭다항식이다. 이것을 i차 **기본대칭식**이라 부른다. $n = 2$일 때, $\sigma_1 = t_1 + t_2$, $\sigma_2 = t_1 t_2$이다. 기본대칭식들의 다항식 $h(\sigma_1, \cdots, \sigma_n)$은 명백히 대칭다항식이다. 역으로 이변수 대칭다항식 $t_1^2 + t_2^2$은 $\sigma_1^2 - 2\sigma_2$와 같이 기본대칭식의 다항식으로 나타낼 수 있다. 이것은 다음 정리(**대칭식의 기본정리**)에서 알 수 있듯이 일반적으로 성립한다.

정리 3.3.3 | 모든 n변수 대칭다항식은 기본대칭식 $\sigma_1, \cdots, \sigma_n$의 다항식으로 일의적으로 나타낼 수 있다.

증명 | 모든 n변수 대칭다항식 $f(t_1, \cdots, t_n)$은 기본대칭식 $\sigma_1, \cdots, \sigma_n$의 다항식으로 나타낼 수 있음을 보이자. 변수 t_i의 단항식 $t_1^{i_1} \cdots t_n^{i_n}$에 왼쪽으로부터 사전식 순서를 준다. 즉, 그 거듭제곱의 지수 $i_1, \cdots, i_n$이 왼쪽에서부터 차례로 같든지, 혹은 큰 것을 크다라고 정한다. 이때, 대칭다항식 $\sigma_1^{k_1} \cdots \sigma_n^{k_n}$에 나타나는 최대의 단항식은

$$t_1^{k_1 + \cdots + k_n} t_2^{k_2 + \cdots + k_n} \cdots t_n^{k_n}$$

이며, 그 계수가 1인 것은 기본대칭식으로 나타나는 단항식의 꼴로부터 쉽게 알 수 있다.

$$i_1 = k_1 + \cdots + k_n,\ i_2 = k_2 + \cdots + k_n,\ \cdots,\ i_n = k_n$$

이라 두면, 음이 아닌 정수열 $(k_1, \cdots, k_n)$과 단조감소열

$$(i_1, \cdots, i_n),\ i_1 \geq \cdots \geq i_n$$

은 일대일 대응한다. 이제, $f(t_1, \cdots, t_n)$을 대칭다항식이라 하자. f에 나타나는 0이 아닌 계수를 가지는 최대의 단항식을 $at_1^{i_1} \cdots t_n^{i_n}$이라 하면, 단항식을 나타내는 방법의 대칭성으로부터 $i_1 \geq \cdots \geq i_n$이라 가정해도 된다. 이때 대응하는 음이 아닌 정수열을 $(k_1, \cdots, k_n)$이라 하면,

$$f(t_1, \cdots, t_n) - a\sigma_1^{k_1} \cdots \sigma_n^{k_n}$$

에서 최대인 다항식은 소거된다. 이것을 반복하면 기본대칭식 $\sigma_1, \cdots, \sigma_n$의 다항식 $h(\sigma_1, \cdots, \sigma_n)$이 있어서,

$$f(t_1, \cdots, t_n) = h(\sigma_1, \cdots, \sigma_n)$$

으로 나타낼 수 있음을 알 수 있다.

다음으로 이러한 $\sigma_1, \cdots, \sigma_n$의 다항식으로서의 표시 방법이 일의적임을 보이자. $R[z_1, \cdots, z_n]$을 다항식환이라 하고, 앞에서 정의한 것처럼 환준동형

$$\lambda : R[z_1, \cdots, z_n] \to R[t_1, \cdots, t_n]$$

을 $\lambda(z_i) = \sigma_i$로 정하자. 앞단에서 보인 것은 $R[t_1, \cdots, t_n]$의 임의의 대칭다항식이 λ의 상이 된다는 것이었다. 일의성을 보이기 위해서 증명해야 할 것은 위의 준동형 λ가 단사가 된다는 것이다. 이것을 변수의 수 n에 관한 수학적 귀납법으로 보이자. $n=1$일 때는 명백하다. $1, \cdots, n-1$까지 성립한다고 하고, n일 때를 생각하자. 변수의 수를 명시하기 위해

$$\sigma_i(t_1, \cdots, t_n) = \sigma_i^{(n)}(t_1, \cdots, t_n)$$

으로 나타내자. 이때 $i < n$에 대해

$$\sigma_i^{(n)}(t_1, \cdots, t_{n-1}, 0) = \sigma_i^{(n-1)}(t_1, \cdots, t_{n-1})$$

및

$$\sigma_n^{(n)}(t_1, \cdots, t_{n-1}, 0) = 0$$

임에 유의하자. 이제 2개의 환준동형

$$\pi : R[t_1, \cdots, t_n] \to R[t_1, \cdots, t_{n-1}]$$
$$\pi' : R[z_1, \cdots, z_n] \to R[z_1, \cdots, z_{n-1}]$$

을 각각 $i < n$일 때는 $\pi(t_i) = t_i$와 $\pi'(z_i) = z_i$로 그리고 $i = n$일 때는 $\pi(t_n) = 0$ 및 $\pi'(z_n) = 0$으로 정한다. 또 변수의 수가 $n-1$일 때도 환준동형

$$\lambda' : R[z_1, \cdots, z_{n-1}] \to R[t_1, \cdots, t_{n-1}]$$

을 λ와 마찬가지로 정의해둔다. 이때 다음과 같은 준동형의 도식

$$\begin{array}{ccc} R[z_1, \cdots, z_n] & \xrightarrow{\lambda} & R[t_1, \cdots, t_n] \\ \pi \downarrow & & \downarrow \pi' \\ R[z_1, \cdots, z_{n-1}] & \xrightarrow{\lambda'} & R[t_1, \cdots, t_{n-1}] \end{array}$$

이 얻어진다. 위에서 다룬 유의로부터

$$\pi(\sigma_i^{(n)}) = \sigma_i^{(n-1)}, \quad i < n$$
$$\pi(\sigma_n^{(n)}) = 0$$

이다. 이것은 환준동형의 합성에 대해

$$\pi \circ \lambda = \lambda' \circ \pi' : R[z_1, \cdots, z_n] \to R[t_1, \cdots, t_{n-1}]$$

이 성립함을 의미한다. 이제 귀납법의 가정으로부터 변수의 수가 $n-1$일 때, λ'이 단사라고 하자. 그리고 다항식 $h(z_1, \cdots, z_n)$이 $\lambda(h(z_1, \cdots, z_n))=0$을 만족한다고 하자. 이때 $\lambda' \circ \pi(h(z_1, \cdots, z_n))=0$이지만, λ'이 단사이므로 $\pi(h(z_1, \cdots, z_n))=0$이 성립한다. 따라서 다항식 $h(z_1, \cdots, z_n)$은 z_n으로 나누어떨어지고

$$h(z_1, \cdots, z_n) = k(z_1, \cdots, z_n)z_n$$

으로 쓸 수 있다.

$$\begin{aligned} \lambda(h(z_1, \cdots, z_n)) &= \lambda(k(z_1, \cdots, z_n))\lambda(z_n) \\ &= \lambda(k(z_1, \cdots, z_n))\sigma_n = 0 \end{aligned}$$

이지만, 생각하고 있는 환은 정역이므로 $\lambda(k(z_1, \cdots, z_n))=0$이 성립한다. 그러므로 다항식 $k(z_1, \cdots, z_n)$에 대해서도 같은 논의를 할 수 있다. 이것을 반복하면 $h(z_1, \cdots, z_n)$은 z_n으로 몇 번이라도 나누어떨어지는데, 이것은 $h(z_1, \cdots, z_n)=0$을 의미한다. 따라서 λ는 n일 때도 단사이다. □

n변수 $t_1, \cdots, t_n$의 대칭다항식들은 다항식환 $R[t_1, \cdots, t_n]$의 부분환이지만, 위의 정리는 이 환이 형식적인 다항식환 $R[z_1, \cdots, z_n]$과 동형임을 말하고 있다. 즉, 다음이 성립한다.

계 3.3.4 | R 계수인 n변수 대칭다항식들의 환은 기본대칭식 $\sigma_1, \cdots, \sigma_n$으로 생성되는 다항식환 $R[\sigma_1, \cdots, \sigma_n]$이다.

기본대칭식의 정의로부터 다음 정리를 얻는다.

정리 3.3.5 | (해와 계수의 관계) 체 K 위의 n차 방정식

$$f(x) = x^n - a_1 x^{n-1} + \cdots + (-1)^{n-1} a_{n-1} x + (-1)^n a_n = 0$$

이 K의 확대체 L에서 중복을 포함하여 n개의 해 $\alpha_1, \cdots, \alpha_n$을 가진다고 하자. 이때

$$a_1 = \sigma_1(\alpha_1, \cdots, \alpha_n), \cdots, a_n = \sigma_n(\alpha_1, \cdots, \alpha_n)$$

이 성립한다.

증명 | 인수정리로부터

$$\begin{aligned} f(x) &= x^n - a_1 x^{n-1} + \cdots + (-1)^{n-1} a_{n-1} x + (-1)^n a_n \\ &= (x - \alpha_1) \cdots (x - \alpha_n) \end{aligned}$$

이 성립한다. 우변을 x의 내림차순으로 전개해서 계수를 비교하면 된다. □

다음의 n변수 다항식

$$\Delta(t_1, \cdots, t_n) = \Pi_{i>j}(t_i - t_j)$$

를 **차적(差積)**이라 부른다.

보조정리 3.3.6 | γ가 n차 치환일 때, $\gamma\Delta = \Delta$ 혹은 $\gamma\Delta = -\Delta$ 중 어느 것인가가 성립한다.

증명 | 정의로부터

$$\gamma\Delta = \Pi_{i>j}(t_{\gamma(i)} - t_{\gamma(j)})$$

이다. 이때 우변의 일차인자는 모든 $k>l$에 대하여 $t_k - t_l$이 ±를 제외하고 정확히 한 번씩 나타난다. 따라서

$$\Pi_{i>j}(t_{\gamma(i)} - t_{\gamma(j)}) = \pm\,\Pi_{i>j}(t_i - t_j)$$

이다. □

이 보조정리로부터 Δ^2은 대칭다항식이다. 따라서 정리 3.3.3으로부터 기본 대칭식들의 다항식으로 나타낼 수 있다. 이것을 $D = D(\sigma_1, \cdots, \sigma_n)$으로 나타낸다. 예를 들어, $n=2$일 때

$$D = (t_1 - t_2)^2 = (t_1 + t_2)^2 - 4t_1t_2 = \sigma_1^2 - 4\sigma_2$$

이다.

정리 3.3.7 | 체 K 위의 n차 방정식

$$f(x) = x^n - a_1x^{n-1} + \cdots + (-1)^{n-1}a_{n-1}x + (-1)^n a_n = 0$$

이 (그 분해체에서) 중해를 가질 필요충분조건은

$$D(a_1, \cdots, a_n) = 0$$

이 성립하는 것이다.

증명은 정의로부터 분명하다. 식 D는 방정식의 **판별식**이라 한다. 카르다노

의 공식에서 $x^3+3px+q=0$인 꼴의 삼차방정식의 경우, 중해를 가질 조건은 $q^2+4p^3=0$이었다. 이것이 위의 정의에서 주어진 판별식과 일치함은 정의를 따라서 계산해보면 확인할 수 있다.

다음으로 n변수 분수식에 대한 대칭군의 작용을 생각해보자. $\gamma \in \Sigma_n$을 n차 치환이라 하자. $f(t_1, \cdots, t_n)$, $g(t_1, \cdots, t_n)$을 체 K 위의 n변수 다항식이라 하자. 이때 분수식 $u(t_1, \cdots, t_n)=f(t_1, \cdots, t_n)/g(t_1, \cdots, t_n)$에 대해서 γu를

$$(\gamma u)(t_1, \cdots, t_n)=\frac{(\gamma f)(t_1, \cdots, t_n)}{(\gamma g)(t_1, \cdots, t_n)}$$

으로 정의한다. 이것이 분수식의 표시방법에 의존하지 않음은 분명하다. 이 조작이 다항식이나 분수식의 합이나 곱에 대한 다음 성질

$$\gamma\left(\frac{f_1}{g_1}+\frac{f_2}{g_2}\right)=\gamma\left(\frac{f_1}{g_1}\right)+\gamma\left(\frac{f_2}{g_2}\right), \quad \gamma\left(\frac{f_1}{g_1}\times\frac{f_2}{g_2}\right)=\gamma\left(\frac{f_1}{g_1}\right)\times\gamma\left(\frac{f_2}{g_2}\right)$$

를 만족함도 분명하다. 따라서 다음 결과를 얻는다.

보조정리 3.3.8 | $\gamma \in \Sigma_n$은 n변수 유리함수체의 자기동형을 결정한다.

이제 분수식 $u(t_1, \cdots, t_n)$은 모든 치환 γ에 대해 $\gamma u=u$를 만족할 때 대칭분수식이라 한다. f, g를 n변수 다항식이라 하고, 분수식 f/g를 생각하자. $g'=\Pi_{\gamma\neq e}(\gamma g)$라 하면, 유리함수로서는 $f/g=(fg')/(gg')$이므로 분모로 대칭인 다항식을 잡게 된다. 이때, 이 분수식이 대칭식이기 위해서는 분자 fg'도 대칭다항식이면 된다. 즉, 대칭인 분수식이란 분모, 분자가 모두 대칭인 다항식이라고 생각하면 된다. 또 K 계수 유리함수체 $K(t_1, \cdots, t_n)$에서 대칭인 유리함수들은 부분체를 이루는데, 이때 정리 3.3.3으로부터 다음 결과

를 얻는다.

> 정리 3.3.9 | 대칭 유리함수의 집합은 기본대칭식 $\sigma_1, \cdots, \sigma_n$의 유리함수체 $K(\sigma_1, \cdots, \sigma_n)$이다.

라플라스에 의한 대수학의 기본정리의 증명

대칭식의 기본정리를 증명할 수 있었으므로 39쪽에서 다룬 대수학의 기본정리 '$f(z)$를 상수가 아닌 복소계수 다항식이라 하자. 이때 방정식 $f(z)=0$은 복소수인 해를 가진다'의 라플라스에 의한 다른 증명을 소개하자. 증명에는 잘 알려진 혹은 이 책에서 증명되어 있는 다음 사실을 이용한다.

(1) 복소계수의 이차방정식은 복소수해를 가진다(31쪽).
(2) 홀수차 실계수 방정식은 실수해를 가진다(정리 1.2.2).
(3) (복소수가 무엇인지는 모르겠지만) 방정식 $f(z)=0$의 모든 해를 포함하는 체가 존재한다(정리 2.5.10).
(4) 대칭식의 기본정리(정리 3.3.3).
(5) 실수는 무수히 많다.

정리의 처음 증명(39쪽)에서 다룬 것처럼 다항식 $f(z)$를 실계수라 가정해도 된다. 실계수 다항식 $f(z)$의 차수 n을 홀수와 2의 거듭제곱의 곱 $n=2^r q$로 나타내고, 거듭제곱의 지수 $r \geq 0$에 관한 귀납법으로 정리를 보이자. $r=0$일 때 $f(z)$는 홀수차 다항식이므로 위의 (2)로부터 정리가 성립한다. 그래서 차례로 $r=k-1$까지 성립한다고 가정하고, $r=k>0$인 경우를 생각하자. (3)으로부터 $f(z)=0$의 모든 해를 포함하는 체 L이 존재한다. 즉 L의 원소

$$u_1, \cdots, u_n$$

이 있어서

$$f(z)=z^n+a_1z^{n-1}+\cdots+a_n=(z-u_1)\cdots(z-u_n)$$

이 성립한다. 이때 해와 계수의 관계, 즉 양변의 계수 비교로부터 $u_1, \cdots, u_n$의 기본대칭식은 $\pm a_i$와 같고 모두 실수이다. 다음으로 t를 실수라 하고, $1 \leq i < j \leq n$이 되는 모든 쌍에 대해 $n(n-1)/2$개의 L의 원소

$$u_i+u_j+tu_iu_j$$

를 생각하자. 그리고 L 계수 $\dfrac{n(n-1)}{2}$차 다항식

$$F(z)=\Pi_{i<j}(z-(u_i+u_j+tu_iu_j))$$

를 생각하자. 이 다항식에 u_1에서 u_n까지의 어떤 치환을 하더라도 그것은 $u_i+u_j+tu_iu_j$들을 바꿔 놓았을 뿐이므로 다항식의 꼴은 변하지 않는다. 따라서 이 다항식을 z의 내림차순으로 정리했을 때, 각 계수는 실수를 계수로 하는 $u_1, \cdots, u_n$의 대칭식이다. 따라서 (4)로부터 그것들은 모두 실수이고, $F(z)$는 실계수 다항식이다. n은 짝수라 생각해도 되므로 $F(z)$의 차수 $n(n-1)/2$인 2의 거듭제곱 지수는 n보다 1만큼 작다. 따라서 귀납법의 가정으로부터 $F(z)=0$은 복소수해를 가진다. 즉 각 실수 t에 대해, 어떤 번호 i, j가 있어서

$$u_i+u_j+tu_iu_j$$

는 복소수이다. 실수 t가 변하면 이 번호의 쌍 i, j는 변할지도 모르지만, 실수는 무수히 많으므로 $n(n-1)/2$보다 큰 수만큼 서로 다른 실수

$$t_1, t_2, \cdots$$

를 취하면, 그 가운데 2개(t_p, t_q라 하자)에 대해서 위의 i, j는 같아야 한다.

따라서 그 번호 i, j에 대해서, 2개의 복소수 α, β가 있어 연립방정식

$$\begin{cases} u_i + u_j + t_p u_i u_j = \alpha \\ u_i + u_j + t_q u_i u_j = \beta \end{cases}$$

가 성립한다. 따라서

$$u_i + u_j = \frac{t_p\beta - t_q\alpha}{t_p - t_q}, \quad u_i u_j = \frac{\alpha - \beta}{t_p - t_q}$$

가 성립하는데, 이것은 u_i, u_j가 복소계수 이차방정식의 해임을 의미한다. 따라서 (1)로부터 u_i, u_j는 복소수이고, 방정식 $f(z)=0$에 복소해가 존재함을 보였다. □

대칭군의 비가해성

여기서 n차 치환들이 이루는 대칭군 Σ_n에 대해서 조금 자세하게 살펴보자. 이것은 5차 이상의 방정식의 비가해성의 증명에 필요하다.

먼저 기본적인 형태의 치환을 정의하자. 자연수 n을 고정하고, n차 치환의 군 Σ_n에 대해서 생각하자. i_1, $\cdots$, i_k를 1에서부터 n까지의 자연수 k개의 중복 없는 순열이라 하자. i_1을 i_2로, i_2를 i_3로 차례로 옮기고, i_k를 i_1으로 옮기고, 나머지 수는 움직이지 않는 치환을 길이 k인 **순회치환** 혹은 ***k*순환**이라 부르고

$$(i_1 \cdots i_k)$$

로 나타낸다. 특히 2차 순회치환은 **호환**(互換)이라 부른다. 여기서 길이 1인 순회치환 (i)란 i를 i로 옮기고, 나머지는 움직이지 않는, 즉 항등치환이라고 약속한다. 이때

보조정리 3.3.10 | (1) γ를 길이 k인 순회치환이라 하면, 그 k번의 곱(합성) γ^k는 항등치환이다.
(2) $i_1, \cdots, i_k$와 $j_1, \cdots, j_l$은 서로 공통인 수를 가지지 않는 순열이라 하자. 이때 두 순회치환의 곱은 교환가능이다. 즉

$$(i_1 \cdots i_k)(j_1 \cdots j_l) = (j_1 \cdots j_l)(i_1 \cdots i_k)$$

가 성립한다.

보조정리 3.3.10의 증명은 분명하다.

보조정리 3.3.11 | 모든 치환은 서로 공통부분이 없는 몇 개의 순회치환의 곱 $\gamma_1 \cdots \gamma_s$의 단 한 가지 꼴로 나타낼 수 있다. 여기서 단 한 가지란 그러한 표시방법이 두 가지 있어도 곱의 순서를 바꾸면 일치한다는 것이다.

증명 | σ를 n차 치환이라 하자. 1을 σ, σ^2, $\cdots$으로 움직여 가면, $\sigma^k(1) = 1$이 되는 최소의 자연수 $k(\geq 1)$가 있다. 이때

$$(1,\ \sigma(1),\ \cdots,\ \sigma^{k-1}(1))$$

은 길이 k인 순회치환이다. 이 순열이 1, 2, $\cdots$, n을 다 갖추고 있지 않으면, 즉 이 순열에 포함되지 않는 수에 대해서 같은 것을 생각하면, 처음 순열과 공통부분이 없는 순회치환을 얻는다. 이것을 반복하면, σ를 공통부분이 없는 몇 개의 순회치환의 곱으로 나타낼 수 있다. 일의성은 분명하다. □

예를 들어,

$$\sigma = \begin{pmatrix} 1 & 2 & 3 & 4 & 5 & 6 & 7 \\ 3 & 2 & 4 & 1 & 6 & 5 & 7 \end{pmatrix}$$

일 때, $\sigma=(1\ 3\ 4)(2)(5\ 6)(7)=(1\ 3\ 4)(5\ 6)(2)(7)$과 같이 나타낼 수 있다. 뒤의 표시방법처럼 순회치환의 길이를 큰 것부터 차례로 늘어놓은 것을 치환의 **형태**라 부른다. 위의 경우라면 $(3,\ 2,\ 1,\ 1)$이다. 길이가 1인 순회치환은 몇 개 있더라도 항등치환이므로 형태를 나타낼 때 생략해도 된다.

치환을 이러한 꼴로 나타낸다고 하는 것은 1부터 n까지의 번호를 일단 잊어버리면, 서로 차례차례 옮기는 것을 결말짓고 생각하는 것을 의미한다. 따라서 치환의 형태가 같다고 하는 것은 번호 붙이는 방법을 바꾸면 같은 치환이라고 생각할 수 있다. 두 치환 σ, σ'은 다른 치환 γ가 있어 $\sigma'=\gamma^{-1}\sigma\gamma$가 될 때 공액이라고 한다. 이때 σ와 σ'의 관계는 $1, \cdots, n$의 번호 붙이는 방법을 γ에서 바꿔 적는 것이 된다. 따라서 다음 보조정리를 얻는다.

보조정리 3.3.12 | 두 치환이 공액이라는 것과 형태가 같다는 것은 동치이다.

예를 들어, σ가 위의 치환이고 $\gamma=(4\ 5)$라 하면

$$\sigma'=\begin{pmatrix}1&2&3&4&5&6&7\\3&2&5&1&6&4&7\end{pmatrix}=(1\ 3\ 5)(4\ 6)(2)(7)$$

이다.

위와 같은 표시방법에서 일의성을 생각하지 않는다면, 다음 결과가 성립한다.

보조정리 3.3.13 | 모든 치환은 몇 개의 호환의 곱으로 나타낼 수 있다

증명 | 치환의 차수에 관한 귀납법으로 증명한다. $n-1$차까지의 치환에 대해서 보조정리가 성립한다고 가정하자. σ를 n차 치환이라 하자. $\sigma(n)=k$라 하면, $\pi=(k,\ n)\sigma$는 n을 움직이지 않는다. 따라서 $n-1$차의 치환이라 생각해

도 되므로 가정으로부터 호환의 곱이다. 그리고 $\sigma=(k,\ n)\pi$도 호환의 곱이다. □

이제 대칭군의 중요한 부분군인 교대군을 정의하자. Δ는 앞에서 정의한 차적이라 하자. 보조정리 3.3.6으로부터 임의의 치환 γ에 대해 $(\gamma\Delta)/\Delta$는 1 혹은 -1이다. $(\gamma\Delta)/\Delta$를 치환 γ의 **부호수**라 하고, $\mathrm{sgn}(\gamma)$로 나타낸다.

보조정리 3.3.14 | 치환의 부호수에 대해서 다음이 성립한다.
(1) 두 치환의 곱에 대해서 $\mathrm{sgn}(\gamma\tau)=\mathrm{sgn}(\gamma)\mathrm{sgn}(\tau)$가 성립한다.
(2) τ가 호환이면 $\mathrm{sgn}(\tau)=-1$이다.

증명 | (1) 보조정리 3.3.1을 이용하여 다음과 같은 식의 변형으로부터 얻어진다.

$$\begin{aligned}((\gamma\tau)\Delta)/\Delta &= (\gamma(\tau\Delta))/\Delta = \{(\gamma(\tau\Delta))/(\tau\Delta)\}\{(\tau\Delta)/\Delta\}\\ &= \{(\gamma\Delta)/\Delta\}\{(\tau\Delta)/\Delta\}\end{aligned}$$

(2) 보조정리 3.3.12로부터 임의의 호환 τ는 호환 $(n-1,\ n)$과 공액이다. 즉 치환 σ가 있어서 $\tau=\sigma^{-1}(n-1,\ n)\sigma$이다. 이때 (1)로부터

$$\begin{aligned}\mathrm{sgn}(\tau) &= \mathrm{sgn}(\sigma^{-1}(n-1,\ n)\sigma)\\ &= \mathrm{sgn}(\sigma)^{-1}\mathrm{sgn}(n-1,\ n)\mathrm{sgn}(\sigma)=\mathrm{sgn}(n-1,\ n)\end{aligned}$$

이다. $\mathrm{sgn}(n-1,\ n)=-1$임은 정의로부터 쉽게 알 수 있다. □

부호수 $\mathrm{sgn}(\gamma)$가 1 혹은 -1인 치환을 각각 우치환(짝수치환) 및 기치환(홀수치환)이라 부른다. n차 우치환 전체의 집합을 n차 **교대군**이라 부르고, A_n으로 나타낸다.

보조정리 3.3.15 | A_n은 n차 대칭군 Σ_n의 정규부분군이다. A_n의 위수는 Σ_n의 반인 $n!/2$이다. 또 잉여군 Σ_n/A_n은 부호수를 대응시킴으로써 $\{1, -1\}$의 두 원소로 이루어지는 순회군과 동형이다.

증명은 정리 2.3.3을 이용하여 간단하게 보일 수 있다.

여기서 n이 작을 때의 Σ_n의 구조에 대해서 생각해보자. Σ_2는 단위원 외에 단 하나의 호환 $(1, 2)$로 이루어지는 위수가 2인 군이다. Σ_3은 위수가 6이므로 교대군 A_3는 위수가 3이고, 따라서 순회군이다. 즉 Σ_3는 가해군이다. 다음으로 Σ_4를 생각하자. 이것은 위수가 24이고, 따라서 교대군 A_4는 위수가 12이다. A_4에 포함되는 4개의 원소 1(단위원), $(1\ 2)(3\ 4)$, $(1\ 3)(2\ 4)$, $(1\ 4)(2\ 3)$으로 이루어지는 집합 V_4는 쉽게 알 수 있듯이 A_4의 정규부분군이다. 이것을 클라인의 사원군이라 부른다. 이것은 아벨군이고, 잉여군 A_4/V_4는 위수가 3이므로 순회군이다. 따라서 부분군의 열 $\{1\} \subset V_4 \subset A_4 \subset \Sigma_4$를 생각하면 알 수 있듯이 Σ_4는 가해군이다.

한편 $n \geq 5$일 때, 대칭군 Σ_n은 가해가 아님을 보이자. 이하 보조정리에서 n은 5 이상이라 한다.

보조정리 3.3.16 | 모든 $(2, 2)$ 형태의 치환들 혹은 모든 길이가 3인 순회치환들은 모두 교대군 A_n을 생성한다.

증명 | 다른 2개의 호환의 곱에 대해서

$$(a\ c)(a\ b) = (a\ b\ c),\quad (a\ b)(c\ d) = (a\ c\ b)(a\ c\ d)$$

가 성립한다. 단 다른 문자는 다른 수를 나타낸다고 하자. 보조정리 3.3.13으로부터 임의의 우치환은 짝수개의 호환의 곱이므로 후반부는 성립한다. 다음

으로 $n \geq 5$이므로 다른 5개의 수에 대해서

$$(a\ b\ c) = (a\ c)(d\ e)(d\ e)(a\ b)$$

가 성립한다. 따라서 후반부로부터 전반부도 성립한다. □

보조정리 3.3.17 | 대칭군 Σ_n의 정규부분군은 교대군 A_n을 포함하든지 또는 자명한 군 $\{1\}$이다.

증명 | N을 Σ_n의 자명하지 않는 정규부분군이라 하자. N의 원소 $\sigma \neq 1$에 대해 σ와 가환이 아닌 호환 τ가 존재한다. 예를 들어, $\sigma(i) \neq i$가 되는 i가 있으므로 $i \neq j$가 되는 j를 취하고 $\tau = (i\ j)$라 두면 된다. 치환 $\gamma = \tau^{-1}\sigma^{-1}\tau\sigma$를 생각하자. σ와 τ는 가환이 아니므로 $\gamma \neq 1$이다. N은 Σ_n의 정규부분군이므로 $\gamma \in N$이다. 한편, $\gamma = \tau^{-1}(\sigma^{-1}\tau\sigma)$라 하면, 호환인 2개의 곱이므로 3순환이든지 (2, 2) 형태이다. 같은 형태의 치환은 모두 공액이고(보조정리 3.3.12), N은 정규부분군이므로 N은 모두 길이가 3인 순회치환 혹은 (2, 2) 형태의 모든 치환을 포함한다. 따라서 보조정리 3.3.16으로부터 N은 교대군 A_n을 포함한다. □

유한군 G는 G 자신이거나 자명한 군 $\{1\}$ 이외의 정규부분군이 존재하지 않을 때, **단순군**이라 한다. 아벨군이 단순군인 것은 소수 위수의 순회군에 한함은 쉽게 알 수 있다. 가장 기본적인 비가환 단순군으로서 다음 결과가 있다.

정리 3.3.18 | $n \geq 5$ 일 때, 교대군 A_n은 단순군이다.

증명 | M을 A_n의 자명하지 않은 정규부분군이라 하자. $M = A_n$임을 보이면 된다. M이 3순환(예를 들어 $(1\ 2\ 3)$)을 포함할 때, $M = A_n$임을 먼저 보이자.

명백히 $(1\ 2\ 3)^2 \in M$이다. $k>3$일 때, $(1\ 2\ k)=(2\ k\ 3)^{-1}(1\ 2\ 3)(2\ k\ 3) \in M$이다. 또 $k,\ l>3$일 때, $\tau=(2\ k)(3\ l)$이면, $(1\ k\ l)=\tau^{-1}(1\ 2\ 3)\tau \in M$이다. 마찬가지 논의로부터 모든 3 순환은 M에 포함된다. 따라서 보조정리 3.3.16으로부터 $M=A_n$이다.

다음으로 M의 임의의 원소 $\sigma \neq e$를 생각하자. 1, 2, $\cdots$, n 중에서 σ에 의해 움직이는 것의 수를 k라 하자. σ는 우치환이므로 $k \neq 2$이다. $k=3$일 때 σ는 3순환이다. k가 4 또는 5일 때, σ는 (2, 2) 형태 혹은 (5) 형태이다. $\sigma_1=(1\ 2)(3\ 4)$, $\sigma_2=(1\ 2\ 3\ 4\ 5)$라 하자. $n \geq 5$이므로 $\tau=(3\ 4\ 5)$라 하면, $\sigma_1^{-1}\tau^{-1}\sigma_1\tau \in M$은 1, 2를 움직이지 않는 3순환이다. 또 $\sigma_2^{-1}\tau^{-1}\sigma_2\tau \in M$은 1을 움직이지 않는 (2, 2) 형태이다. $k>5$일 때, σ는 몇 개의 형태로 분해되지만, 예를 들어 $\sigma=(1\ 2\ 3)(4\ 5\ \cdots\ m)\cdots$인 경우, $\sigma^{-1}\tau^{-1}\sigma\tau$는 2, 3, 4, 5, m의 치환이며 $k \leq 5$인 경우로 귀착한다. 다른 경우도 마찬가지이다. 이상으로부터 M이 3순환을 포함한다는 것을 보였다. □

계 3.3.19 | $n \geq 5$일 때, 대칭군 Σ_n은 가해가 아니다.

증명 | 대칭군 Σ_n의 자명하지 않은 정규부분군은 교대군 A_n뿐이며, A_n에는 자명하지 않은 정규부분군이 존재하지 않는다. A_n 자신은 아벨군이 아니므로 구하는 결과를 얻는다. □

3.4 원분체와 1의 n제곱근

▶ 원둘레를 등분한다

복소수에서 방정식 $x^n-1=0$을 생각하자. 이 방정식의 해라는 것은 1의

n제곱근들이다. 가우스 평면 위에서 x의 극표시

$$x = r(\cos\theta + i\sin\theta)$$

를 취하면, 드무아브르 공식으로부터 알 수 있듯이 $r=1$이고 $n\theta = 2\pi$가 되는 것, 즉

$$\cos\left(\frac{2k\pi}{n}\right) + i\sin\left(\frac{2k\pi}{n}\right),\ k = 0,\ 1,\ \cdots,\ n-1$$

이 해이다. 이것은 단위원의 원둘레를 1부터 시작하여 정확히 n등분한 점들이다. a, b가 방정식 $x^n - 1 = 0$의 해이면, $(ab)^n = a^n b^n = 1$이므로 곱 ab도 해이고 역원 a^{-1}도 해이다. 따라서 해들의 집합은 곱에 의해서 군이 된다. 이것을 1의 n제곱근의 군이라 부르고, ζ_n으로 나타내자. 이 군의 원소의 개수(위수)는 n이고, 특히

$$\xi = \cos\left(\frac{2\pi}{n}\right) + i\sin\left(\frac{2\pi}{n}\right)$$

라 두면, $1,\ \xi,\ \xi^2,\ \cdots,\ \xi^{n-1}$들이 군의 원소들을 망라하고 있다. 즉, 다음 결과를 얻을 수 있다.

정리 3.4.1 | 복소수체에서 1의 n제곱근의 곱셈군 ξ_n은 위수 n인 순회군이다.

다항식 $x^n - 1$은 명백히 $x-1$을 인수로 가지므로 유리수체 $\mathbb{Q}$ 위에서 기약이 아니다. n이 작을 때, $x^n - 1$에 대해 다음과 같은 $\mathbb{Q}$ 위의 인수분해를 얻는다.

$$x^2 - 1 = (x-1)(x+1)$$
$$x^3 - 1 = (x-1)(x^2+x+1)$$

$$x^4-1=(x-1)(x+1)(x^2+1)$$
$$x^5-1=(x-1)(x^4+x^3+x^2+x+1)$$
$$x^6-1=(x-1)(x+1)(x^2+x+1)(x^2-x+1)$$

이와 같은 분해는 어떤 방법으로 한 것일까? 일반적으로 1의 n제곱근 a가 순회군 ζ_n을 생성한다. 즉

$$1=a^0,\ a,\ a^2,\ \cdots$$

이 순회군 ζ_n의 모든 원소를 이룰 때, a를 **원시 n제곱근**이라 한다. 예를 들어 $n=6$일 때, ξ와 ξ^5이 원시 6제곱근이다. 각 자연수 h에 대해 모든 원시 h 제곱근 $\chi_1, \cdots, \chi_s$를 생각하고, 이들을 근으로 하는 다항식

$$\Phi_h(x)=(x-\chi_1)\cdots(x-\chi_s)$$

를 생각하자. 예를 들어

$$\Phi_1(x)=x-1,\ \Phi_2(x)=x+1,\ \Phi_3(x)=(x-\omega)(x-\omega^2)=x^2+x+1,\ \cdots$$

이다. 모든 1의 n제곱근이 원시 n제곱근이 아니라면, n의 약수 h가 단 하나 있어서 1의 원시 h제곱근이 된다. 따라서 다음 분해

$$x^n-1=\Pi_{h|n}\Phi_h(x)$$

를 얻는다. 여기서 h는 1과 n도 포함한 n의 약수를 움직인다. 이때 $\Phi_n(x)$는 최고차의 계수가 1인 정수계수 다항식이다. 귀납적으로 n보다 작은 자연수에 대해 이것을 보였다고 하자. 그러면 $\Pi_{h|n,\ h\neq n}\Phi_h(x)$도 최고차의 계수가 1인 정수계수 다항식이다. 그러나

$$\Phi_n(x)=\frac{x^n-1}{\Pi_{h|n,\ h\neq n}\Phi_h(x)}$$

인 나눗셈은 정수계수 범위 내에서 행해지므로 $\Phi_n(x)$에 대해서도 똑같은 것을 말할 수 있다. $\Phi_n(x)$는 (n차) **원분다항식**이라 부른다.

이제 $n = p_1^{a_1} \cdots p_r^{a_r}$, $a_i > 0$을 자연수 n의 소인수분해라 하자. 이때 위수 n인 순회군의 생성원 개수는 n을 법으로 하는 기약잉여류의 개수, 즉 오일러 함수 $\varphi(n)$이다. 또 이것은 계 2.4.10으로부터

$$(p_1^{a_1} - p_1^{a_1 - 1}) \cdots (p_r^{a_r} - p_r^{a_r - 1})$$

로 주어진다. 1의 n제곱근들이 이루는 순회군의 용어로 말하면, 생성원이란 원시 n제곱근이므로 다음 정리를 얻는다.

정리 3.4.2 | $n = p_1^{a_1} \cdots p_r^{a_r}$을 소인수분해라 하자. 이때 원분다항식 $\Phi_n(x)$의 차수는

$$\varphi(n) = (p_1^{a_1} - p_1^{a_1 - 1}) \cdots (p_r^{a_r} - p_r^{a_r - 1})$$

으로 주어진다.

원분다항식의 기약성

다음은 정다각형의 작도, 즉 원분(원둘레 나누기)문제를 생각할 때 열쇠가 되는 정리이다.

정리 3.4.3 | 원분다항식 $\Phi_n(x)$는 유리수체 위의 기약다항식이다.

증명 | 다항식 $x^n - 1$을 $\mathbb{Q}$ 위에서 기약인 몇 개의 다항식의 곱으로 분해했다고 하자. 정리 2.5.4로부터 이러한 분해는 $\mathbb{Z}$ 계수 다항식에 의한 분해라고 생

각해도 된다. 또 각각의 기약다항식의 최고차의 계수는 1이라고 해도 된다. 그러한 기약다항식 $f(x)$가 있어서, 원시 n제곱근을 (적당한 확대체에서) 하나의 근으로 가지는 것을 생각하자. 정리를 보이기 위해서 그러한 $f(x)$는 모든 원시 n제곱근을 근으로 가진다는 것을 보이면 된다. 실제로 만약 $\Phi_n(x)$가 가약이면, 그 하나의 기약인자 $f(x)$는 모든 원시 n제곱근을 근으로서 가지지 않아 모순이다.

이제 ξ를 $f(x)$의 근에 포함되는 원시 n제곱근이라 하고 p를 n과 서로소인 소수라 하면, ξ^p은 분명히 원시 n제곱근이다. 이때 ξ^p은 다시 $f(x)$의 근임을 보이자. 만약 그렇지 않다면, ξ^p을 하나의 근으로 하는 다른 기약인 $\mathbb{Z}$ 계수 다항식 $g(x)$가 있다. 다항식 $u(x)=g(x^p)$을 생각하면, $f(x)$와 $u(x)$는 공통근 ξ를 가진다. 따라서 보조정리 2.5.13으로부터 $u(x)$는 유리계수 다항식으로서 $f(x)$로 나누어떨어진다. 그러나 $f(x)$의 최고차의 계수가 1이므로 이 나눗셈은 정수계수에서 가능하다. 따라서 적당한 $\mathbb{Z}$ 계수 다항식 $v(x)$에 의해 $u(x)=f(x)v(x)$의 꼴로 적을 수 있다. 여기서 생각하고 있는 다항식들은 $\mathbb{Z}$ 계수인데, 계수를 p를 법으로 하는 잉여환 $\mathbb{Z}/p\mathbb{Z}$에서 생각한 것을 $\overline{f}(x)$로 나타내자. 이때 보조정리 2.5.15로부터 $\overline{u}(x)=(\overline{g}(x))^p$이고, 따라서

$$(\overline{g}(x))^p = \overline{f}(x)\,\overline{v}(x)$$

가 성립한다. 여기서 $\mathbb{Z}/p\mathbb{Z}$는 체이므로 $\mathbb{Z}/p\mathbb{Z}$ 계수 다항식에 대해서도 일의적 소인수분해가 성립한다(정리 2.5.3)는 것에 유의하자. $\overline{f}(x)$의 각 소인수는 $(\overline{g}(x))^p$의 약수이므로 $\overline{g}(x)$의 약수도 된다. 따라서 $\overline{f}(x)$ 전체는 $\overline{g}(x)$의 약수가 된다. 원래로 돌아가서 $f(x)$, $g(x)$의 정의로부터 적당한 $\mathbb{Z}$ 계수 다항식 $h(x)$가 있어서

$$x^n - 1 = f(x)g(x)h(x)$$

로 나타낼 수 있다. 이것을 $\mathbb{Z}/p\mathbb{Z}$ 계수에서 생각하더라도 똑같은 것이 성립

하는데, 위의 논의로부터 $\mathbb{Z}/p\mathbb{Z}[x]$에서 x^n-1은 $\overline{f}(x)^2$으로 나누어떨어지고 중해를 가지게 되는데, n과 p가 서로소이므로 보조정리 2.5.12에 의해 모순이다.

이상으로부터 ξ가 $f(x)$의 근이면, n과 서로소인 모든 소수 p에 대해서 ξ^p도 근이 된다. n과 서로소인 자연수는 이러한 소수의 곱으로 나타낼 수 있으므로 이 결과를 반복 이용하면, 모든 원시 n제곱근이 $f(x)$의 근이 된다.

□

주 3.4.1 n이 소수 p인 경우는 다음과 같이 간단히 증명된다. p가 소수일 때는

$$\Phi_p(x)=\frac{x^p-1}{x-1}=x^{p-1}+\cdots+x+1$$

이다. 일반적으로 다항식 $f(x)$가 가약이면, $f(x+1)$도 가약이다.

$$\Phi_p(x+1)=\frac{(x+1)^p-1}{x}=x^{p-1}+pg(x)+p$$

의 꼴인데, 아이젠슈타인의 판정법(정리 2.5.6)으로부터 $\mathbb{Q}$ 위에서 기약이므로 본래의 원분다항식도 그러하다.

이제 방정식 $x^n-1=0$의 유리수체 $\mathbb{Q}$ 위의 분해체를 생각하자. 이것은 분명히 $\mathbb{Q}$의 단순확대체 $\mathbb{Q}(\xi)$이다. 따라서 $\mathbb{Q}$ 위의 기약인 원분다항식 $\Phi_n(x)$의 하나의 해를 부가한 것이므로 확대차수는 오일러 함수 $\varphi(n)$으로 주어진다. $x^n-1=0$의 분해체를 n차 **원분체**라 부른다.

또한 단순확대체 $\mathbb{Q}(\xi)$는 방정식 $x^n-1=0$의 유리수체 $\mathbb{Q}$ 위의 분해체이므로 갈루아 확대이다. $\mathbb{Q}(\xi)$인 체의 $\mathbb{Q}$ 위에서의 자기동형 ψ는 ξ를 공액원, 즉 원시 n제곱근으로 보내는 단 한 가지 대응으로 정해진다(예 3.2.4). 즉, n과 서로소인 자연수 k가 있어

$$\psi(\xi) = \xi^k$$

으로 주어진다. 이러한 자기동형을 ψ_k로 나타내자. 그러면 두 자기동형 ψ_k, ψ_l에 대해서

$$\psi_k(\psi_l(\xi)) = \psi_k(\xi^l) = \xi^{kl} = \psi_l(\psi_k(\xi))$$

이므로 ψ_k, ψ_l은 교환가능, 즉 시행하는 순서에 의존하지 않음은 분명하다. 따라서 갈루아군은 위수가 $\varphi(n)$인 아벨군이다. 또 임의의 정수 a에 대해 $\xi^k = \xi^{k+an}$이므로 자기동형 ψ_k는 k의 잉여류에만 의존한다. 이 대응으로부터 원분확대인 갈루아군은 기약 잉여류의 곱셈군 $(\mathbb{Z}/n\mathbb{Z})^\times$와 동형이다. 따라서 다음 결과를 얻는다.

정리 3.4.4 | $\mathbb{Q}$ 위의 방정식 $x^n - 1 = 0$의 분해체의 갈루아군은 위수가 $\varphi(n)$인 아벨군이다.

이제 K를 표수가 0인 체, ξ를 1의 원시 n제곱근이라 하자. 이때 기초체의 확대에 관한 정리 3.2.13으로부터 다음 계를 얻는다.

계 3.4.5 | K에 1의 거듭제곱근을 부가한 단순확대 $K(\xi)$는 K의 갈루아 확대이고, 갈루아군은 아벨군이다.

▶ 표수가 p인 경우

표수가 p인 소체 $\mathbb{F}_p$를 기초체로 방정식 $x^n - 1 = 0$을 생각하자. 예를 들어, p가 홀수 소수로 $p = n$일 때, $(x-1)^p = x^p - 1$이므로 방정식 $x^p - 1 = 0$

의 해는 1(p중해)뿐이다. 역으로 n을 p와 소라고 할 때, 보조정리 2.5.12에서와 같이 방정식 $x^n-1=0$은 중해를 가지지 않는다. 이 방정식의 분해체 속에 1의 n제곱근은 역시 n개 있으며, 그들은 곱에 관해서 위수가 n인 아벨군을 이루고 있다. 복소수체인 경우와 마찬가지로 1의 원시 n제곱근의 존재는 다음과 같이 보일 수 있다.

정리 3.4.6 | n은 p와 소라 하자. 이때 $\mathbb{F}_p$ 위의 1의 n제곱근들이 이루는 곱셈군 ζ_n은 순회군이다.

증명 | 방정식 $x^n-1=0$이 중해를 가지지 않는 것으로부터 아벨군 ζ_n은 n의 임의의 약수 d에 대해 $x^d=e$가 되는 원소가 정확히 d개 있다는 성질을 가진다. $n=q_1^{a_1}\cdots q_k^{a_k}$을 소인수분해라 하자. $A_i=\left\{u\in\zeta_n : u^{q_i^{a_i}}=1\right\}$은 위수가 소수 거듭제곱 $q_i^{a_i}$인 부분군인데, ζ_n과 같은 성질을 가진다. 이때 A_i는 위수가 정확히 $q_i^{a_i}$인 원소를 가짐은 쉽게 알 수 있다. 따라서 A_i는 순회군이고, 계 2.4.9로부터 A도 순회군이다. □

$\mathbb{F}_p$ 위의 방정식 $x^{p^n}-x=0$의 해의 집합 $\mathbb{F}_{p^n}$은 체였다(정리 3.1.10). 따라서 위의 것으로부터 다음 계를 얻는다.

계 3.4.7 | 체 $\mathbb{F}_{p^n}$의 곱셈군 $(\mathbb{F}_{p^n})^\times$는 순회군이다.

이것으로부터 초등정수론의 잘 알려진 결과를 얻을 수 있다. 먼저 $\mathbb{F}_p=\mathbb{Z}/p\mathbb{Z}$임에 유의하자. 방정식 $x^{p-1}-1=0$을 $\mathbb{Z}/p\mathbb{Z}$에서 푸는 것을 생각하자. 이때 잉여류 $[1]$, $[2]$, $\cdots$, $[p-1]$은 이 방정식의 모든 해이다. 따라서 해와

계수의 관계, 즉

$$x^{p-1}-[1]=(x-[1])\cdots(x-[p-1])$$

의 상수항을 비교하면 다음 윌슨의 정리를 얻는다.

정리 3.4.8 | p를 홀수 소수라 하자. 이때

$$(p-1)! \equiv -1 \pmod p$$

가 성립한다.

방정식 $x^n - a = 0$과 n제곱근

a를 기초체 K의 원소라 할 때, $x^n - a = 0$인 꼴의 방정식을 이항방정식이라 한다. 단, $a=1$인 경우는 앞 절에서 다루었으며, 또 a값에 따라 그 양상이 상당히 다르므로 여기서는 $a \neq 1$이라 가정한다. 위와 같은 방정식의 해는 a의 n제곱근 $\sqrt[n]{a}$이다. 단, 이 기호에는 주의가 필요하다. a가 복소수이면, 30쪽에서 다룬 것처럼 n개 있는 해 가운데 특정의 것(편각이 음수가 아니고 최소가 되는 것)을 $\sqrt[n]{a}$라 나타낼 수 있는데, a가 부정원이면 일반적인 방법으로 n개 있는 해에서 특정의 것을 지정할 수 없다. 따라서 여기서는 $\sqrt[n]{a}$라 나타낸 경우, 각각의 상황에서 하나의 해를 택한 어떤 것으로 한다. 그때, 하나의 식 속에 같은 기호 $\sqrt[n]{a}$가 여러 번 나타날 때 그들은 같은 것을 나타내는 것으로 한다.

이제 기초체 K를 계수 a를 포함하는 표수가 0인 체라 하고, K에 a의 하나의 n제곱근 $\sqrt[n]{a}$을 부가한 체 $K(\sqrt[n]{a})$를 생각하자. 이것은 일반적으로는 $\sqrt[n]{a}$의 선택방법에 따라 다르다. 예를 들어, $x^3-2=0$의 해는 ω를 1의 원시 세제곱근이라 할 때, $\sqrt[3]{2}$, $\sqrt[3]{2}\,\omega$, $\sqrt[3]{2}\,\omega^2$의 3개이다. K가 유리수체일 때

방정식은 기약이므로 $\mathbb{Q}(\sqrt[3]{2})$와 $\mathbb{Q}(\sqrt[3]{2}\,\omega)$는 공액이기는 하지만 다르다. 또 $x^3-8=0$인 경우 방정식은 가약이며, 2개의 체 $\mathbb{Q}(2)=\mathbb{Q}$와 $\mathbb{Q}(2\omega)$ 역시 동형이 아니다. 그러나 기초체 K가 1의 n제곱근을 모두 포함(원시 n제곱근을 하나 포함하고 있으면 된다)할 때 $K(\sqrt[n]{a})$는 $\sqrt[n]{a}$의 선택방법에 의존하지 않는다. 실제로 다음 보조정리가 성립한다.

보조정리 3.4.9 | 기초체 K가 1의 n제곱근을 모두 포함한다고 하자. 이때 방정식 $x^n-a=0$의 하나의 해를 부가한 단순확대체 $K(\sqrt[n]{a})$는 그 자신 방정식의 분해체이다.

증명 | ξ를 1의 원시 n제곱근이라 하자. 이때 방정식의 모든 해는

$$\sqrt[n]{a},\ \xi\sqrt[n]{a},\ \cdots,\ \xi^{n-1}\sqrt[n]{a}$$

로 주어지는데, 이들은 모두 체 $K(\sqrt[n]{a})$에 속해 있기 때문이다. □

정리 3.2.6으로부터 방정식의 분해체는 갈루아 확대였다. 따라서 기초체 K가 1의 n제곱근을 모두 포함할 때, $K(\sqrt[n]{a})$는 K 위의 갈루아 확대이다. 그럼 이제 갈루아군을 구해보자. 우선 방정식 $x^n-a=0$이 K 위에서 기약이라 하자. 이때 모든 해는 공액이다. 예 3.2.4로부터 $\sqrt[n]{a}$를 그 공액원 $\xi^k\sqrt[n]{a}$로 보내는 K 위의 자기동형이 단 하나 존재한다. 이것을 g_k로 나타내면, 갈루아군은 $g_0,\ \cdots,\ g_{n-1}$의 n개의 원소로 이루어진다.

$$g_l(g_k(\sqrt[n]{a}))=g_l(\xi^k\sqrt[n]{a})=\xi^k(\xi^l\sqrt[n]{a})=\xi^{k+l}\sqrt[n]{a}$$

이고, 자기동형은 $\sqrt[n]{a}$가 향하는 곳으로 정해지므로 $g_l g_k=g_{k+l}$이 성립한다. 따라서 $(g_1)^j=g_j$이다. g_n은 항등사상이며, 역으로 $0<k<n$이면 g_k는 항등사상이 아니다. 따라서 갈루아군은 g_1으로 생성된 위수가 n인 순회군이다.

다음으로 방정식 $x^n - a = 0$이 K 위에서 기약이 아니면, $\sqrt[n]{a}$와 공액인 해는 전체의 일부가 된다. 따라서 갈루아군은 위수가 n인 순회군의 부분군이므로 정리 2.4.11로부터 역시 순회군이다.

이제 기초체 K가 1의 원시 n제곱근을 포함하지 않는 경우를 생각하자. K에 1의 원시 n제곱근 ξ를 부가한 체 $K(\xi)$를 K'으로 나타내자. 계 3.4.5로부터 K'은 K의 갈루아 확대이고, 갈루아군은 아벨군이었다. 또 위에서 논한 것으로부터 단순확대체 $K'(\sqrt[n]{a})$는 K'의 갈루아 확대이고, 갈루아군은 순회군이다. 또한 $K'(\sqrt[n]{a}) = K(\xi, \sqrt[n]{a})$에서 ξ와 $\sqrt[n]{a}$의 K 위의 공액원 모두는 다시 $K(\xi, \sqrt[n]{a})$에 속하고 있음은 분명하다. 따라서 보조정리 3.2.8로부터 $K(\xi, \sqrt[n]{a})$는 기초체 K의 갈루아 확대이다.

이상으로부터 n제곱근을 부가한 체의 구조정리를 얻었다.

정리 3.4.10 | 체 K의 원소 a의 n제곱근 중 하나를 $\sqrt[n]{a}$라 하자. $K' = K(\xi)$를 K에 1의 원시 n제곱근 ξ를 부가한 체라 하자. 그리고 $K'' = K(\xi, \sqrt[n]{a}) = K'(\sqrt[n]{a})$라 하자. 이때

$$K \subset K',\ K \subset K'',\ K' \subset K''$$

는 모두 갈루아 확대이다. 갈루아군 $A = \mathrm{Gal}(K'/K)$는 아벨군, $G' = \mathrm{Gal}(K''/K')$은 순회군이다. $A = \mathrm{Gal}(K'/K)$는 $G = \mathrm{Gal}(K''/K)$의 정규부분군이고, 잉여군 G/N은 G'과 동형이다. 특히 G는 가해군이다. $G' = \mathrm{Gal}(K''/K')$의 위수는 n의 약수이고, 위수가 정확히 n이 되기 위한 필요충분조건은 방정식 $x^n - a = 0$이 K 위의 기약이라는 것이다.

▶ 순회확대와 이항방정식

기초체 K의 갈루아 확대 L을, 그 갈루아군이 순회군 혹은 아벨군일 때, 각각 순회확대 혹은 아벨확대라 한다. 예를 들어, $\mathbb{Q}$ 위의 n차 원분체는 아벨확대이다.

보조정리 3.4.11 | L은 기초체 K의 갈루아 확대라 하자. K와 L의 중간체 열

$$K = K_0 \subset K_1 \subset \cdots \subset K_{m-1} \subset K_m = L$$

이 있어서, 각 i에 대해서 K_i가 K_{i-1}의 순회확대가 될 때, 갈루아군 Gal (L/K)은 가해군이다.

증명 | $G = \mathrm{Gal}(L/K)$의 부분군 $\mathrm{Gal}(L/K_i)$를 G_i라 하자. 이때 부분군의 열

$$G = G_0 \subset G_1 \subset \cdots \subset G_{m-1} \subset G_m = \{e\}$$

를 얻는다. 체의 확대 $K_{i-1} \subset K_i \subset K_m = L$에 정리 3.2.11을 적용하면, G_i는 G_{i-1}의 정규부분군이고, 잉여군은 순회군이다. 따라서 계 2.3.23으로부터 G는 가해군이다. □

기초체 K 위의 기약인 다항식 $f(x) = 0$의 분해체의 갈루아군을 방정식 $f(x) = 0$의 갈루아군이라 부른다. 일반적으로는 전혀 다른 방정식으로부터 같은 갈루아군이 얻어질 수 있는데, 갈루아군에서 방정식을 정할 수는 없다. 그러나 갈루아군이 순회군인 경우는 어떤 의미에서 이 역이 성립한다.

정리 3.4.12 | 체 K는 1의 n제곱근을 모두 포함한다고 가정하자. L은 K의 n차 순회확대라 하자. 그러면 체 K의 원소 a가 있어서, L은 K 위의 기약방정식 $x^n - a = 0$의 분해체이다.

증명 | L을 단순확대 $K(\beta)$의 꼴로 나타내자(정리 3.1.9). 갈루아군 Gal (L/K)의 생성원을 g라 하자. ξ를 1의 원시 n제곱근이라 할 때, L의 원소

$$u=\beta+\xi g(\beta)+\xi^2 g^2(\beta)+\cdots+\xi^{n-1}g^{n-1}(\beta)$$

를 생각하자. 이때

$$\xi g(u)=\xi g(\beta)+\xi^2 g^2(\beta)+\cdots+\xi^n g^n(\beta)=u$$

가 성립한다. 따라서 $g(u)=\xi^{-1}u$이다. $a=u^n$이라 두면

$$g(a)=g(u^n)=(g(u))^n=a$$

이다. 따라서 a는 갈루아군의 불변인 원소이므로 계 3.2.9로부터 기초체 K에 속한다. 즉, 원소 u는 방정식 $x^n-a=0$의 해이다. 이 방정식의 다른 해는 $\xi^i u$로 나타낼 수 있는데, $\xi^i u=g^{-i}u$이므로 해는 서로 공액이다. 따라서 방정식 $x^n-a=0$은 기약이다. 위의 정리로부터 방정식 $x^n-a=0$의 분해체 $K(u)$는 차수가 n인 순회군이므로 확대차수를 생각하면 $L=K(u)$이다. □

3.5 갈루아가 생각한 것

▶ 일반방정식

n차 대수방정식을 표수가 0인 체 위에서 가장 일반적으로 생각한다는 것이 어떤 것인가를 정식화하자. n차 다항식

$$f(x)=x^n+u_1x^{n-1}+\cdots+u_{n-1}x+u_n$$

이 일반다항식이라는 것은 계수 u_1, $\cdots$, u_n이 부정원(그것들 사이에 대수적

관계가 없어 어떠한 수도 대입할 수 있다)이라는 것이다. 다시 말해 $f(x)$의 계수의 체는 유리수체 $\mathbb{Q}$에 부정원 $u_1, \cdots, u_n$을 부가한 체, 즉 n변수 유리 함수체 $K=\mathbb{Q}(u_1, \cdots, u_n)$라 생각할 수 있다. L을 예로 들어 $\mathbb{C}$와 같은 $\mathbb{Q}$의 확대체라 할 때, $a_i \in L$를 계수로 하는 다항식

$$g(x) = x^n + a_1 x^{n-1} + \cdots + a_{n-1}x + a_n$$

은 일반다항식 $f(x)$의 계수 u_i에 특정 원소 a_i를 대입한 것으로 생각할 수 있다. $f(x)$가 일반다항식일 때, 방정식 $f(x)=0$을 일반방정식이라 한다.

이러한 방정식의 갈루아군을 조사하기 위해, 근으로부터 역으로 생각하자. 먼저, $t_1, \cdots, t_n$을 부정원으로 하는 유리수체 $\mathbb{Q}$ 위의 유리함수체 $\mathbb{Q}(t_1, \cdots, t_n)$을 생각하자. $\sigma_1 = \sigma_1(t_1, \cdots, t_n), \cdots, \sigma_n = \sigma_n(t_1, \cdots, t_n)$을 $t_1, \cdots, t_n$의 기본대칭식이라 하자. 대칭식의 기본정리 3.3.3으로부터 기본대칭식 σ_i 사이에 대수적 관계가 없으므로, $\sigma_1, \cdots, \sigma_n$으로 생성된 $\mathbb{Q}(t_1, \cdots, t_n)$의 부분체는 유리함수체 $\mathbb{Q}(\sigma_1, \cdots, \sigma_n)$이다.

이제 부정원 $t_1, \cdots, t_n$을 근으로 하는 다항식 $g(x)$를 생각하면

$$g(x) = (x-t_1)\cdots(x-t_n) = x^n - \sigma_1 x^{n-1} + \cdots + (-1)^n \sigma_n$$

이므로 계수는 기본대칭식 $(-1)^i \sigma_i(t_1, \cdots, t_n)$이다. 따라서 방정식 $g(x)=0$의 계수체는 유리함수체 $\mathbb{Q}(\sigma_1, \cdots, \sigma_n)$이고, 정의로부터 그 분해체는 유리함수체 $\mathbb{Q}(t_1, \cdots, t_n)$이다. 정리 3.2.6으로부터 방정식의 분해체는 갈루아 확대이고, 갈루아군의 원소는 근 $t_1, \cdots, t_n$의 치환으로 주어진다. 한편, 분해체 $\mathbb{Q}(t_1, \cdots, t_n)$은 유리함수체이므로 보조정리 3.3.2로부터 $t_1, \cdots, t_n$의 임의의 치환 $\gamma \in \Sigma_n$는 체 $\mathbb{Q}(t_1, \cdots, t_n)$의 자기동형으로 주어진다. 따라서 분해체의 갈루아군, 즉 방정식 $g(x)=0$의 갈루아군은 n차 대칭군 Σ_n이다.

방정식 $g(x)=0$의 계수체는 유리함수체 $\mathbb{Q}(\sigma_1, \cdots, \sigma_n)$이었다. 기본대칭

식 $\sigma_i(t_1, \cdots, t_n)$ 사이에는 대수적 관계가 없으므로 σ_i를 u_i로 보냄으로써 $\mathbb{Q}(\sigma_1, \cdots, \sigma_n)$은 일반방정식 $f(x)=0$의 계수체 $\mathbb{Q}(u_1, \cdots, u_n)$과 동형이다. 따라서 위의 방정식 $g(x)=0$은 일반방정식 $f(x)=0$의 계수를 단순히 바꿔 놓은 것이라 생각해도 된다. 따라서 다음 정리를 얻는다.

정리 3.5.1 | 일반방정식

$$f(x) = x^n + u_1 x^{n-1} + \cdots + u_{n-1} x + u_n = 0$$

의 갈루아군은 n차 대칭군 Σ_n이다.

해의 공식이란 무엇인가?

일반다항식

$$f(x) = x^n + u_1 x^{n-1} + \cdots + u_{n-1} x + u_n$$

을 생각하자. 이 다항식의 하나의 근, 바꾸어 말해 방정식 $f(x)=0$의 하나의 해가 부정원 $u_1, \cdots, u_n$의 식 $\alpha(u_1, \cdots, u_n)$으로 나타내어진다고 하자. 이러한 식이 있으면, u_i에 특정 원소 a_i를 대입함으로써 모든 n차방정식의 하나의 해를 얻을 수 있다. 그런 의미에서 이러한 식을 **해의 공식**이라 부른다.

여기서 이차 혹은 삼차방정식의 해의 공식과 마찬가지로, 위와 같은 식에서 허용된 산법은 유리연산과 거듭제곱근을 취하는 것에 한한다. 이러한 식의 예로 기초체 K의 원소 a, b, c의 식

$$\sqrt[5]{a+\sqrt{b-\sqrt[3]{c}}} + 2\sqrt[3]{c}$$

를 생각하자. 단, n제곱근의 기호는 앞에서 다룬 약속을 이용한다. 이 식에서 가장 내부에 있는 근호는 $\sqrt[3]{c}$이다. $b-\sqrt[3]{c}=\beta$, $a+\sqrt{b-\sqrt[3]{c}}=\gamma$라 두면,

위의 식은 K에 $\sqrt[3]{c}$, $\sqrt{\beta}$, $\sqrt[5]{\gamma}$를 차례로 부가한 체 $K(\sqrt[3]{c})(\sqrt{\beta})(\sqrt[5]{\gamma})$에 속한다. 역으로 이러한 체 $K(\sqrt[3]{c})(\sqrt{\beta})(\sqrt[5]{\gamma})$의 원소는 유리연산과 근호로 나타낼 수 있다.

그래서 일반적으로 기초체 K를 K_0라 하고, K_0의 원소 a_0의 하나의 n_0제곱근 $\sqrt[n_0]{a_0}$을 부가한 체 $K_0(\sqrt[n_0]{a_0})$을 K_1으로 나타낸다. K_1의 원소 a_1의 하나의 n_1제곱근 $\sqrt[n_1]{a_1}$을 부가한 체 $K_1(\sqrt[n_1]{a_1})$을 K_2라 하고, 이하 마찬가지로 반복해서 얻어지는 체를 K_r로 나타낸다. 이때 K_r의 원소로 나타낼 수 있는 식을 '기초체 K의 원소에 유리연산과 거듭제곱근을 반복 이용해서 나타낼 수 있는 식'이라 부른다. 단, $\sqrt[nm]{a}$는 이중 거듭제곱근 $\sqrt[n]{\sqrt[m]{a}}$로 나타낼 수 있으므로 소수 p에 대한 거듭제곱근 $\sqrt[p]{a}$만을 이용해서 나타낼 수 있는 식이라 해도 된다.

또 기초체 K 위의 방정식 $f(x)=0$의 하나의 해가 위와 같은 체 K_r에 포함될 때, 그 해는 기초체의 원소에 유리연산과 거듭제곱근을 이용해서 나타낼 수 있다.

보조정리 3.5.2 | K는 체이고, L은 K의 갈루아 확대이고 1의 원시 n제곱근을 포함한다고 가정하자. L의 원소 α의 K 위의 공역원을 $\alpha=\alpha_1$, α_2, $\cdots$, α_k라 하자. 이때 L에 $\sqrt[n]{\alpha_1}$, $\cdots$, $\sqrt[n]{\alpha_k}$를 부가한 체 $L(\sqrt[n]{\alpha_1}, \cdots, \sqrt[n]{\alpha_k})$는 K의 갈루아 확대이다.

증명 | α의 최소다항식을 $f(x)$라 하자. 따라서 그 근은 $\alpha=\alpha_1$, α_2, $\cdots$, α_k이다. $g(x)=f(x^n)$이라 하자. 그리고 ξ를 1의 원시 n제곱근이라 하면, $\xi^i\sqrt[n]{\alpha_j}$는 $g(x)$의 근이다. 가정으로부터 이것들은 모두 체 $L'=L(\sqrt[n]{\alpha_1}, \cdots, \sqrt[n]{\alpha_k})$의 원소이다. 따라서 L이 K의 갈루아 확대라는 것과 $\sqrt[n]{\alpha_1}$, $\cdots$, $\sqrt[n]{\alpha_k}$의 K 위의 공액원은 다시 L'에 속한다는 것으로부터, 보조정리 3.2.8에 의해 L'은 K의 갈루아 확대이다. □

1의 세제곱근 $\omega = \dfrac{-1+\sqrt{-3}}{2}$은 제곱근을 이용해서 나타낼 수 있다. 또한 일반적으로 다음이 성립한다.

보조정리 3.5.3 | 1의 n제곱근, 즉 $\mathbb{Q}$ 위의 방정식 $x^n - 1 = 0$의 모든 해는 유리연산과 n보다 작은 소수 p에 대한 p제곱근을 반복 이용해서 나타낼 수 있다.

증명 | n에 관한 수학적 귀납법으로 증명하자. 즉, n보다 작은 자연수에 대해 보조정리가 성립한다고 하자. 정리 3.4.4로부터 방정식 $x^n - 1 = 0$의 $\mathbb{Q}$ 위의 분해체는 아벨 확대이고, 갈루아군의 위수는 오일러 함수 $\varphi(n)$이다. $\mathbb{Q}$에 1의 $\varphi(n)$제곱근을 모두 부가한 체를 K라 하자. $\varphi(n) < n$이므로 귀납법의 가정으로부터 1의 $\varphi(n)$제곱근은 유리연산과 n보다 작은 소수 p에 대한 p제곱근을 반복 이용해서 나타낼 수 있음에 유의하자.

한편, 정리 3.2.13으로부터 방정식 $x^n - 1 = 0$의 K 위의 분해체 L은 역시 아벨 확대이며, 갈루아군은 위의 갈루아군의 부분군이므로 위수는 $\varphi(n)$의 약수이다. 그러므로 정리 3.2.12로부터 부분체의 열

$$K = K_0 \subset K_1 \subset \cdots \subset K_r = L$$

이 있어 $K_{i-1} \subset K_i$는 소수 p_i차 순회확대라 할 수 있다. 체 $K \subset K_{i-1}$은 1의 $\varphi(n)$제곱근을 모두 포함하므로 1의 p_i제곱근을 모두 포함한다. 따라서 정리 3.4.12로부터 K_i는 K_{i-1} 위의 방정식 $x^{p_i} - a = 0$의 분해체이다. 즉, a의 p_i제곱근에 의해 나타낼 수 있다. 따라서 $K_r = L$의 원소, 특히 1의 n제곱근은 이러한 소수 제곱근을 반복 이용해서 나타낼 수 있다. □

정리 3.5.4 | $f(x)=0$을 기초체 K 위의 기약방정식이라 하자.

(1) 방정식 $f(x)=0$의 분해체 L의 갈루아군이 가해이면, 방정식의 모든 해는 기초체의 원소로부터 유리연산과 거듭제곱근을 이용해서 나타낼 수 있다.

(2) 역으로 방정식 $f(x)=0$의 하나의 해가 유리연산과 거듭제곱근을 이용해서 나타낼 수 있으면, 분해체 L의 갈루아군은 가해이다.

증명 | (1) 먼저, 기초체 K에 필요한 만큼 1의 거듭제곱근을 부가한 체를 K'이라 하고, 기초체를 K'으로 확대해 두자. 이때 정리 3.2.12로부터 방정식 $f(x)=0$의 K' 위의 분해체 L'의 갈루아군은 L의 갈루아군의 부분군이므로 가정과 정리 2.3.21로부터 역시 가해이다. 보조정리 3.5.3으로부터 K'은 K에서 거듭제곱근을 취해서 얻을 수 있으므로, K', L'에 대해서 (1)을 보이면 된다. 이때 정리 3.2.12로부터 L'의 부분체의 열

$$K'=K'_0 \subset K'_1 \subset \cdots \subset K'_{r-1} \subset K'_r = L'$$

이 있어서, 각 단계는 소수 차의 순회확대이다. 기초체에 1의 거듭제곱근이 충분히 포함되어 있으므로 정리 3.4.12로부터 각 K'_i은 차례로 적당한 거듭제곱근 $\sqrt[p]{a}$를 부가해서 얻는다. 이것을 반복 이용하면 정리를 보일 수 있다.

(2) 가정으로부터 $K_{i+1}=K_i(\sqrt[n_i]{a_i})$에 의해 정해지는 체의 열

$$K=K_0 \subset K_1 \subset \cdots \subset K_r$$

이 있어서 방정식 $f(x)=0$의 하나의 해가 K_r에 포함된다. 우선, 필요한 만큼 1의 거듭제곱근을 모두 K에 부가한 체를 $K'=K'_0$이라 하자. 계 3.4.5로부터 이것은 K의 아벨 확대이다. 또한 정리 3.4.10으로부터 $K'_1=K'_0(\sqrt[n_0]{a_0})$는 기초체 K의 갈루아 확대이다.

다음으로 원소 $a_1 \in K_1 \subset K'_1$의 n_1제곱근을 K'_1에 부가한 체는 기초체 K 위의 갈루아 확대로 한정하지 않는다. 그래서 보조정리 3.5.2에 $L=K'_1$,

$\alpha = a_1$을 적용하면, K'_1의 확대체에서 K의 갈루아 확대가 되는 것을 얻는다. 이것을 K'_2이라 두자. 이것은 n제곱근을 차례로 부가해서 얻어졌음에 유의하자. 이하 마찬가지의 것을 r까지 반복해서, K의 갈루아 확대 K'_r을 만든다. 그래서 K'_r의 갈루아군 $G = \mathrm{Gal}(K'_r/K)$가 가해군임을 보이자. 중간체 K'은 K의 아벨 확대(계 3.4.5)이다. 따라서 갈루아군 $G' = \mathrm{Gal}(K'_r/K')$이 가해군이면, 정리 2.3.22로부터 G도 가해가 된다. 따라서 K'에서 K'_r까지의 갈루아 확대는 차례로 거듭제곱근을 부가하여 얻었다. 즉 체의 확대 열

$$K' = L_0 \subset L_1 \subset \cdots \subset L_{m-1} \subset L_m = K'_r$$

이 있어서, $L_i = L_{i-1}(\sqrt[a_i]{\beta_i})$인 꼴의 확대이다. $L_0 = K'$에는 필요한 만큼의 1의 거듭제곱근이 포함되어 있으므로 L_{i-1}도 그러하며 정리 3.4.10으로부터 L_i는 L_{i-1}의 순회확대이다. 따라서 보조정리 3.4.11로부터 G'은 가해이고, 위에서 다룬 것처럼 G도 가해이다.

이제 가정으로부터 $f(x)$는 K 위의 기약이고, 그 하나의 근이 $K_r \subset K'_r$에 포함된다. K'_r은 K의 갈루아 확대이므로 $f(x)$의 분해체 M은 K'_r에 포함된다. 따라서 갈루아군 $\mathrm{Gal}(M/K)$는 $\mathrm{Gal}(K'_r/K)$의 잉여군이며, 정리 2.3.21로부터 가해이다. □

▶ 아벨의 정리

이제 이 절의 처음에 보인 것처럼, n이 5 이상일 때 일반다항식의 갈루아군은 대칭군 Σ_n이고, 계 3.3.19로부터 가해는 아니다. 따라서 아벨의 정리로 알려진 다음 정리를 얻는다.

정리 3.5.5 | n이 5 이상의 정수일 때, n차 일반방정식의 해는 유리연산과 거듭제곱근을 이용해서 나타낼 수 없다.

주 3.5.1 이것은 **특정** 방정식의 해가 유리연산과 거듭제곱근을 이용해서 나타낼 수 있음을 부정하고 있는 것은 아니다. 예를 들어,

$$x^6 + ax^3 + b = 0$$

의 해는 분명히 제곱근과 세제곱근에 의해 나타낼 수 있다.

이제 대칭군 Σ_n의 부분군인 교대군 A_n을 상기하자(156쪽). 이것은 차적 $\Delta(t_1, \cdots, t_n) = \Pi_{i>j}(t_i - t_j)$를 움직이지 않는 치환(우치환)이 이루는 Σ_n의 정규부분군이며, 잉여군 Σ_n / A_n은 위수가 2인 순회군이다. $\mathbb{Q}$ 위의 유리함수체 $L = \mathbb{Q}(t_1, \cdots, t_n)$과 기본대칭식 $\sigma_1, \cdots, \sigma_n$으로 생성된 부분체 $K = \mathbb{Q}(\sigma_1, \cdots, \sigma_n)$을 생각하면, 갈루아의 기본정리(정리 3.2.10)으로부터 A_n 불변인 부분체

$$L^{A_n} = \{u \in L : \gamma u = u, \ \forall \gamma \in A_n\}$$

은 K에 판별식의 제곱근 $\Delta = \sqrt{D}$를 부가한 이차확대 $K(\sqrt{D})$이다. 따라서 n변수 유리식 $u(t_1, \cdots, t_n)$이 A_n 불변이면, 적당한 대칭다항식 f_1, f_2에 의해

$$u = f_1 + f_2 \Delta$$

로 일의적으로 나타낼 수 있다.

특별한 경우로서 삼차방정식의 해의 공식을 얻을 수 있는 방법을 생각해보자. 일반적인 삼차방정식의 분해체의 갈루아군은 대칭군 Σ_3이다. Σ_3의 정규부분군인 교대군 A_3는 위수가 3이므로 순회군이고, 잉여군 Σ_3 / A_3는 위수가 2인 순회군이다. 따라서 Σ_3는 가해군이다. 방정식의 기초체를 K, 분해체를 L이라 하면, 위와 같이 중간체 L^{A_3}가 얻어진다. K에서 L^{A_3}는 제곱근 $\sqrt{D}$를 부가해서 얻어지며, 또 L^{A_3}에서 L은 3차 순회확대이므로 정리

3.4.12로부터 적당한 세제곱근을 부가함으로써 얻어진다. 즉 삼차방정식의 해는 제곱근과 세제곱근을 취함으로써 얻어진다.

제4장

유클리드 기하와 체

4.1 유클리드 기하와 실수

고전적인 유클리드 기하란 간단히 말해 평면 위의 점이나 직선이 만족하는 몇 개의 가장 기본적인 성질을 공리라 부르고, 이 공리들로부터 기하학적 직감과 엄밀한 논증에 의해 삼각형이나 원 등 도형의 여러 가지 성질을 조사해 가는 것이다.

가장 간단한 공리 '다른 두 점을 지나는 직선이 존재한다'를 생각해보자. 여기에는 먼저 기본적인 대상인 점이나 직선 혹은 이들 사이의 관계로서 '지난다'와 같은 용어가 있으며, 이들이 만족하는 성질로서 공리가 있다. 또 다른 기본적인 용어나 공리를 조합해서 새로운 용어나 개념을 정의한다든지, 공리들의 성질로부터 논리 규칙을 바탕으로 추론에 의해 정리를 증명할 수 있다. 이렇게 해서 정의나 정리를 차곡차곡 쌓아 올라간 장대한 체계가 유클리드 기하이다.

유클리드의 원론에는 점이나 직선과 같은 가장 기본적인 도형적 대상 혹은 '지난다'의 구체적인 정의는 주어져 있지 않다. 그것들은 누구나 잘 알고 있어 새삼 설명하지 않아도 된다고 되어 있다. 말하자면 정관사가 붙은 'the 점'이고 'the 직선'이다. 그러나 구체적인 정의가 없으므로 도형의 이미지를 잊어버린다면, 강제로 '두 종류의 사물(점과 직선) 사이에 어떤 관계(지난다)가 성립하는지가 정해져 있어 이러이러한 성질을 만족한다'라고 말하고 있는 것에 지나지 않는다. 이런 사고를 엄밀히 하면 다음과 같이 된다. '점'이나 '직선'과 같은 기본적인 대상이나 '지난다'고 하는 관계를 모두 기호화할 수 있다. 이때 공리는 기호들의 하나의 열이며, 증명이란 논리규칙에 따라 늘어놓은 기호의 열이라고 생각할 수 있다.

유클리드 기하는 도형의 수학이며, 그 목적은 도형의 성질을 탐구하는 것이다. 한편, 그 수단인 증명은 앞에서 논의한 것처럼 형식적인 기호열이라고도 생각할 수 있다. 그러나 이 목적과 수단은 얽혀 있으며, 증명에서도 도형에 관한 직감의 역할은 본질적이다. 예로서 다음과 같은 파쉬[1]의 공리(Pasch's axiom)를 생각해보자.

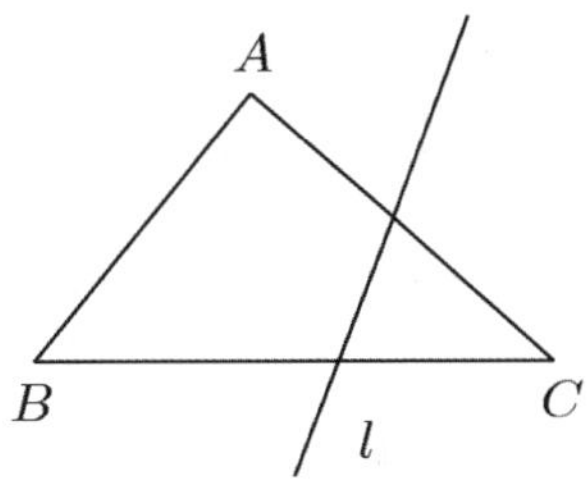

'A, B, C는 한 직선 위에 있지 않는 세 점, l은 세 점 A, B, C 중 어느 것도 지나지 않는 직선이라 하자. 이때, 직선 l은 세 선분 AB, AC, BC 중 어느 것과도 만나지 않거나 두 선분과 만난다.'

이 공리를 기호화하는 것은 간단하다. 그러나 그림을 보지 않고 이 공리의 의미를 이해하는 것은 어렵다. 일반적으로 증명을 추론규칙에서 허용되는 기호열이라 한다면, 전제에서 출발하는 가능한 기호열은 복잡다기하며, 위와 같이 도형적 이미지의 도움 없이는 올바른 결론에 도달하는 것이 불가능하다. 유용한 보조선을 긋는 것으로부터 일거에 올바른 결론을 얻을 수 있는 것이 유클리드 기하의 참다운 묘미이다. 고전적인 유클리드 기하가 가지는 본래의 매력은 도형의 아름다움과 함께 기하적인 직감에서 유도된 엄밀한 추론이 이루는 조화(harmony)이다. 그런 의미에서 오늘날 중학교나 고등학교에서 유클리드 기하를 시간 들여 배우지 않는 것은 아쉬운 일이다.

고대 그리스 이후 고전적인 유클리드 기하는 우리들이 잘 알고 있는 이상적인 평면의 도형들이라는 유일무이한 대상의 연구로 여겨져 왔다. 그러나 19세기에 평행선이 무수히 존재하는 비유클리드 기하가 발견되었다. 그와 같은 기하 모델에서는 직선의 의미가 고전적인 유클리드 기하와는 달랐지만, 그럼에도 불구하고 '평행선공리' 이외의 공리는 모두 만족하고 있다. 그 후 평행한 직선이 전혀 존재하지 않는 비유클리드 기하나 사영기하 등 여러 가지

---

1) Moriz Pasch는 1843년부터 1930년까지 생존한 독일의 수학자이다. 그는 1882년에 기하학의 공리계를 처음으로 도입했다.

기하학이 나타나면서, 직선이나 각 등 대상의 의미나 내용과 그것들이 만족하는 공리인 형식을 명확하게 구별하고, 이론 전체를 보다 높은 입장에서 보는 방법이 제창되었다. 이것이 힐베르트[2)]에 의한 **공리주의**라 불리는 것이다. 오늘날 이것은 기하학뿐만 아니라, 산술이나 실수론 혹은 군이나 체라는 대수계 연구의 표준적인 방법이 되어 있다.

힐베르트는 《기하학기초론》[3)]에서, 위에서 말한 공리주의적 방법의 표본으로 유클리드 기하의 엄밀한 공리계를 재구성했다. 《기하학기초론》은 추상적이고 난해하다고 말해진다. 이것은 힐베르트가 의도한 것이겠지만, 공리계로부터 의미가 추방되는 것이 크다고 생각된다. 그러나 공리계에서 의미, 내용과 형식을 의식적으로 구별하는 것과, 의미를 생각하지 않는 형식 논리로 시종일관하는 것은 다른 것이어서, 힐베르트는 실질적으로는 고전적인 유클리드 기하와 동등한 모델을 염두에 두고 (즉, 항상 그림을 이용하여) 논의를 나아가고 있다.

이 책의 제1장에서 유클리드 기하와 수의 관계에 대해서 다루었다. 거기에서는 유클리드 기하를 전개해 나가는 데 유리수만으로는 충분하지 않고, $\sqrt{2}$와 같은 무리수를 생각할 필요가 있음을 살펴보았다. 그러나 예를 들어, $\sqrt[3]{2}$와 같은 무리수와 유클리드 기하와의 관련에 대해서는 불명확한 그대로였다. 한편, 데카르트가 창시한 좌표평면을 이용하면, 유클리드 기하의 모든 명제는 수와 방정식으로 기술된다. 예를 들어, $\sqrt{2}$와 $\sqrt[3]{2}$는 실수로서 동등하게 다룰 수 있다. 고전적인 유클리드 기하와 대수화된 데카르트의 좌표기하의 관계 해명도 힐베르트가 지향한 것이다. 고전적인 유클리드 기하의 공리와 마찬가지로, 힐베르트의 공리계도 수 개념은 표면적으로 전혀 나타나지 않는다. 그럼에도 불구하고 고전적인 유클리드 기하의 **대수화**를 정식화하고, 최종적으로는 기하학에서 실수를 어떻게 **창출해낼** 것인가를 풀어내고 있다.

---

2) David Hilbert(1862~1943)는 독일의 수학자로 20세기 초의 세계적인 수학 지도자였다. 그는 불변식론으로 연구를 시작하여 수학기초론을 포함한 수학의 대부분의 분야에 큰 족적을 남겼다. 그가 제창한 〈23가지 문제〉도 유명하다.

3) D. Hilbert, 中村幸四郎 역(2005), 《幾何学基礎論》, ちくま学芸文庫.

이 장에서는 힐베르트가 생각한 이러한 것을 《기하학기초론》에 따라 살펴본다. 또한 유클리드 기하에는 평면기하와 공간기하가 있는데, 평면기하는 공간기하의 일부이다. 따라서 간명함을 위해 여기서는 주로 평면기하에 대해 다룬다. 그리고 이 장의 이러한 목적에 의해 유클리드 기하의 구체적인 정리들은 거의 다루지 않는다. 또 정리의 증명도 대부분 생략하였는데, 그것들에 대해서는 힐베르트의 책을 참고하기 바란다. 그 외에 공리의 취급이 다소 고전적이기는 하지만, 코다이라 쿠니히코[4)]의 책[5)]도 읽어보기를 권한다.

4.2 힐베르트의 공리계

힐베르트가 정의하는 기하라는 것은 먼저 점이라 불리는 것들의 집합과 직선이라 불리는 것들의 집합이 주어져 있고, 한 점 P는 한 직선 l 위에 있다 또는 없다 중 어느 것인가로 정해져 있다. 또한 이들 점이나 직선은 다음 절 이하에서 다루는 공리로 정해지는 성질을 만족하는 것이다.

점 P가 직선 l 위에 있다는 것을 직선 l은 점 P를 **지난다**고 한다. 두 직선이 같은 점 P를 지날 때, 이들 직선은 점 P에서 **만난다**고 한다. 여기서 점, 직선 혹은 지난다와 같은 용어는 기하적인 이미지를 수반하고 있는데, 소위 무정의 용어여서 이하의 공리들에서 요구되는 성질만으로 규정되어야 한다. 형식적으로 말하면, 집합 $\wp$와 집합 $\mathcal{L}$이 있어서 $\wp$의 원소 P와 $\mathcal{L}$의 원소 l에 대해, 어떤 관계 $(P, l) \in R \subset \wp \times \mathcal{L}$이 정해져 있고, 이러한 성질을 만족한다와 같이 기호만으로 기술하는 것도 가능하다. 그러나 공리가 무엇을 말하고 있는지 이해하기 위해서 기하적인 이미지를 이용하는 것은 상관없지만, 이 장의 처음에 다룬 것처럼 여러 가지 명제의 증명 등은 그림 없이 불

4) 小平邦彦는 1915년부터 1997년까지 생존한 일본의 수학자로서 일본의 첫 번째 필드상 수상자이다.
5) 小平邦彦(1985), 《幾何のおもしろさ》, 岩波書店.

가능하다.

제2장에서 공리에 의한 군(59쪽) 등의 대수계를 정의했었다. 공리를 만족하는 곱연산을 가지고 있는 집합은 **모두** 군이라 부르며, 군 A, 군 B, … 등 다양한 군이 있었다. 또 추가적인 조건에 의해 아벨군이나 유한군 등을 생각했다. 기하도 형식적으로는 마찬가지이며, 공리를 만족하는 점이나 직선의 집합은 단 한 가지로 한정되지 않으며, 기하 A, 기하 B 등이 있을 수 있다. 또 평행선 공리를 만족하는 기하, 만족하지 않는 기하 등을 생각할 수 있다. 이 점에 대해서는 이 장의 후반부에서 생각한다.

▶ 관계

앞에서 '점이라 불리는 것과 직선이라 불리는 것의 어떤 관계'라는 애매한 표현이 나왔는데, 앞으로 다루는 힐베르트의 공리계에서도 **관계**라는 용어가 자주 나타난다. 여기서 한 집합의 몇 개의 원소 사이의 관계라는 개념을 설명해두자. 6쪽에서 생각한 동치관계도 어떤 종류의 성질을 만족하는 관계였다. 일반적으로 집합 S의 두 원소 사이에 어떤 관계가 정해져 있다는 것은 S의 원소의 순서쌍 (a, b)들의 집합 $S \times S$의 부분집합이 정해져 있다는 것이다. 이 부분집합을 R로 나타내면,

$$(a, b) \in R \Leftrightarrow a\text{와 } b\text{가 (}R\text{에서 정해지는) 관계에 있다}$$

는 것을 의미한다. 여기서 생각하고 있는 것은 이항관계인데, 3개 이상의 원소에 대한 관계도 마찬가지로 생각할 수 있다. 또 점과 직선과 같이 a와 b가 다른 집합 S, T에 속하는 경우도 직적집합 $S \times T$의 부분집합을 주는 것이 하나의 관계를 정하는 것이 된다. R이 구체적으로 주어지는 경우가 알기는 쉽지만, 힐베르트 공리계에서 생각하는 관계라는 것은 공리에서 요구되는 성질을 만족하는 것이라면 $S \times S$의 어떤 부분집합이더라도 된다. 관계라는 개념을 이렇게 추상적으로 파악하는 것이 힐베르트 공리계를 이해하는 데 중요하다.

평면기하에 관한 힐베르트 공리계는 크게 나누어서 Ⅰ 결합공리, Ⅱ 순서공리, Ⅲ 합동공리, Ⅳ 평행선 공리, Ⅴ 연속공리의 다섯 공리군으로 이루어진다.

▶ 결합공리

결합공리는 I_1, I_2, I_3로 이루어진다.

공리 I_1 | 서로 다른 두 점을 지나는 직선이 존재한다.

공리 I_1 | 서로 다른 두 점을 지나는 직선은 기껏해야 하나이다.

서로 다른 두 점 A, B를 지나는 (단 하나의) 직선을 **직선** AB로 나타낸다. 이 공리로부터 바로 '서로 다른 두 직선은 만나지 않거나 한 점에서 만난다'는 것을 보일 수 있다. 이러한 공리로부터 유도되는 중요한 명제를 정리라 부른다. 힐베르트 책에서는 위의 명제를 정리 1로 들고 있다. 직선 AB 위에 A, B와 다른 점 C가 있을 때, 직선 AB와 직선 AC는 일치한다. 사실 이 두 직선이 모두 두 점 A, C를 지나기 때문이다.

공리 I_3 | 모든 직선 위에는 적어도 두 점이 존재한다. 또 동일한 직선 위에 있지 않은 세 점이 존재한다.

이 공리는 '점의 집합은 단 하나의 원소를 가진다'라든지 '직선의 집합은 공집합이다'와 같은 무의미한 경우를 제외하기 위한 것임과 동시에, 생각하고 있는 기하를 평면기하 즉, 하나의 직선 위로 한정하지 않음을 말하는 것이다.

▶ 순서공리

순서공리는 3개의 직선 순서공리 II_1, II_2, II_3와 평면 순서공리 II_4로 이루어진다. 동일직선 위의 서로 다른 세 점에 대해서 다음에 말하는 4개의 성질을 만족하는 관계가 정해져 있다. 순서가 붙은 세 점 A, B, C가 그 관계에 있을 때, 이것을 'B는 A와 C **사이에 있다**'라고 나타낸다.

공리 II_1 | 점 B가 점 A와 C 사이에 있으면, 점 B는 점 C와 A 사이에 있다.

공리 II_2 | 직선 위의 서로 다른 두 점 A, B에 대해 B가 A와 C 사이에 있도록 하는 점 C가 존재한다.

공리 II_3 | 직선 위의 서로 다른 세 점 가운데, 두 점 사이에 있는 것은 기껏해야 하나이다.

다음 공리를 서술하기 위해 몇 개의 용어를 설명하자. 서로 다른 두 점 A, B에 대해 직선 AB 위의 점은 A와 B 사이에 '있다' 혹은 '없다'라는 관계가 있다. 직선 AB에서 두 점 A, B 사이에 있는 부분을 나타내기 위해 **선분** AB라는 용어를 사용한다. 즉 직선 AB 위의 점은

(ㄱ) 두 점 A, B 사이에 있을 때, 선분 AB의 점 혹은 **내점**
(ㄴ) 두 점 A, B는 선분 AB의 **끝점**
(ㄷ) 그 이외의 점은 선분 AB의 **외점**

이라 한다. 선분은 방향을 생각하지 않으므로 선분 AB와 선분 BA는 같은

선분을 나타낸다. 또 기호 AB는 직선과 선분 중 어느 것인가를 나타내므로 오해의 여지가 있을 때는 직선 혹은 선분이라는 단어를 명기한다.

공리 II_4 | A, B, C를 일직선 위에 있지 않은 세 점, l을 세 점 A, B, C 중 어느 것도 지나지 않는 직선이라 하자. 이때, 직선 l은 세 선분 AB, AC, BC 중 어느 것과도 만나지 않거나 두 선분과 만난다.

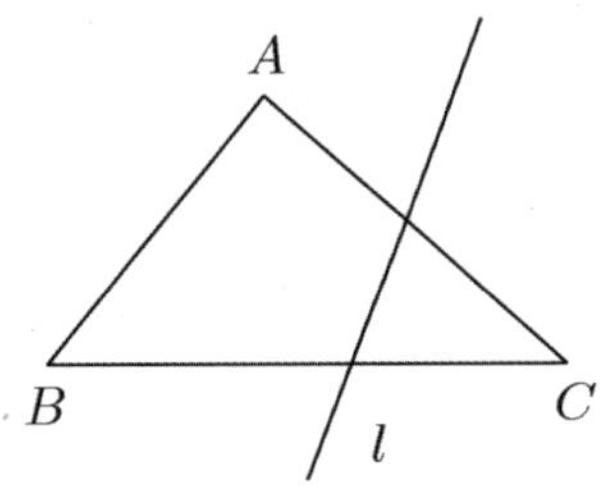

이 공리는 **파쉬의 공리**라 불린다. 여기서 직선 l이 선분 AB와 만난다는 것은 l이 선분 AB의 내점(사이의 점)을 지난다는 것이다.

공리 Ⅰ과 Ⅱ로부터 다음을 보일 수 있다.

정리 4.2.1 | 임의의 서로 다른 두 점 A, C에 대해, 직선 AC 위에 있는 A와 C 사이의 점 B가 존재한다.

정리 4.2.2 | 직선 위의 서로 다른 세 점 가운데 어느 한 점은 다른 두 점 사이에 있다.

증명 | 정리 4.2.1은 다음과 같이 보일 수 있다. 오른쪽 그림에서 공리 I_3에 의해 직선 AC 밖에 한 점 D가 존재한다. 또 공리 II_2에 의해 직선 AD 위에 점 E가 존재하는데, D가 A와 E 사이에 있다. 다시 공리 II_2에 의해 직선 CE 위에 점 F가 존재하며, C가 E와 F 사이에 있다. 이때 직선 AC

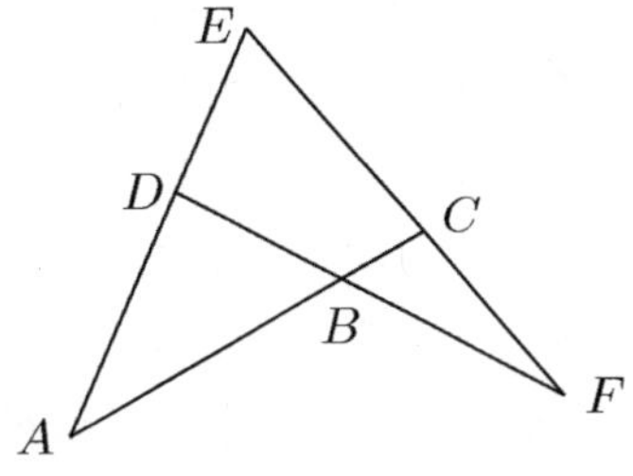

와 AE는 다르므로 세 점 A, C, E는 동일직선 위에 있지 않다. 따라서 세 점 A, C, E와 직선 DF에 공리 II_4를 적용하면, 직선 DF와 선분 AC는 만나는데, 그 교점 B는 A와 C 사이에 있다.

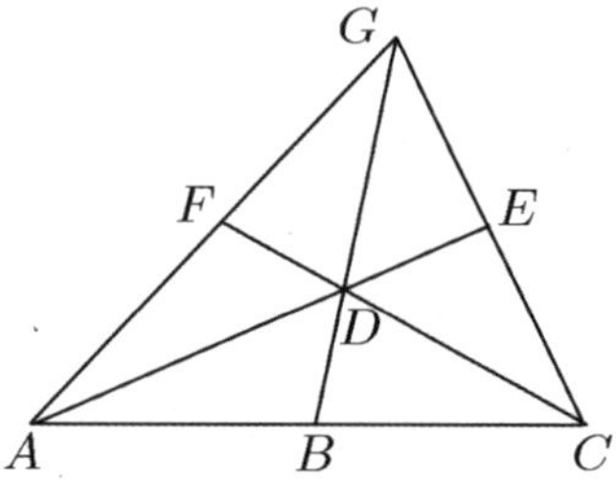

다음으로 정리 4.2.2를 생각하자. 점 A, C가 모두 사이의 점이 아니라고 할 때, B가 A와 C 사이에 있음을 보이면 된다. 직선 AC 위에 있지 않은 점 D를 잡는다. 공리 II_2에 의해 직선 BD 위에 점 G가 존재하며, D가 B와 G 사이에 있다. 공리 II_4에 의해 $\triangle BCG$와 직선 AD는 선분 CG와 C, G 사이에 있는 점 E에서 만난다. 이때 $\triangle ACE$와 직선 GD는 선분 AC와 점 B에서 만나는데, 공리 II_4로부터 그러한 교점은 A와 C 사이에 있다. 위의 그림은 점 B가 처음부터 사이에 있도록 그린 것으로, 논증을 보면 그런 가정은 사용하고 있지 않음에 유의하자. □

다음으로 직선 위의 서로 다른 네 점의 관계를 생각하자. 앞으로의 보조정리나 정리를 간단히 기술하기 위해서 다음 표기법을 사용한다. 서로 다른 세 점 A, B, C는 동일직선 위에 있고, 또 점 B가 A와 C 사이에 있을 때 $A-B-C$로 나타낸다.

보조정리 4.2.3 | 직선 l 위의 서로 다른 네 점 A, B, C, D를 생각하자.
(1) $A-B-C$이고 $B-C-D$이면, $A-B-D$이고 $A-C-D$이다.
(2) $A-B-C$이고 $A-C-D$이면, $A-B-D$이고 $B-C-D$이다.

증명 | (1) 공리 I_3에 의해 직선 l 위에 있지 않은 점 E를 잡고, 공리 II_2에 의해 직선 CE 위에 $C-E-F$가 되는 점 F를 잡는다. 이때 정리 4.2.1의 증명과 마찬가지로 선분 AE와 선분 BF는 만난다. 그 교점을 G라 하면, 같

은 논법으로부터 선분 CF와 선분 DG는 만난다. 그 교점을 H라 할 때, 일직선 위에 있지 않는 세 점 A, D, G와 직선 CF에 공리 II_4를 적용하면 $A-C-D$를 얻는다. $A-B-D$도 마찬가지이다.

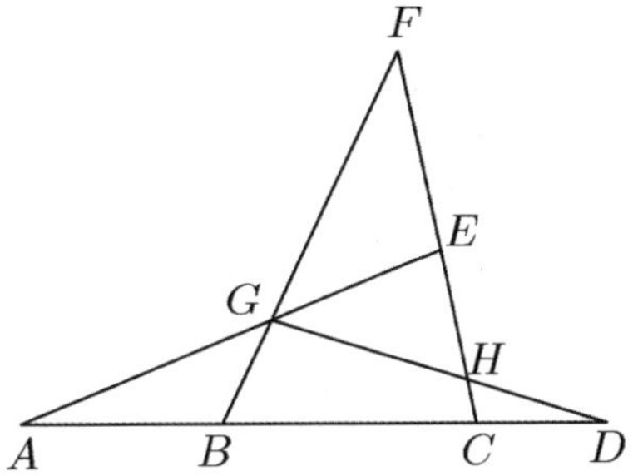

(2) 공리 I_3과 공리 II_2에 의해 직선 AD 위에 있지 않은 두 점 F, G를 $B-G-F$가 되도록 잡는다. 가정으로부터 점 C는 선분 AB의 외점이다. 이때, 선분 CF는 선분 AB와 만나지 않는다. 만약 만난다고 하고 그 교점을 X라 하면, X는 선분 AB의 내점이므로 $X \neq C$이다. 이때 직선 CX는 공리 I_2에 의해 직선 AC와도 직선 CF와도 일치하는데, 이것은 모순이다. 같은 이유로 선분 CF와 선분 BG도 만나지 않는다. 따라서 공리 II_4에 의해 선분 CF와 선분 AG는 만나지 않는다. 이때 세 점 A, D, G와 직선 CF에 공리 II_4를 적용하면 $A-C-D$가 성립한다. □

정리 4.2.4 | 직선 위의 서로 다른 네 점을 A, B, C, D로 나타낼 때, 다음 네 조건

$$A-B-C,\ A-B-D,\ A-C-D,\ B-C-D$$

를 만족하게 할 수 있다.

증명 | 네 점을 X, Y, Z, W라 하자. 세 점 X, Y, Z는 필요하면 이름을 바꾸어서 $X-Y-Z$라 해도 좋다. 이때, 세 점 X, Z, W에서 사이에 있는 점을 경우를 나누어 생각하자.

(ㄱ) W가 사이의 점이 아닌 경우: $X-Z-W$일 때는 $X=A$, $Y=B$, $Z=C$, $W=D$라 두면, 보조정리 (2)의 조건을 만족하므로 성립한다. 또 $Z-X-W$일 때는 미리 X와 Z의 이름을 바꾸면 된다.

(ㄴ) W가 사이의 점인 경우: 다시금 세 점 X, Y, W를 생각한다.

(ㄴ-1) X가 사이에 있을 때는 $W=A$, $X=B$, $Y=C$, $Z=D$라 두면, 보조정리 4.2.3 (1)의 조건을 만족하므로 성립한다.

(ㄴ-2) X가 사이에 있지 않은, 예를 들어 $X-W-Y$일 때는 $X=A$, $W=B$, $Y=C$, $Z=D$라 두면, 보조정리 4.2.3 (2)의 조건을 만족하므로 성립한다. $X-Y-W$인 경우도 마찬가지이다. □

정리 4.2.5 | n을 자연수라 하자. 직선 위의 다른 n개의 점들에 A_1, A_2, $\cdots$, A_n이라 이름을 붙여서 이것들이 자연수 1, 2, $\cdots$, n의 순서로 자연스럽게 정해지는 사이의 관계를 만족하도록 할 수 있다.

증명 | n에 관한 수학적 귀납법으로 보인다. $n>4$이고, $n-1$까지 성립한다고 하자. 직선 위의 다른 n개의 점에서 한 점 X를 제외하고 나머지 $n-1$개의 점에 귀납법의 가정으로부터 자연수와 같은 순서관계가 되도록 A_1, A_2, $\cdots$, A_{n-1}이라 번호를 붙인다. X가 A_1과 A_{n-1} 사이에 있을 때는 X와 A_{n-1}을 바꾸고 같은 것을 반복하면, X가 A_1과 A_{n-1} 사이에 있지 않다고 해도 된다. 또 필요하면 A_1, A_2, $\cdots$, A_{n-1}을 역순으로 해서 $A_1-A_{n-1}-X$로 생각해도 된다. 여기서는 $X=A_n$이라 두자. A_1, A_2, $\cdots$, A_{n-1}은 구하는 순서관계를 만족하고 있으므로 증명해야 할 것은 임의의 $1\le i<j\le n-1$에 대해 $A_i-A_j-A_n$이 성립한다는 것이다. 먼저 $A_1-A_{n-1}-A_n$과 $A_1-A_i-A_{n-1}$이므로 보조정리 4.2.3 (2)로부터 $A_i-A_{n-1}-A_n$이다. 또 네 점 A_i, A_j, A_{n-1}, A_n에 대해 $A_i-A_j-A_{n-1}$ 및 $A_i-A_{n-1}-A_n$이 성립하므로 다시 보조정리 4.2.3 (2)로부터 $A_i-A_j-A_n$이 성립한다. □

정리 4.2.6 | 서로 다른 두 점 사이에는 무한히 많은 점이 존재한다.

증명 | 서로 다른 두 점 A, B 사이에 점이 유한개 존재한다고 가정하자. A, B를 포함해서 이 점들을 위의 정리와 같이 A_1, A_2, $\cdots$, A_n이라 번호를 붙이면, 공리 II_3에 의해 A_1과 A_2 사이에 다른 점은 존재하지 않는다. 이것은 정리 4.2.1에 모순이다. □

이제 하나의 직선 l 위에 한 점 O를 정해 두자. 직선 l 위의 O와 다른 두 점 A, B는 O가 A와 B 사이에 있을 때 (O에 관해) 반대쪽에 있다고 하고, 그렇지 않으면 같은 쪽에 있다고 한다. 이때, 두 점이 같은 쪽에 있다는 관계가 동치관계임은 쉽게 확인할 수 있다. 따라서 직선 l의 O 이외의 점들은 O에 의해 정확하게 둘로 유별된다. 이 한쪽의 점들의 집합을 **반직선**이라 하고, O를 반직선의 **끝점**이라 한다. 이 반직선은 그 위의 O와 다른 임의의 점 A에 의해 정해지므로 반직선 OA로 쓸 수 있다. OA에는 점 O 자신은 포함되어 있지 않음에 유의하자.

공리 II가 순서공리라 불리는 것은 다음 정리가 성립하기 때문이다.

정리 4.2.7 | 직선 위의 점에 순서를 줄 수 있다. 즉, 직선 위의 두 점에 대한 순서관계를 다음 두 가지가 성립하도록 줄 수 있다.
(1) 다른 두 점 A, B에 대해, $A < B$ 혹은 $B < A$ 중 어느 하나가 성립한다.
(2) $A < B$ 그리고 $B < C$일 때 $A < C$가 성립한다.

증명 | 직선 위에 기준이 되는 점 O와 그것과는 다른 점 P를 잡아, $O < P$라 정한다. 이때 O와 다른 점 A는 P와 같은 쪽에 있을 때는 $O < A$, 반대쪽에 있을 때는 $A < O$라 정한다. 서로 다른 두 점 A, B에 대해 그들이 O에 관해서 반대쪽에 있을 때 $A < O$이면 $A < B$라 정하고, $B < O$이면 $B < A$라 정한다. 또 A, B가 같은 쪽에 있을 때는 세 점 O, A, B에 대해서 $O < A$이면 $O - A - B$ 혹은 $O - B - A$ 중 어느 하나가 성립한다.

$O-A-B$일 때는 $A<B$, $O-B-A$일 때는 $B<A$라 정의한다. $A<O$인 경우에도 마찬가지이다. 이때 (1)이 성립함은 분명하다. 이것이 성질 (2)를 만족함을 보이자. $A<B$, $B<C$라 하자. $O<A$일 때는 정의로부터 $O-A-B$이고, $O<B$이다. 따라서 $O-B-C$이며, 보조정리 4.2.3 (2)에 의해 $O-A-C$인데 이것은 $A<C$를 의미한다. $C<O$인 경우도 마찬가지이다. O가 A와 C 사이, 예를 들어 $A-O-B$일 때 $A<O$, $O<B$이며, $O<C$이므로 A와 C는 반대쪽에 있어 $A<C$이다. 다른 경우도 마찬가지이다. □

점 O를 끝점으로 하는 반직선 h 위의 서로 다른 두 점 A, B를 생각하자. A가 O와 B 사이에 있을 때, 선분 OA는 선분 OB보다 작다고 하고, $OA<OB$로 나타낸다. 이때 정리 4.2.7로부터 바로 다음 계를 얻는다.

계 4.2.8 | 위와 같은 선분의 집합은 전순서집합이다. 즉,

(1) 임의의 두 선분 a, b에 대해, $a<b$, $a=b$, $b<a$ 중 어느 하나가 성립한다.

(2) $a<b$ 그리고 $b<c$일 때 $a<c$가 성립한다.

평면 위의 점들도 하나의 직선에 의해 두 개의 조(組)로 나눌 수 있다. 하나의 직선 l이 주어졌을 때, l 위에 있지 않은 두 점 A, B는 l과 선분 AB가 만날 때, l에 대해 **반대쪽**에 있다고 하고, 그렇지 않을 때 **같은 쪽**에 있다고 한다. 이때 다음을 증명할 수 있다. '직선 l이 주어졌을 때, l 위에 있지 않은 두 점이 같은 쪽에 있다는 관계는 동치관계이다.'

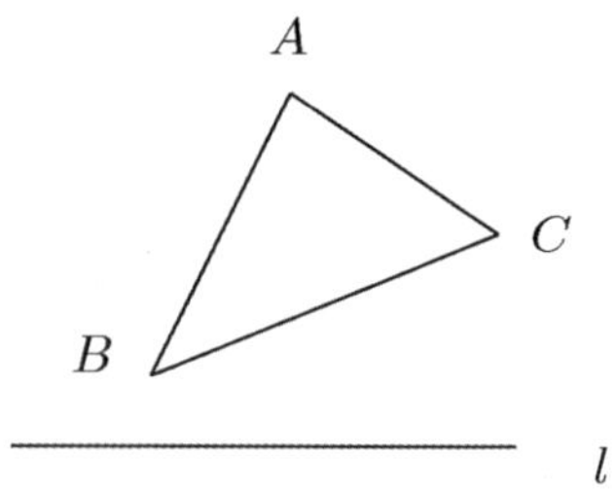

반사율, 대칭율은 자명하다. 또 추이율도 성립한다. 즉, A, B가 같은 쪽에

있고 B, C도 같은 쪽에 있으면, A, C도 같은 쪽에 있다. A, C가 반대쪽에 있으면, 공리 II_4로부터 선분 AB, BC 모두 l과 만나기 때문이다. 이것으로부터 직선 l 위에 있지 않는 점들은 l의 양쪽으로 유별됨을 알 수 있다.

다음으로 한 점 O를 끝점으로 하는 두 반직선 $h=OA$, $k=OB$의 쌍으로 이루어지는 도형을 **각**이라 하고, $\angle(h, k)$ 혹은 $\angle AOB$로 나타낸다. 각의 '방향'은 생각하지 않으므로 $\angle(h, k)$와 $\angle(k, h)$는 같은 것으로 생각한다. O는 $\angle(h, k)$의 **꼭짓점**이라 하고, $h=OA$ 혹은 $k=OB$는 **변**이라 한다.

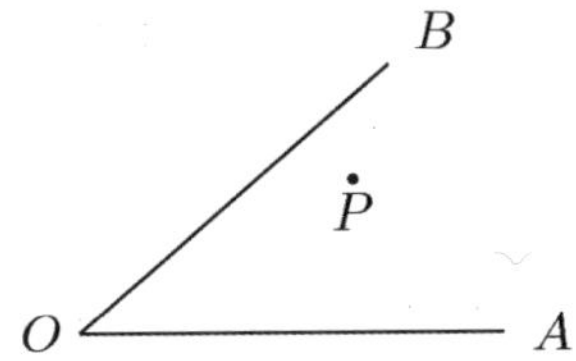

$\angle(h, k)$는 평면을 두 부분으로 나눈다. 통상 이 나누어진 각각의 각(큰 쪽을 우각(優角), 작은 쪽을 열각(劣角)이라 한다)을 생각하지만, 여기에서는 구별하지 않는다. 그 대신 열각에 해당하는 것으로 각의 **내부**를 다음과 같이 정한다. 점 P는 반직선 h를 포함하는 직선에 대해 k와 같은 쪽에 있고, 또 반직선 k를 포함하는 직선에 대해 h와 같은 쪽에 있을 때, 각 $\angle(h, k)$의 내부에 있다고 한다. k의 점은 모두 반직선 h를 포함하는 직선에 대해 같은 쪽에 있으며, h의 점들에 대해서도 같은 것을 말할 수 있으므로 내부에 있다는 정의는 반직선 h, k의 임의의 점을 잡아서 생각하더라도 마찬가지이다.

반직선 h, k 위에 각각 점 P, Q를 잡을 때, 선분 PQ의 점은 모두 각 $\angle(h, k)$의 내부에 있다. 선분 위의 점 X가 h에 대해 k의 반대쪽에 있다고 하면, 선분 QX는 h를 포함하는 직선과 만난다. 이 교점을 Y라 하면, 다른 두 직선 PQ와 h를 포함하는 직선이 다른 두 점 P, X를 지나므로 공리 I에 모순이 된다. 또 O를 끝점으로 하는 세 반직선 h, k, l이 주어졌을 때, l의 점은 모두 각 $\angle(h, k)$의 내부에 포함되든지 모두 포함되지 않든지 둘 중 하나임은 쉽게 알 수 있다.

합동공리

합동공리는 선분에 관한 3개의 공리 III_1, III_2, III_3, 각에 관한 공리 III_4와 삼각형에 관한 공리 III_5로 이루어진다.

- 선분에 관한 공리: 두 선분에 관련한 하나의 관계가 정해져 있다. 두 선분 AB와 $A'B'$이 그 관계에 있다는 것을 선분 AB는 $A'B'$과 '합동이다'라는 용어를 사용하고, $AB \equiv A'B'$으로 나타낸다. 합동이라는 관계는 다음 성질을 만족한다.

> **공리 Ⅲ₁ |** 임의의 선분 AB, 직선 l' 및 l' 위의 점 A'이 주어졌을 때, 직선 l'의 A'에 관해서 주어진 쪽에 점 B'이 있어, $AB \equiv A'B'$을 만족하는 것이 존재한다.

> **공리 Ⅲ₂ |** 세 선분 AB, $A'B'$, $A''B''$이 $AB \equiv A''B''$이고 $A'B' \equiv A''B''$을 만족하면 $AB \equiv A'B'$이다.

> **공리 Ⅲ₃ |** A, B, C는 직선 l 위의 세 점, A', B', C'은 직선 l' 위의 세 점이고, B는 A와 C 사이에 있으며, B'은 A'과 C' 사이에 있는 것이라 하자. 이때, $AB \equiv A'B'$이고 $BC \equiv B'C'$이 성립하면 $AC \equiv A'C'$이 성립한다.

- 각에 관한 공리: 두 각에 관한 하나의 관계가 정해져 있다. 두 각 $\angle AOB$와 $\angle A'O'B'$이 그 관계에 있다는 것을 각 $\angle AOB$와 $\angle A'O'B'$은 '합동이다'라는 용어를 사용하고, $\angle AOB \equiv \angle A'O'B'$으로 나타낸다. 각의 합동이라는 관계는 다음 성질을 만족한다.

공리 III_4 | 임의의 각은 그 자신과 합동이다. 또 임의의 각 $\angle AOB$와 반직선 $O'A'$이 주어졌을 때, 반직선 $O'B'$이 있어서 $\angle AOB \equiv \angle A'O'B'$을 만족하는 것이 존재한다. 이러한 반직선 $O'B'$은 반직선 $O'A'$을 포함하는 직선에 대해 평면의 한 쪽을 지정하면 단 하나 정해진다.

- 삼각형에 관한 공리: 동일직선 위에 있지 않은 세 점 A, B, C의 쌍을 삼각형이라 부르고, 삼각형 ABC 혹은 $\triangle ABC$로 나타낸다. 이때 점의 순서와 관계없이, 예를 들어 ABC와 ACB 등은 같은 삼각형을 나타낸다. 점 A, B, C를 삼각형의 꼭짓점, 선분 AB, BC, CA를 변이라 한다. 삼각형에 관한 합동공리는 다음과 같다.

공리 III_5 | 동일직선 위에 있지 않은 세 점 A, B, C와 A', B', C'이 조건

$$AB \equiv A'B',\ AC \equiv A'C',\ \angle BAC \equiv \angle B'A'C'$$

을 만족하면

$$\angle ABC \equiv \angle A'B'C',\ \angle ACB \equiv \angle A'C'B'$$

이 성립한다.

합동이라는 개념이 만족해야 하는 성질로서는 다음 사항을 생각할 수 있다. 1) 합동이라는 관계가 동치관계라는 것, 2) 주어진 위치에서의 합동인 도형의 존재와 일의성, 3) 선분이나 각의 덧셈과 양립한다는 것 등이다. 이들에 대해서는 선분과 각에서 다루는 방법이 다르다. 합동인 도형의 존재는 선분, 각 모두 공리에서 요청된다. 선분에 대해서 동치관계는 공리 III_1과 공리 III_2에서 본질적으로 요청되며, 또 덧셈과의 관계는 공리 III_3이다. 그러나 합동인

선분의 일의성은 다음 정리에서 보듯이, 다른 합동공리를 이용해서 증명된다. 한편, 각에 대해서 존재와 일의성은 공리 III_4에서 요청되지만, 동치관계인 것(정리 4.2.21) 그리고 덧셈과의 관계(정리 4.2.18)는 증명할 수 있다.

정리 4.2.9 | (1) 선분의 합동은 동치관계이다.
(2) 공리 III_1에 의해 주어진 위치로 옮겨지는 합동인 선분은 단 하나 있다.

증명 | (1) 임의의 선분 AB에 대해, 공리 III_1에 의해 합동인 선분 $A'B'$이 존재한다. $AB \equiv A'B'$ 그리고 $A'B' \equiv AB$라 생각하면, 공리 III_2에 의해 $AB \equiv AB$이므로 반사율이 성립한다. 다음으로 $AB \equiv A'B'$이라 하면, 방금 논의한 것으로부터 $A'B' \equiv A'B'$이므로 공리 III_2에 의해 $A'B' \equiv AB$이어서 대칭율이 성립한다. 그리고 추이율도 분명하다.

(2) A'을 끝점으로 하는 반직선 위에 선분 AB와 합동인 두 선분 $A'B'$, $A'B''$을 잡고 $B' \neq B''$이라 하자. 이때 직선 $A'B'$ 위에 있지 않은 점 P를 잡고, 두 삼각형 $PA'B'$, $PA'B''$을 생각하자. 그러면 $A'B' \equiv AB \equiv A'B''$이므로 공리 III_5에 의해 $\angle A'PB' \equiv \angle A'PB''$인데, 이것은 합동인 각의 일의성에 모순이다. □

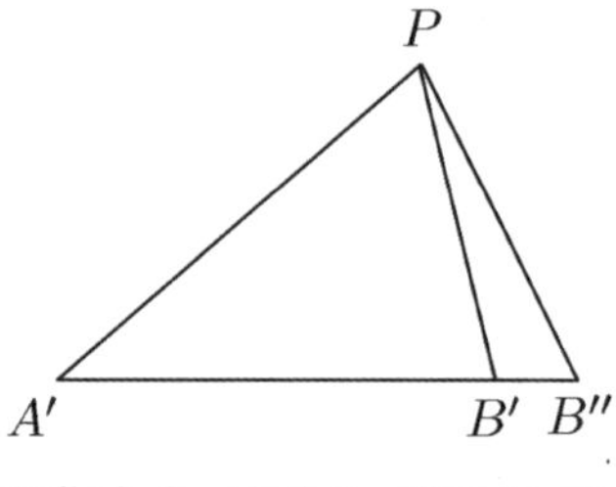

정리 4.2.10 | 선분의 합동류에 덧셈을 정의할 수 있다.

증명 | 선분 AB의 내부에 점 C가 있을 때, 선분 AB는 선분 AC와 CB의 합으로 생각하자. 이것을 확장하여 임의의 선분 PQ와 RS에 대해 적당한 직선 l 위에 세 점 A, C, B를 $PQ \equiv AC$, $RS \equiv CB$가 되도록 택하고(공리 III_1), 선분 PQ와 RS의 합을 AB라 하고, 이것을 $PQ+RS$로 나타낸다. 이것은 물론 일의적으로 정해지지 않지만 다른 직선 l'이나 점 A', B',

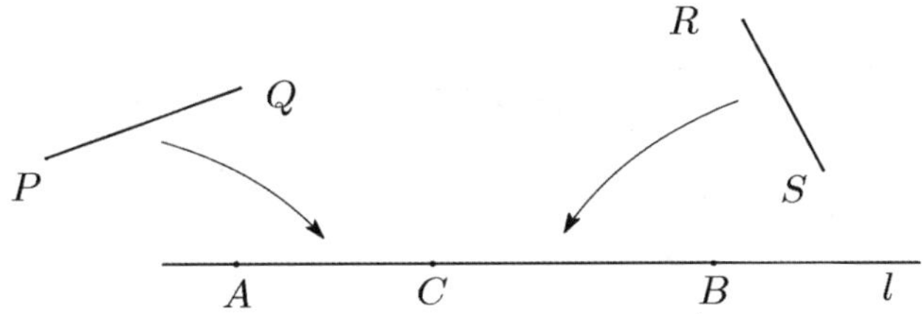

C'을 택하더라도 공리 III_3에 의해 $AB \equiv A'B'$이므로 선분의 합동류를 생각하면, 합은 위의 직선 l 등을 택하는 방법에 의존하지 않는다. 또 이것으로부터 $PQ \equiv P'Q'$, $RS \equiv R'S'$이면 공리 III_2로부터 $P'Q'$, $R'S'$에 대해서도 같은 A, B, C를 택하면 되므로

$$PQ + RS \equiv P'Q' + R'S'$$

임을 알 수 있다. 따라서 선분의 합동류의 덧셈을 모순없이 정의할 수 있다. 선분의 합동류를 a, b, $\cdots$와 같은 문자로 나타내자. 즉, 두 합동류 a, b에 대해서 그 합 $a+b$가 하나의 합동류로 정의된다. □

계 4.2.11 | 선분을 자연수배 할 수 있다.

주 4.2.1 선분이나 각의 합동의 일의성으로부터 다음이 성립한다. 한쪽 끝점이 같고, 또 하나의 끝점이 같은 쪽에 있는 두 선분이 합동이면 이들은 일치한다. 또 끝점과 한 변 l이 같고, 또 한 변이 l에 대해 같은 쪽에 있는 두 각이 합동이면 그들은 일치한다. 또 선분의 뺄셈에 대해서도 다음을 알 수 있다. A, B, C는 직선 l 위의 세 점, A', B', C'은 직선 l' 위의 세 점이고 B는 A와 C 사이에 있으며, B'은 A'과 C' 사이에 있는 것이라 하자. 그러면 $AB \equiv A'B'$이고 $AC \equiv A'C'$이 성립하면, $BC \equiv B'C'$이 성립한다. B'을 끝점으로 하고 C' 쪽에, BC와 합동인 선분 $B'C''$을 잡는다. 이때 덧셈에 관한 공리 III_3에 의해 $AC \equiv A'C''$이다. 한편 가정으로부터 $AC \equiv$

$A'C'$이므로 위에서 서술한 일의성으로부터 $C''=C'$이다.

또 합동은 동치관계이므로 예를 들어, 선분 AB가 $A'B'$과 합동이면 $A'B'$이 AB와 합동이어서 서로 합동이라도 해도 된다. 또 증명에서도 합동관계의 방향에 신경 쓸 필요는 없다.

주 4.2.2 선분이나 각에 관한 합동공리를 정리하면, '임의의 선분이나 각에 대해, 그것과 합동인 선분이나 각을 지정된 위치에서 (일의적으로) 찾을 수 있다'라는 것이다. 혹은 '임의의 선분이나 각을 지정된 위치로 (합동으로) 이동할 수 있다'라 해도 된다.

위에서 논의한 합동의 정의나 공리는 익숙하지 않으면 이해하기 힘들다. 중학생 때 배우는 유클리드 기하에서 도형의 합동은 다음과 같이 정의된다. 먼저 공리로서 '도형은 그 크기나 형태를 바꾸지 않으면서 그 위치를 자유롭게 바꿀 수 있다'고 적혀 있는데, 이는 '두 도형은 한쪽을 움직여서 다른 쪽에 정확히 겹칠 수 있을 때 합동이다'라는 것이다. 이 정의는 직감적으로는 알기 쉽지만, 예를 들어 선분과 같은 간단한 경우에도 크기나 형태를 바꾸지 않고 움직인다는 것이 어떤 것인지, 강체(剛體)와 같은 이미지로는 이해할 수 있을 지라도 수학적으로는 명확하지 않다. 또 고등학교에서는 해석기하를 배우는데, 평면에 좌표가 도입되고 평행이동이나 회전 등이 구체적으로 정의된다. '크기나 형태를 바꾸지 않고 움직인다'는 것을 평행이동이나 회전이라고 함으로써, 합동을 정의할 수 있다. 결국 두 도형이 주어졌을 때, 이러이러한 조건을 만족하면 합동이라는 형태의 정의는 이러이러한 조건에 어떤 의미가 부수된다.

힐베르트가 시도한 것은 공리에서 의미나 내용을 배제하고, 게다가 결과적으로는 기하적인 내용도 허용하는 정의였다. 즉, 합동이라는 개념이 가져야 할 형식적인 성질들을 끄집어내고, 그것들을 공리로 내세움으로서 암묵적으로(implicit) 정의를 대신한 것이다.

▶ 공리 I, II, III으로부터 얻어지는 여러 정리

이상에서 논한 공리로부터 유클리드 기하의 잘 알려진 결과를 유도할 수 있다. 증명이 쉬운 것 혹은 그 결과가 앞으로의 논의에 필요하지 않은 것은 증명을 생략한다.

먼저 두 삼각형 $\triangle ABC$와 $\triangle A'B'C'$은 대응하는 세 변(선분)과 세 각이 모두 합동일 때, 합동이라고 한다. 이때 $ABC \equiv A'B'C'$ 혹은 $\triangle ABC \equiv \triangle A'B'C'$으로 나타낸다.

정리 4.2.12 | 두 변이 합동인 삼각형, 즉 이등변삼각형의 밑각은 합동이다.

정리 4.2.13 | (삼각형의 제1합동정리) 대응하는 두 변과 끼인각이 각각 합동인 삼각형은 합동이다.

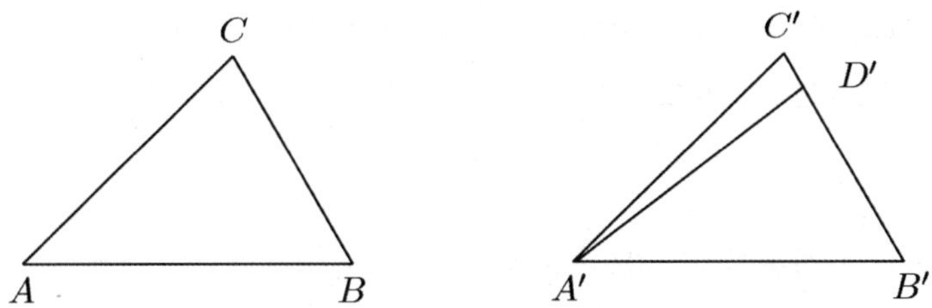

증명 | 삼각형 $\triangle ABC$와 $\triangle A'B'C'$에 대해서

$$AB \equiv A'B',\ AC \equiv A'C',\ \angle BAC \equiv \angle B'A'C'$$

이 성립한다고 하자. 이때 공리 III_5에 의해

$$\angle ABC \equiv \angle A'B'C',\ \angle ACB \equiv \angle A'C'B'$$

이 성립하므로 $BC \equiv B'C'$을 보이면 된다. 공리 III_1에 의해 직선 $B'C'$ 위에 $BC \equiv B'D'$이 되는 점 D'을 잡을 수 있다. 이때 $\triangle ABC$와 $\triangle A'B'D'$에 대해 공리 III_5로부터 $\angle BAC \equiv \angle B'A'D'$이다. 이제 $BC \not\equiv B'C'$이라 가정하면, C'과 D'은 다른 점이므로 $\angle B'A'C'$과 $\angle B'A'D'$은 다르다. 이것은 공리 III_4의 각의 합동의 일의성에 모순이다. 따라서 $BC \equiv B'C'$이다. □

정리 4.2.14 | (삼각형의 제2합동정리) 대응하는 두 각과 끼인 변이 각각 합동인 삼각형은 합동이다.

직각의 존재나 일의성 등도 다음과 같이 보일 수 있다. 먼저 직각을 정의해 두자. 한 직선 위의 점 O와, O에 대해 반대쪽에 두 점 A, B를 잡는다. 이때, 직선이 이루는 각 $\angle AOB$를 평각이라 한다. 각 $\angle AOC$에 대해 직선 AO 위에 A의 반대쪽에 점 B를 잡을 때, 각 $\angle BOC$를 $\angle AOC$의 **보각**이라 한다. 그러면 명백히 $\angle AOC$는 $\angle BOC$의 보각이다. 또 각 $\angle AOC$는 그 보각과 합동일 때 **직각**이라 한다.

정리 4.2.15 | 합동인 두 각의 보각끼리도 합동이다.

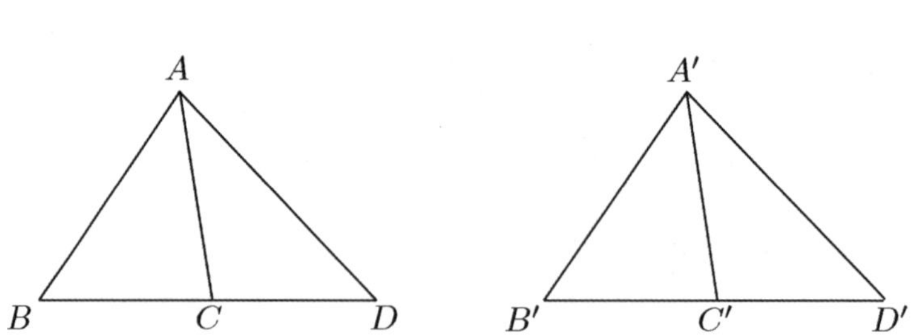

증명 | 각 $\angle ACB$와 $\angle A'C'B'$의 보각을 각각 $\angle ACD$와 $\angle A'C'D'$이라

하자. 여기서 점 A, B, D, A', B', D'은 $AC \equiv A'C'$, $BC \equiv B'C'$, $DC \equiv D'C'$이 되도록 잡아두자. 이제 각 $\angle ACB$와 $\angle A'C'B'$이 합동이라 가정하자. 이때 두 변과 끼인각 상등으로부터 삼각형 ABC와 $A'B'C'$은 합동이므로 $\angle ABC \equiv \angle A'B'C'$과 $AB \equiv A'B'$이 성립한다. 선분의 덧셈에 관한 공리 III_3에 의해 $BD \equiv B'D'$이므로 두 변과 끼인각 상등으로부터 삼각형 ABD와 $A'B'D'$은 합동이다. 따라서 $\angle ADB \equiv \angle A'D'B'$과 $AD \equiv A'D'$이 성립한다. 다시 두 변과 끼인각 상등으로부터 삼각형 ACD와 $A'C'D'$은 합동이므로 $\angle ACD \equiv \angle A'C'D'$이 성립한다. □

정리 4.2.16 | 직각은 존재한다.

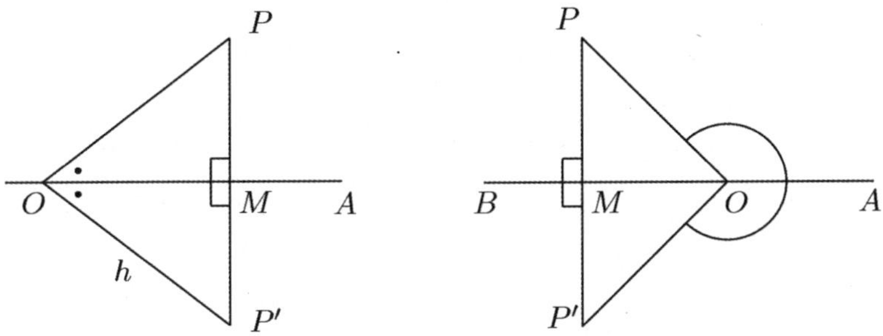

증명 | 위의 그림과 같이 직선 OA와 OA 위에 있지 않은 점 P를 생각하자. 꼭짓점 O, 변을 OA라 하여 직선 OA의 반대쪽에 각 $\angle POA$와 합동인 각을 잡는다. 이 각의 변 위에 $OP \equiv OP'$이 되는 점 P'을 잡는다. 점 P, P'은 직선 OA와 만나는데, 그 교점 M은 1) 반직선 OA 위, 2) 교점은 O, 3) A와 반대쪽의 반직선 OB 위 가운데 어느 하나이다. 1)인 경우는 삼각형 POM과 $P'OM$이 합동이므로 각 $\angle PMO$와 그 보각인 $\angle P'OM$은 합동이 되고, 정의에 의해 각 $\angle PMO$는 직각이다. 2)인 경우는 명백히 $\angle POM$이 직각이다. 마지막으로 3)인 경우는 정리 4.2.15에 의해 각 $\angle POM$과 $\angle P'OM$이 합동이므로 1)과 같이 $\angle PMO$는 직각이다. □

위 정리의 증명으로부터 쉽게 알 수 있듯이 다음 계가 얻어진다.

계 4.2.17 | 직선 위에 있지 않은 한 점으로부터 그 직선에 수선을 내릴 수 있다.

다음 정리는 각의 덧셈 혹은 뺄셈과 합동관계의 정합성이다.

정리 4.2.18 | 점 O를 끝점으로 하는 반직선 $h,\ k,\ l$과 점 O'을 끝점으로 하는 반직선 $h',\ k',\ l'$이 있어 다음을 만족한다고 하자.

$h,\ k$가 l에 대해 같은 쪽에 있다 $\Leftrightarrow$ $h',\ k'$이 l'에 대해 같은 쪽에 있다

이때 $\angle(h,\ l) \equiv \angle(h',\ l')$이고 $\angle(k,\ l) \equiv \angle(k',\ l')$이면, $\angle(h,\ k) \equiv \angle(h',\ k')$이 성립한다.

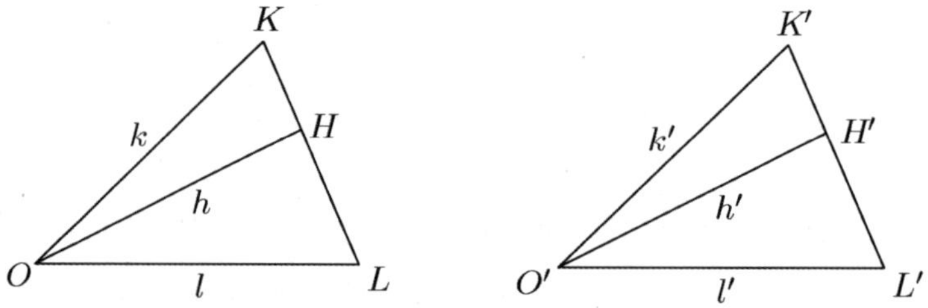

증명 | 반직선 $h,\ k$ 및 $h',\ k'$이 각각 $l,\ l'$에 대해 같은 쪽에 있는 경우를 생각하자. 역인 경우는 보각에 관한 정리 4.2.15를 이용하면 마찬가지로 보일 수 있다. 이제 왼쪽 그림과 같이 반직선 h가 각 $\angle(k,\ l)$의 내부에 있다고 생각해도 상관없다. 그림과 같이 점 $K,\ K',\ L,\ L'$을 $OK \equiv O'K',\ OL \equiv O'L'$이 되도록 잡는다. 가정과 정리 4.2.13으로부터 삼각형 OKL과 $O'K'L'$은 합동이므로

$$\angle OKL \equiv \angle O'K'L', \quad \angle OLK \equiv \angle O'L'K' \text{ 및 } KL \equiv K'L'$$

이다. K, L은 직선 l에 대해 반대쪽에 있으므로 선분 KL은 h와 만난다. 그 교점을 H라 하고, 선분 $K'L'$ 위에 선분 $K'H' \equiv KH$가 되는 점 H'을 잡는다. 이때 선분의 덧셈에 대한 합동공리 III_3에 의해 $LH \equiv L'H'$이다. 따라서 삼각형 OLH와 $O'L'H'$은 합동이고 $\angle LOH \equiv \angle L'O'H'$이 된다. O'을 끝점으로 하는 반직선 $O'H'$은 l'에 대해 k'과 같은 쪽에 있다. 따라서 합동인 각의 일의성으로부터 반직선 $O'H'$은 h'과 일치한다. 삼각형 OKH와 $O'K'H'$은 합동이므로 $\angle(h, k) \equiv \angle(h', k')$을 얻는다. □

각의 가법성(정리 4.2.18)을 이용하면 다음 정리는 쉽게 보일 수 있다.

정리 4.2.19 | 두 점 P_1, P_2가 직선 AB의 다른 쪽에 있고, 합동관계 $AP_1 \equiv AP_2$, $BP_1 \equiv BP_2$를 만족할 때, 각에 대해서 $\angle ABP_1 \equiv \angle ABP_2$가 성립한다.

정리 4.2.20 | (삼각형의 제3합동정리) 삼각형 ABC와 $A'B'C'$의 대응하는 세 변이 각각 합동이면, 두 삼각형은 합동이다.

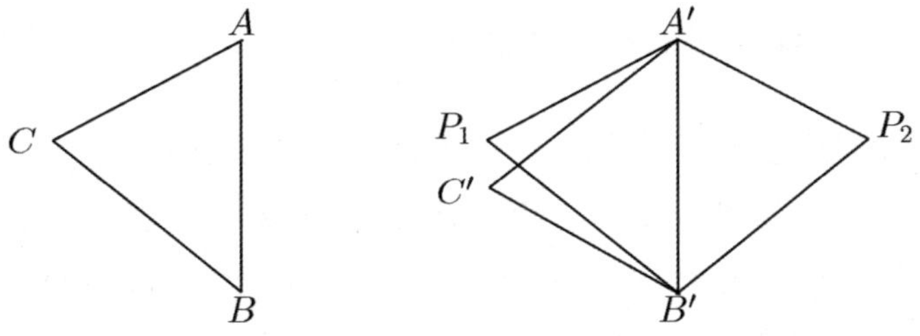

증명 | 점 B'을 꼭짓점, 반직선 $B'A'$을 한 변으로 하고, 각 $\angle ABC$와 합동

인 각을 직선 $A'B'$의 양쪽에서 잡고, 각각의 변 위에 그림과 같이 점 P_1, P_2를 $BC \equiv B'P_1$, $BC \equiv B'P_2$가 되도록 잡는다.

이때, 두 변과 끼인각 상등에 의해 삼각형의 합동 $\triangle ABC \equiv \triangle A'B'P_1$ 그리고 $\triangle ABC \equiv \triangle A'B'P_2$가 얻어진다. 선분의 합동은 추이율을 만족하므로 이 삼각형의 합동과 가정으로부터 다음 합동관계를 얻는다.

$$A'C' \equiv AC \equiv A'P_1 \equiv A'P_2, \quad B'C' \equiv BC \equiv B'P_1 \equiv B'P_2$$

따라서 정리 4.2.19에 의해 $\angle A'B'C' \equiv \angle A'B'P_2$이다. 한편, $\angle A'B'P_2 \equiv \angle ABC$이므로 $\angle ABC \equiv \angle A'B'C'$이다. 따라서 두 변과 끼인각 상등에 의해 삼각형 ABC와 $A'B'C'$은 합동이다. □

정리 4.2.21 | 두 각 $\angle(h, k)$, $\angle(h', k')$이 각각 제3의 각 $\angle(h'', k'')$과 합동이면, 각 $\angle(h, k)$는 각 $\angle(h', k')$과 합동이다.

증명은 앞의 정리로부터 쉽게 보일 수 있다. 이 결과는 각의 합동의 추이율을 나타내고 있으며, 각의 합동공리에서 합동의 반사율이 요청됨에 유의하면 선분의 경우와 마찬가지로 대칭율이 성립하는 것도 쉽게 알 수 있다. 따라서 각의 합동도 동치관계이다.

선분과 각의 대소관계와 그 응용

두 선분의 대소관계는 다음과 같이 정할 수 있다. 먼저, 점 O를 끝점으로 하는 반직선 h를 정해 두고, h 위의 점 A에 대해 OA 꼴의 선분을 생각한다. 이러한 두 선분 OA, OB에 대해 A가 O와 B 사이에 있을 때, OA는 OB보다 작다고 하고, $OA < OB$로 나타낸다. 또 동시에 OB는 OA보다 크다고 하고, $OB > OA$로 나타낸다. 일반적인 선분 PQ와 RS의 경우는 위와 같은 꼴의 선분 $OA < OB$가 있어서 $PQ \equiv OA$, $RS \equiv OB$일 때, $PQ < RS$라 정의한다. 이때, 합동인 선분을 잡는 방법의 일의성(정리 4.2.9)과 계 4.2.8로부터 이 정의는 선분 OA, OB를 잡는 방법과는 무관하게 정해지며, 다음 성질이 성립함을 쉽게 확인할 수 있다.

정리 4.2.22 | 합동인 선분 $AB \equiv A'B'$ 및 $CD \equiv C'D'$에 대해 $AB < CD$이면 $A'B' < C'D'$이다.

선분 AB, CD가 정하는 합동류를 각각 a, c로 나타내면, 이 정리에 의해 합동류의 대소를 $AB < CD$일 때 $a < c$라 정할 수 있으며, 다음 성질을 만족함도 쉽게 알 수 있다.

계 4.2.23 | 선분의 합동류를 a, b, $\cdots$로 나타낸다. 이때

(1) 임의의 a, b에 대해 $a < b$, $a = b$, $a > b$ 중 단 하나가 성립한다.

(2) $a < b$이고 $b < c$일 때 $a < c$가 성립한다.

(3) $a < b$, $a' < b'$일 때 $a + a' < b + b'$이 성립한다.

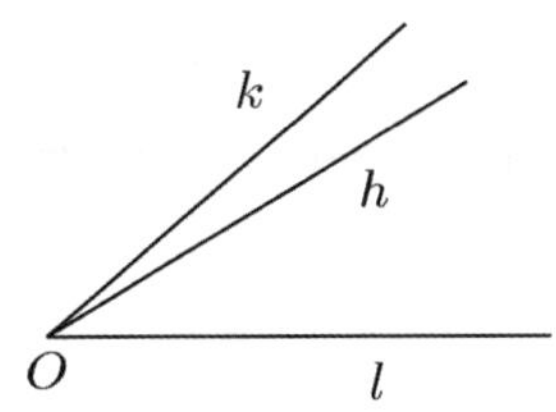

각의 대소에 대한 정의나 성질은 조금 더 복잡하다. 점 O를 끝점으로 하는 반직선 l과, l에 대해 한 쪽을 정해두자. l을 한 변으로 하고, 다른 한 변이 지정된 쪽에 있는 두 각 $\alpha = \angle(l, h)$, $\beta = \angle(l, k)$에 대해서 변 h가 각 $\angle(l, k)$의 내부에 있을 때, 각 α는 각 β보다 작다고 하고, $\alpha < \beta$로 나타낸다. 또 이때 각 β는 각 α보다 크다고 하고, $\beta > \alpha$로 나타낸다. 두 각이 일반적인 위치에 있을 때는 공리 III_4에 의해 각각의 각을 합동으로 이동하여 위와 같이 만들 수

있으므로 그것에 의해 각의 대소를 정한다. 선분인 경우와 마찬가지로 다음이 성립한다.

정리 4.2.24 | 각을 α, β, $\cdots$로 나타낸다. 이때

(1) $\alpha \equiv \alpha'$, $\beta \equiv \beta'$, $\alpha < \beta \Rightarrow \alpha' < \beta'$

(2) 임의의 각 α, β에 대해, $\alpha < \beta$, $\alpha \equiv \beta$, $\alpha > \beta$ 중 단 하나가 성립한다.

(3) $\alpha < \beta$ 그리고 $\beta < \gamma$일 때 $\alpha < \gamma$가 성립한다.

증명 | (1), (2)는 각의 합동이동의 일의성(공리 III_4)으로부터 쉽게 알 수 있다.

(3)을 보이자. 세 각이 $\alpha < \beta$ 그리고 $\beta < \gamma$를 만족한다고 하자. 이때, 점 O를 끝점으로 하는 네 반직선 h, k, m, l에서 h, k, m은 l에 대해 같은 쪽에 있는 것이고, 각각의 각을 합동으로 이동하여 $\alpha \equiv \angle(l, m)$, $\beta \equiv \angle(l, h)$, $\gamma \equiv \angle(l, k)$라 해도 된다.

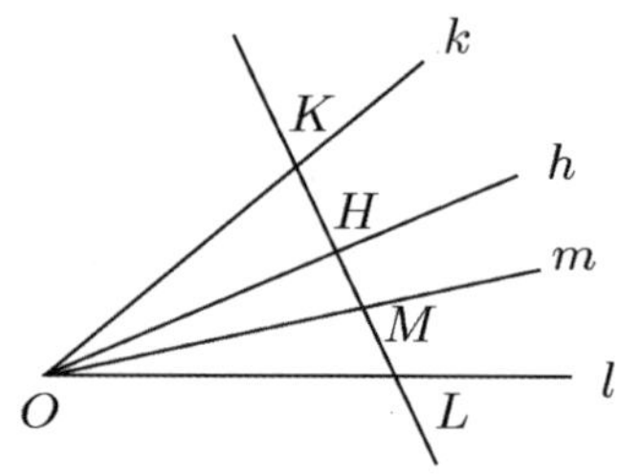

오른쪽 그림과 같이 반직선 k, l 위에 각각 점 K, L을 잡는다. $\beta < \gamma$로부터 반직선 h는 각 $\angle(l, k)$의 내부에 있으므로 점 K와 L은 반직선 h의 반대쪽에 있다. 따라서 반직선 h와 선분 KL은 만난다. 그 교점을 H라 하면, 가정 $\alpha < \beta$로부터 역시 반직선 m과 선분 HL은 만난다. 그 교점을 M이라 하면, 한 직선 위의 네 점 K, H, M, L은 H가 K와 L 사이에 있고, M이 H와 L 사이에 있다. 따라서 보조정리 4.2.3으로부터 M은 K와 L 사이에 있다. 따라서 역으로 $\alpha < \gamma$가 성립한다. □

이 대소관계를 이용하여 다음의 여러 정리를 보일 수 있다.

정리 4.2.25 | 직각은 모두 합동이다.

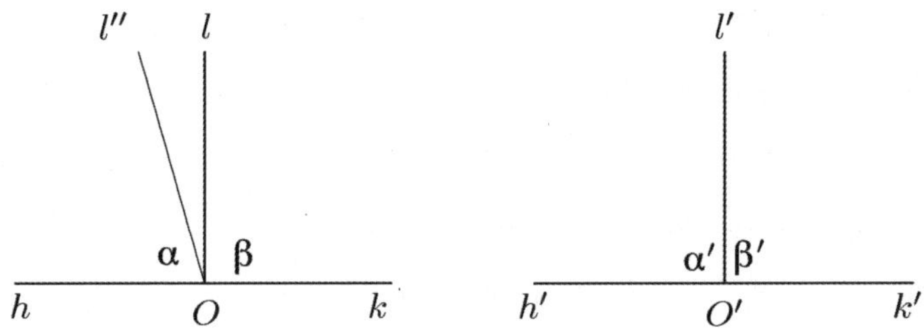

증명 | $\alpha = \angle(h,\ l)$, $\alpha' = \angle(h',\ l')$은 직각이고, β, β'은 각각 보각이라 하자. 한 변이 h이고, 각 α'과 합동인 각 $\angle(h,\ l'')$을 l 쪽에 잡는다. α와 α'이 합동이 아니라고 가정하면, $l'' \neq l$이다. 따라서 l''은 각 $\angle(h,\ l)$ 또는 $\angle(k,\ l)$의 내부에 있다. 필요하면 기호를 바꾸어서 l''은 각 $\angle(h,\ l)$의 내부에 있다고 해도 된다. 이때

$$\angle(h,\ l'') < \alpha,\ \ \alpha \equiv \beta,\ \ \beta < \angle(k,\ l'')$$

이므로 정리 4.2.24에 의해 $\angle(h,\ l'') < \angle(k,\ l'')$이다. 한편, α'과 β' 및 $\angle(h,\ l'')$과 $\angle(k,\ l'')$은 각각 보각이며, $\alpha' \equiv \angle(h,\ l'')$이므로 정리 4.2.15에 의해 $\beta' \equiv \angle(k,\ l'')$이 성립한다. 따라서

$$\angle(h,\ l'') \equiv \alpha' \equiv \beta' \equiv \angle(k,\ l'')$$

인데, 이것은 위의 결과와 모순이다. 따라서 α와 α'은 합동이다. □

삼각형 $\triangle ABC$에서 각 $\angle ABC$, $\angle BCA$, $\angle CAB$를 삼각형의 내각이라 하고, 이들의 보각을 외각이라 한다.

정리 4.2.26 | 삼각형의 외각은 그 보각이 아닌 내각보다도 크다.

증명 | 삼각형 $\triangle ABC$의 꼭짓점 A의 외각을 g라 하자. 직선 AB 위의 점 D를, $AD \equiv BA$이고 A에 대해 B와 반대쪽에 잡는다. 이제, g가 내각 c와

합동이라 가정하자. 이때 두 변과 끼인각 상등에 의해 삼각형 ABC는 삼각형 CAD와 합동이다. 따라서 $\angle BAC \equiv \angle ACD$이다. 한편, $\angle BAC$는 g의 보각이므로 가정에 의해 $\angle ACD$와 c의 보각 관계에 있다. 따라서 세 점 B, C, D는 일직선 위에 있는데, 이것은 A, B, C가 삼각형을 이룬다는 것에 모순이다. 따라서 g와 c는 합동이 아니다.

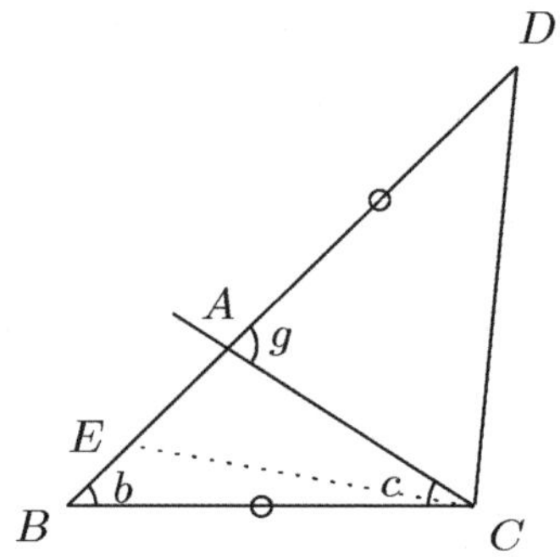

다음으로 $g < c$라 가정하자. C를 꼭짓점, 한 변을 CA라 하고 B쪽에 g와 합동인 각을 잡으면, 대소관계의 가정으로부터 그 각의 다른 한 변은 AB와 만난다. 그 교점을 E라 하면, g는 삼각형 AEC의 외각이므로 위에서 보인 것에 모순이다. 따라서 $g > c$이다. $g > b$를 보이기 위해서는 g의 맞꼭지각을 생각하면 된다. □

이 **외각정리**로부터 잘 알려진 결과를 얻는다. 그 중 몇 개를 증명 없이 살펴보자.

- 임의의 삼각형에서 큰 변의 대각은 작은 변의 대각보다 크다.
- 두 내각이 같은 삼각형은 이등변삼각형이다.
- 두 삼각형 ABC, $A'B'C'$에서 $AB \equiv A'B'$, $\angle A = \angle A'$ 및 $\angle C \equiv \angle C'$이 성립하면, 두 삼각형은 합동이다.
- 임의의 선분에는 중점이 존재한다. 즉, 임의의 선분은 이등분할 수 있다.
- 임의의 각은 이등분할 수 있다.

평행선 공리

지금까지 다룬 공리 Ⅰ, Ⅱ, Ⅲ으로부터 평행한 직선의 존재를 보이자. 단, 평행이란 두 직선이 교점을 가지지 않는 경우이다.

정리 4.2.27 | 두 직선이 제3의 직선과 이루는 동위각이 같으면, 이 두 직선은 평행이다.

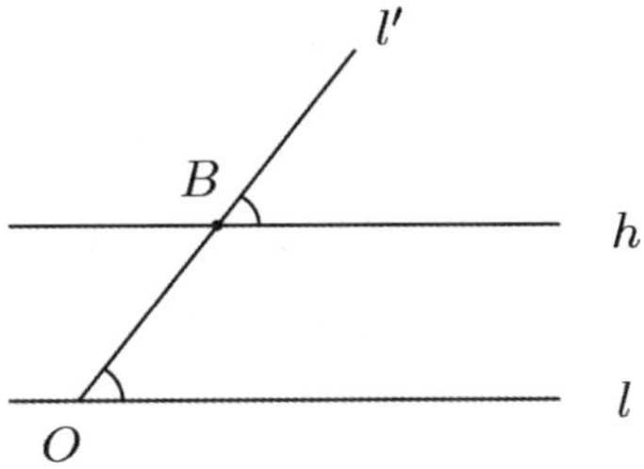

증명 | 오른쪽 그림과 같이 두 직선 h, l과 직선 l'이 만나고, 동위각 $\angle(l, l')$과 $\angle(h, l')$이 같다고 하자. 두 직선 h, l이 l'의 오른쪽에서 만난다고 하면 삼각형이 생긴다. 이때 $\angle(h, l')$은 삼각형의 외각, $\angle(l, l')$은 삼각형의 내각이므로 외각정리에 모순이다. 두 직선 h, l이 l'의 왼쪽에서 만날 때는 $\angle(l, l')$과 $\angle(h, l')$의 보각을 생각하면 마찬가지이다. □

정리 4.2.28 | 직선 l과 l 위에 있지 않은 점 B가 주어졌을 때, B를 지나고 l과 평행한 직선이 존재한다.

증명 | 정리 4.2.27의 그림을 생각하자. l 위의 점 O를 적당히 택하고, O, B를 잇는 직선을 l'이라 하자. 공리 III_4에 의해 B를 지나는 직선 h가 있어서 B를 꼭짓점으로 하는 각 $\angle(h, l')$이 각 $\angle(l, l')$과 합동이 되도록 잡을 수 있다. 이때 동위각 상등으로부터 직선 h와 l은 평행이다. □

이제 평행선 공리를 기술하자.

공리 IV | 직선 l과 l 위에 있지 않은 점 P에 대해, P를 지나고 l에 평행한 직선은 기껏해야 하나 있다.

앞 정리에서 논의한 것처럼 이러한 평행선의 존재는 공리 Ⅰ~Ⅲ에 의해 보일 수 있다. 따라서 평행선 공리와 합치면 '직선 l과 l 위에 있지 않은 점 P에 대해, P를 지나고 l에 평행한 직선은 단 하나 존재한다'는 것이 된다.

정리 4.2.27에 의해 두 직선과 다른 직선이 만날 때, 동위각이 같으면 평행이다. 그리고 평행선 공리로부터 그 역을 말할 수 있다. 즉, 평행한 두 직선과 다른 직선이 만날 때, 동위각, 따라서 엇각이 같음을 보일 수 있다. 다음의 왼쪽 그림과 같이 l, l'이 평행일 때, 점 Q를 지나고 l과의 동위각이 같도록 직선 h를 잡으면, 위에서 다룬 것처럼 h와 l은 평행이다. 따라서 공리에 의해 h와 l'은 일치하므로 l, l'의 동위각은 같다. 이때 오른쪽 그림에 의해 다음 정리를 얻는다.

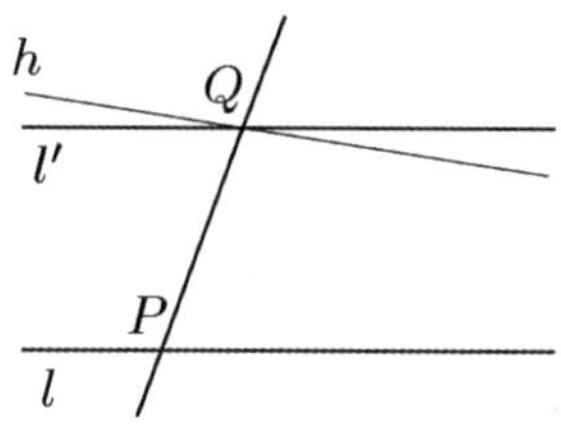

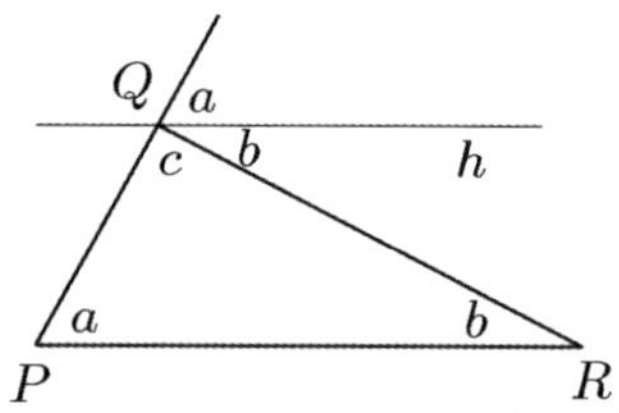

> 정리 4.2.29 | 삼각형의 내각의 합은 2직각이다.

이제 합동정리에 덧붙여 평행선 공리까지 이용하면, 원을 정의하고 다양한 성질을 보일 수 있다. 점 O와 선분 OA가 주어졌을 때, 선분 OP가 OA와 합동이 되도록 점 P들이 이루는 도형을 O를 중심으로 하고 반지름이 OA인 원이라 한다. 가장 기본적인 성질로서 다음 정리를 들 수 있다.

> 정리 4.2.30 | 동일직선 위에 있지 않은 세 점을 지나는 원은 단 하나 존재한다.

증명 | 다음 그림과 같이 동일직선 위에 있지 않은 세 점 A, B, C가 주어졌다 하고, 선분 AB의 중점을 M이라 하자. M을 지나고 직선 AB와 직교하

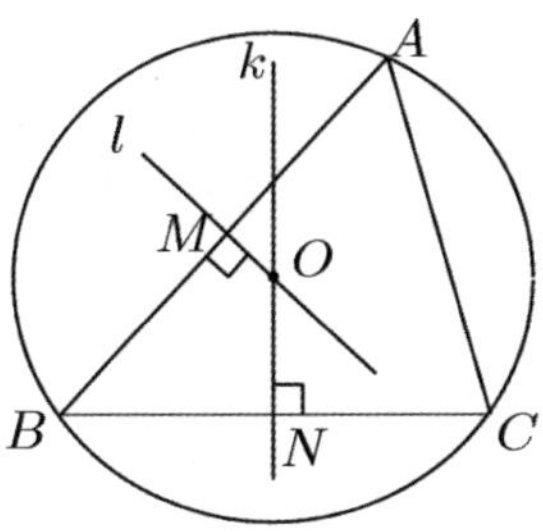

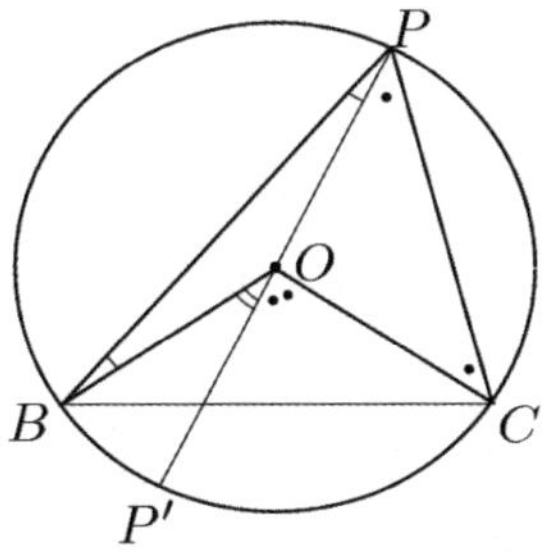

는 직선 l과 마찬가지로 BC의 중점 N을 지나고 BC와 직교하는 직선 k를 생각하자. l과 k가 평행이면, 평행선 공리에 의해 동위각 상등이 성립하므로 직선 k는 직선 AB와 직각으로 만나며, 따라서 직선 AB와 BC는 평행이 되는데 이것은 모순이다. 그러므로 직선 l과 k는 만난다. 그 교점을 O라 하면, O가 구하는 원의 중심이다. 일의성은 쉽게 보일 수 있다. □

또 위의 오른쪽 그림처럼, 점 O를 중심으로 하는 원둘레 위에 세 점 B, C, P가 주어져 있을 때, 각 $\angle BPC$, $\angle BOC$를 각각 현 BC에 대한 원주각, 중심각이라 한다.

정리 4.2.31 | 점 P가 직선 BC에 대해 중심 O와 같은 쪽에 있다고 하자. 이때

$$\angle BOC = 2\angle BPC$$

가 성립한다. 특히 B, C가 고정점일 때, 원주각 $\angle BPC$는 일정하다.

증명은 위의 오른쪽 그림으로부터 분명하다.

▶ 연속공리

연속공리는 직선 위의 점이 어느 정도로 많이 있는가를 규정하는 공리로, 다음의 둘로 나누어진다.

공리 V_1 | 아르키메데스[6] 공리: AB와 CD를 임의의 선분이라 하면, 직선 AB 위에 n개의 점 $A_1, A_2, \cdots, A_n$이 존재해서, 선분

$$AA_1,\ A_1A_2,\ \cdots,\ A_{n-1}A_n$$

이 모두 선분 CD와 합동이고, 또 B가 A와 A_n 사이에 있도록 할 수 있다.

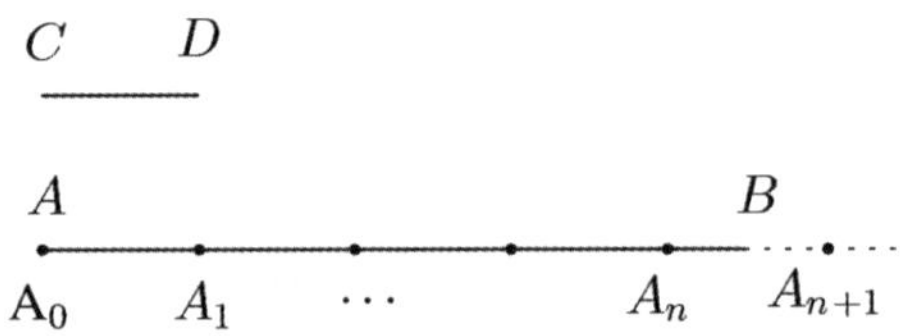

이것은 계측의 공리라고도 불리는데, 유클리드 호제법(15쪽)이 가능함을 요청하는 것이다.

유클리드 원론에서 이것은 공리로서 열거되어 있지 않다. 에우독소스에 의한 비례론에서, 선분처럼 양(量)의 비를 정의할 수 있는 전제로서 아르키메데스 공리가 이용되고 있지만, 자명한 사실로 생각되고 있었다고 여겨진다. 그러나 뒤에 보이듯이(244쪽) 공리 Ⅰ~Ⅳ를 만족하고 아르키메데스 공리를 만족하지 않는 모델을 구성할 수 있다. 즉, 공리 Ⅰ~Ⅳ를 이용하여 아르키메데스 공리를 증명하는 것은 불가능하다.

---

6) Archimedes(BC 287~BC 212)는 고대 그리스의 수학자이다. 원주율의 계산이나 부력에 관한 아르키메데스의 원리를 발견했다. 그가 이것을 발견했을 때 "유레카(알았다)!"라 환호하며 벌거벗은 채로 달렸다는 이야기는 유명하다.

공리 V_1 | (완전성 공리) 공리 Ⅰ~Ⅳ 및 공리 V_1이 같은 형태로 성립하도록 하면서, 직선 위에 몇 개의 점을 추가할 수는 없다.

이 공리의 정확한 의미는 다음 절에서 자세히 서술한다.

이들 공리 Ⅴ는 유클리드 시대에는 고려되지 않았던 것이다. 즉, 원론에서 공리라는 것은 본질적으로 Ⅰ~Ⅳ까지의 공리이다. 이들 공리에서 삼각형의 합동정리를 비롯하여 피타고라스 정리와 같은 유클리드 기하의 여러 정리가 얻어진다. Ⅰ~Ⅳ까지의 공리로부터 전개되는 유클리드 기하를 고전적 유클리드 기하라 부른다. 이 절의 나머지에서 힐베르트가 제기한 공리 Ⅴ의 내용이나 그런 공리가 필요하게 된 계기를 생각하기로 하자. 그러기 위해 몇 개의 사항을 준비하자.

▶ 데카르트 기하

먼저 고전적 유클리드 기하의 공리들을 만족하는 대상, 즉 점이나 직선들의 집합의 구체적인 예(공리계의 모델이라 한다)는 존재하는 것일까, 또 존재하면 몇 개나 있을까를 생각해보자. 우리들은 실수 혹은 실수체의 개념을 이미 알고 있다고 하자. (실수체의 엄밀한 정의는 233쪽에 주어진다.) 실수의 쌍 (a, b)들의 집합 $\mathbb{R}^2$을 점의 집합이라 하자. 따라서 평면이란 좌표평면 혹은 데카르트[7)]평면이다. 직선이란 세 실수 a, b, c를 이용하여 나타낼 수 있는 일차방정식

$$ax + by + c = 0$$

의 해 (x, y)들이 이루는 도형이라 한다. 단, $a^2 + b^2 \neq 0$이다. 이 직선을 l로

7) Rene Descartes(1596~1650)는 프랑스의 철학자이자, 수학자이다. "나는 생각한다. 고로 나는 존재한다"는 매우 유명하다. 데카르트 기하는 영어로 Cartesian Geometry인데, 이것은 그의 라틴어 이름이 Cartesius인 것에 유래한다.

나타내자. 점 (x_0, y_0)가 직선 l 위에 있다, 혹은 직선 l이 점 (x_0, y_0)를 지난다는 것은 (x_0, y_0)가 위의 방정식을 만족한다는 것이다. 서로 다른 두 점 (x_0, y_0), (x_1, y_1)을 지나는 직선이 단 하나 존재한다는 것은, 예를 들어, $x_0 \neq x_1$이면 그러한 직선은 $y = px + q$, $p \neq 0$인 꼴의 방정식으로 나타낼 수 있다. 이때 p, q에 대한 연립방정식

$$y_0 = px_0 + q, \quad y_1 = px_1 + q$$

를 일의적으로 풀 수 있음으로부터 보일 수 있다. 따라서 공리 Ⅰ이 성립한다. 또 실수의 자연스런 순서를 이용하여 두 점의 사이를 정의하면, 순서공리 Ⅱ가 성립함도 쉽게 알 수 있다. 또 다른 두 직선

$$ax + by + c = 0, \quad a'x + b'y + c' = 0$$

이 만나는 것은 비가 다른 $a : b \neq a' : b'$일 때, 또 그때에 한한다는 것은 방정식을 풀어 보면 분명하다. 따라서 평행선 공리도 성립한다. 마지막으로 두 선분은 그것들이 **합동변환** 혹은 유클리드 변환이라 불리는 좌표평면의 변환으로 서로 옮겨질 때 합동이라고 정의한다. 단, 합동변환이란 평행이동, 회전 그리고 직선에 관한 꺾어 접음(젖힘)을 여러 번 반복해서 얻어지는 변환이다.

두 점 $A = (a, a')$, $B = (b, b')$를 잇는 선분의 길이가 $\sqrt{(a-a')^2 + (b-b')^2}$, 각의 크기가 그 여현(cos)으로 주어진다고 하면, 합동변환은 선분의 길이나 각의 크기를 바꾸지 않는다. 역으로 길이가 같은 선분이나 크기가 같은 각은 합동변환으로 서로 옮겨짐을 쉽게 알 수 있다. 따라서 이러한 합동변환의 정의에 의해 공리 Ⅲ이 성립함은 해석기하에 의해 확인할 수 있다.

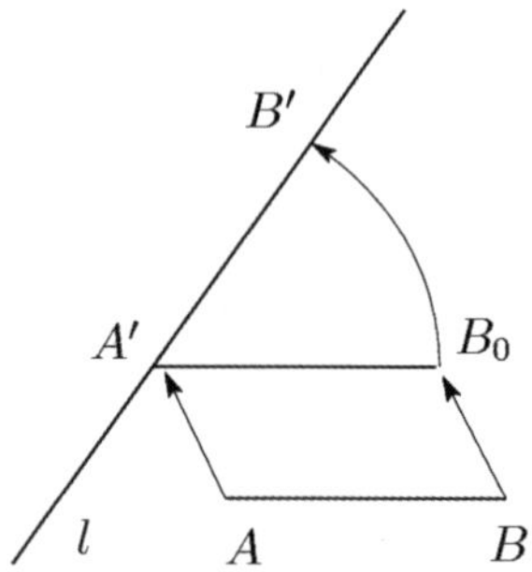

따라서 이 모델은 고전적 유클리드 기하의 모든 공리를 만족한다. 이것을

데카르트 기하 혹은 실수체 위의 좌표기하라 부른다.

정의로부터 분명한 것이 있는데, 데카르트 기하에서는 주어진 임의의 양의 실수를 길이 혹은 반지름으로 하는 선분이나 원이 존재한다. 그렇지만 그것은 실수의 성질로부터 알 수 있는 것이어서, 뒤에서 다루듯이 고전적인 유클리드 기하의 공리만으로는, 예를 들어 길이가 $\sqrt[3]{2}$ 인 선분의 존재를 증명할 수 없다(계 4.2.34).

어떤 공리계가 '완전'이라는 것은 그 공리들을 만족하는 모델이 본질적으로 단 하나 있음을 의미한다. 만약 동형이 아닌 모델이 존재하면, 공리로부터 형식적으로 주장되는 명제가 한 모델에서 성립하고, 다른 모델에서는 성립하지 않는 경우가 일어난다. 즉, 그러한 명제는 참이라는 것도, 거짓이라는 것도 공리로부터는 증명될 수 없다. 위에서 말한 길이가 $\sqrt[3]{2}$ 인 선분의 존재에 대한 명제는 바로 그러한 예이다. 예를 들어, 동형이 아닌 군은 무수히 존재하므로 군론의 공리는 분명히 완전하지 않다. 그렇다면 고전적인 유클리드 기하의 공리계 Ⅰ～Ⅳ는 어떨까? 원래 유클리드의 원론에는 우리들이 '잘 알고 있는 점이나 직선'을 유일무이한 대상으로 논의를 전개했으므로 완전성을 묻는 것은 의미가 없다. 그럼에도 형식적으로 생각하면 공리계 Ⅰ～Ⅳ는 완전하지 않으며, 무수히 많은 모델이 있다. 이것을 명확하게 보인 사람이 힐베르트이지만, 나아가 그는 공리적으로 정해지는 기하가 본질적으로 단 하나 있으며, 또 우리의 직감으로도 바람직한 것(즉 해석적으로 나타낸다면 데카르트 기하)이 되도록 공리를 추가한 것이다. 이것이 공리 Ⅴ이다. 여기서는 힐베르트의 논증을 소개하자.

▶ 고전적 유클리드 기하는 불완전하다

먼저 대수적인 준비를 하자.

정의 4.2.32 | 체 K는 그 원소가 양(>0)이라는 성질이 다음 조건을 만족하도록 정의되어 있을 때, **순서체**라 한다.

(1) K의 각 원소 a에 대해 다음 세 가지 관계

$$a=0, \quad a>0, \quad -a>0$$

가운데 단 하나가 성립한다.

(2) $a>0,\ b>0$이면, $a+b>0,\ ab>0$이 성립한다.

실수체는 순서체이다. 또 실수체의 부분체, 특히 유리수체도 순서체이다. 역으로 순서체는 1의 자연수배가 0이 되지 않으므로 표수가 0이며, 따라서 유리수체를 포함한다. K가 순서체일 때, 다른 두 원소 a, b는 $a-b>0$일 때 $a>b$ 또는 $b<a$라 정의한다. 이때 실수의 대소관계에 대해서 잘 알려진 결과는 마찬가지로 성립한다. 또 순서체의 원소 a의 절댓값 $|a|$도 마찬가지로 정의된다.

이제 임의의 원소 a, b에 대해서 $\sqrt{a^2+b^2}$이 K에 속할 때 실수체의 부분체 K를 **피타고라스 폐체(閉体)**라 일컫는다. a가 양이면

$$\sqrt{a^2+b^2}=a\sqrt{1+(b/a)^2}$$

이므로 K의 임의의 원소 c에 대해서 $\sqrt{1+c^2}\in K$라고 해도 된다. 앞 단에서 논한 데카르트 기하에서 점의 집합을

$$K^2=\{(a,b) : a,\ b\in K\}$$

로 바꾸어서 생각하자. 직선의 정의도 K의 세 원소 a, b, c를 사용하여 표시되는 일차방정식

$$ax+by+c=0$$

의 해 $(x, y) \in K^2$들이 이루는 도형이라 하면 된다. 공리 Ⅰ, Ⅳ는 사칙연산만으로 확인되어지므로 분명하며, K가 순서체이므로 공리 Ⅱ도 성립한다. 또 이 평면에서 점의 좌표는 K의 원소이므로 두 점의 거리도 피타고라스 정리에 의해 K의 원소이다. 임의의 두 직선이 이루는 각 θ에 대해 $\cos\theta$, $\sin\theta$도 K의 원소임은 쉽게 알 수 있다. 이때 각 θ인 회전은 행렬의 꼴로부터 알 수 있듯이, K^2의 원소를 K^2의 원소로 옮긴다. 평행이동도 그러하므로 모든 합동변환은 K^2의 변환이 된다. 따라서 공리 Ⅲ도 성립함은 데카르트 기하의 경우와 같다. 즉, K^2을 점집합으로 하는 모델이 얻어졌다. 이것을 체 K 위의 **좌표기하**라 한다.

실수 a에 대해 실수 $\sqrt{1+a^2}$을 주는 연산을 생각하자. 유리수들로부터 출발하여 사칙연산과 위의 연산 다섯 가지를 여러 번 반복해서 얻어지는 실수들의 집합 Ω를 생각하자. 예를 들어 $\sqrt{2}$는 Ω의 원소이고, 따라서 예를 들어 $\sqrt{1+(3+\sqrt{2})^2}$ 등도 Ω의 원소이다. Ω는 피타고라스 폐체이며, 유리수체를 포함하는 최소의 피타고라스 폐체임은 쉽게 알 수 있다. 또 Ω의 원소는 적당한 대수방정식의 해(실제는 몇 개의 이차방정식을 반복해서 푼다)이므로 대수적 수이다. 실수에는 대수적이지 않은 수(예를 들어 원주율 π)가 있으므로 Ω는 실수체와 일치하지 않는다. 따라서 다음 결과를 얻는다.

정리 4.2.33 | 공리 Ⅰ～Ⅳ는 완전하지 않다.

계 4.2.34 | 공리 Ⅰ~Ⅳ만으로 길이가 $\sqrt[3]{2}$ 인 선분의 존재를 증명할 수 없다.

증명 | 위에서 다룬 체 Ω에 근거한 모델을 생각하자. 유리수체에 $\sqrt[3]{2}$ 를 부가한 확대체 $\mathbb{Q}(\sqrt[3]{2})$는 $\mathbb{Q}$의 삼차확대이다. 한편, Ω의 각 원소는 $\mathbb{Q}$ 위의 이차확대를 반복해서 얻어지는 확대체에 속한다. 만약 $\sqrt[3]{2} \in \Omega$이면 $\mathbb{Q}(\sqrt[3]{2})$는 $\mathbb{Q}$의 어떤 2^r차 확대체 K에 포함된다. 이때 K는 $\mathbb{Q}(\sqrt[3]{2})$ 위의 벡터공간이 되는데, 차원을 생각하면 이것은 모순이다. 만약 길이가 $\sqrt[3]{2}$ 인 선분의 존재를 공리 Ⅰ~Ⅳ만으로 증명할 수 있다면, 그것은 어떠한 모델에 있어서도 존재하게 되는데, 이것은 위의 사실과 모순이다. □

4.3 공리에서 실수로

▶ 에우독소스의 비례론

유클리드 원론의 제Ⅴ권은 에우독소스[8]에 의한 비례론으로 채워져 있다. 먼저, 통약가능인 선분에 관해서 다음 비례정리가 성립함을 보이자. 단, 여기서는 공리 Ⅰ부터 공리 Ⅳ까지를 가정하고, 아르키메데스 공리는 가정하지 않는다.

정리 4.3.1 | $\triangle ABC$의 변 AB 위의 점 X는 자연수 n, m이 있어서 $nAX \equiv mBX$라 하자. X를 지나고 변 BC에 평행한 직선이 변 AC와 만나는 점을 Y라 하면, $nAY \equiv mBY$가 성립한다. 역으로 변 AC 위의 점 Y'이 $nAY' \equiv mBY'$을 만족하면, 직선 XY'은 직선 BC와 평행이다.

8) Eudoxos(기원전 4세기)는 고대 그리스의 수학자이다. 비례의 이론 외에도 구와 원뿔의 부피를 구했다.

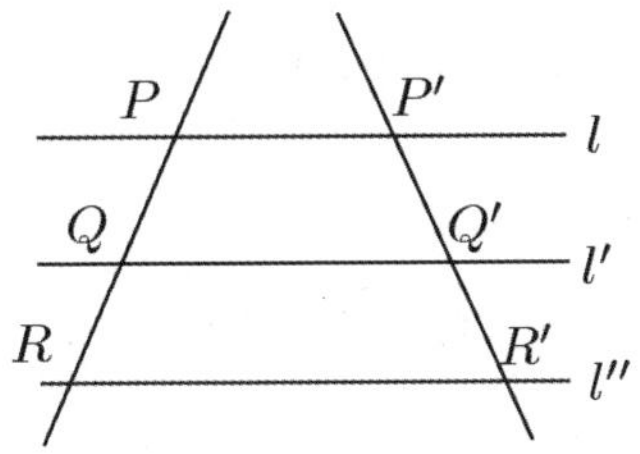

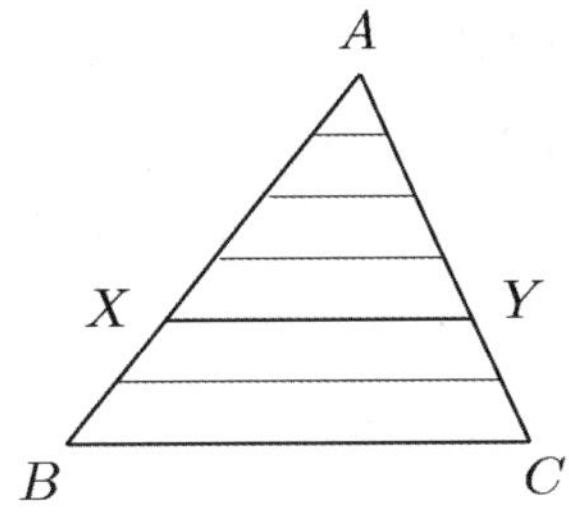

증명 | 왼쪽 그림과 같이 2개의 직선과 3개의 직선이 만날 때, 그 교점을 P, Q, R, P', Q', R'이라 하고, 점 Q는 P, R의 중점이라 가정하자. 이때 직선 l, l', l''이 서로 평행이면, 점 Q'은 P', R'의 중점이다. 역으로 점 Q'이 P', R'의 중점이고, 직선 l, l'이 평행이면 평행선의 일의성으로부터 l''도 l, l'과 평행이다.

$n=m=1$일 때 D는 A, B의 중점이고 명백히 성립한다. $nAD \equiv mBD$인 것은 D가 선분 AB의 $n+m$ 등분점 중 하나라는 것과 같은데, 위의 논의를 반복하면 구하는 결과를 얻는다. □

그렇다면 통약불가능인 경우, 에우독소스의 비례정리를 어떻게 정식화했는지 살펴보자. 선분 AB와 CD가 통약불가능이라 하자. 이때

(1) 다음 성질을 만족하는 양의 정수 n, m, n', m'이 존재한다.

$$nAB < mCD, \quad n'AB > m'CD$$

(2) $nAB < mCD$를 만족하는 자연수의 쌍 n, m을 전부 생각하여 양의 유리수의 집합 $S = \{m/n\}$을 생각하자.

(3) $m/n \in S$이고 또 $m'/n' > m/n$, $0 < n$, m일 때 $m'/n' \in S$이다. 실제로 $m'/n' > m/n$은 $m'n > mn'$과 동치이다. 가정으로부터 $nAB < mCD$인데, 계 4.2.23으로부터 $n'nAB < n'mC < m'nCD$이다. 이제 $n'AB \geq m'CD$라 하면, $nn'AB \geq nm'CD$인데, 이것은 계 4.2.23

(1)에 모순이다.

(4) 이것으로부터 S는 양의 유리수의 절단을 결정한다. 즉, 양의 유리수의 집합 $\mathbb{Q}_{>0}$에서 S의 여집합 S'을 생각하면

$$\mathbb{Q}_{>0} = S \cup S',\ \ x > x',\ \ \forall x \in S,\ \ \forall x' \in S'$$

이 성립한다. 그래서 통약가능한 선분의 쌍 AB, CD와 $A'B'$, $C'D'$은 그들이 결정하는 절단이 같을 때, 비를 같다고 정의하고, $AB : CD = A'B' : C'D'$으로 나타낸다.

(5) 이 정의를 이용하여 위의 비례정리가 통약불가능한 선분에 대해서도 성립함을 보인다.

이상의 에우독소스의 논의는 몇 개의 의문점이 있다. 먼저, 원론에서 (1)은 자명하게 성립하는 것으로 다루고 있는데, 이것은 아르키메데스 공리이다. (1)에 의해 S 및 그 여집합이 공집합이 아니라는 것이 보증된다. 또 (5)의 확장된 비례정리의 증명에서도 아르키메데스 공리가 이용된다. 또 (4)의 절단은 데데킨트의 절단과 결과로서는 같으며, 하나의 실수를 결정하고 있는 것이 되지만, 어느 정도의 실수가 이러한 선분비로서 나타낼 수 있는가는 불명확하다.

▶ 선분들의 사칙연산

이제 좌표기하와 같은 특별한 모델을 잊어버리고, 고전적인 유클리드 기하의 공리 Ⅰ~Ⅳ를 만족하는 임의의 모델을 생각하자. 공리를 보면 알 수 있듯이, 공리에는 반드시 선분의 길이라는 개념이 표면에 주어져 있는 것은 아니다. 길이란 합동인 선분에 대해 같은 것이 되는 '무언가'인데, 그것을 나타내는 수가 미리 주어져 있지 않기 때문이다. 또 앞 단에서 아르키메데스 공리를 가정하지 않으면, 선분의 비를 나타내는 것은 실수로 한정할 수 없음을 보았다.

그래서 여기에서는 선분의 비보다는 합동인 선분 그 자체에 사칙연산을 정하고, 수의 개념을 새로이 만드는 것을 생각하자. 이것에 의해 그 모델에 수

반되는 하나의 체가 정해지는 것, 그리고 그 모델이 그 체 위의 좌표기하와 본질적으로 같음을 아래에서 보인다. 또 비에 대해서도 보다 명확한 정의를 할 수 있음을 보인다.

공리 III_2로부터 선분의 합동이라는 관계는 동치관계이다. 선분 AB와 합동인 모든 선분을 모은 것을 (AB가 정하는) **합동류**라 한다. 이때 선분들의 집합은 합동류들의 집합과 유별된다. 먼저 정리 4.2.10에서 본 것처럼 임의의 선분 PQ와 RS에 대해, 적당한 직선 l 위에 세 점 A, C, B를 $PQ \equiv AC$, $RS \equiv CB$가 되도록 택한다(공리 III). 선분 PQ와 RS의 합을 AB라 정하고 이것을 $PQ + RS$로 나타내면, 이 합동류는 PQ와 RS의 합동류에 의해서만 정해진다. 선분의 합동류를 a, b, $\cdots$와 같은 문자로 나타내면, 두 합동류 a, b에 대해 그 합 $a+b$가 하나의 합동류로서 정의된다. 이 덧셈이 교환가능

$$a+b=b+a$$

임은 다음과 같이 알 수 있다.

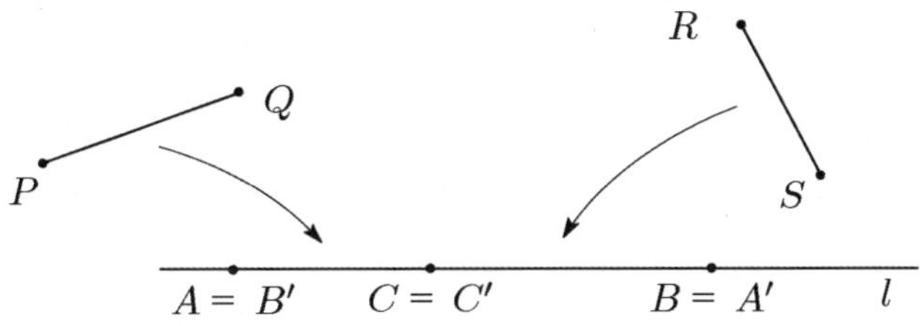

선분 PQ와 RS에 대해 $RS + PQ$를 정의하기 위해서는 $PQ + RS$를 정의할 때와 같은 직선 l 위에 세 점 A', C', B'을 $A' = B$, $C' = C$, $B' = A$가 되도록 택하자. 이때 정의로부터 $PQ + RS = AB$이고, $RS + PQ = A'B' = AB$이므로 덧셈은 교환가능이다. 마찬가지로 결합률

$$(a+b)+c=a+(b+c)$$

가 성립함도 쉽게 보일 수 있다. 또 $A = B$인 경우 AA도 선분이라 생각하

여, 임의의 두 점 A, A'에 대해 AA와 $A'A'$은 합동이라 약속한다. 선분 AA의 합동류를 0으로 나타내면, $a+0=a$임은 분명하다. n이 자연수일 때, 합동류 a를 n개 더한 합동류를 na로 나타낸다. $a \neq 0$일 때, 어떤 자연수 $n>0$에 대해서도 $na \neq 0$임은 분명하다.

계 4.2.23에서 선분의 합동류 사이에 대소가 정의되고, 두 합동류 a, b에 대해 다음 세 관계

$$a=b, \quad a>b, \quad a<b$$

중 단 하나가 성립한다는 것, 또 $a<a'$, $b<b'$일 때 $a+a'<b+b'$이 성립한다는 것을 보였다. 게다가 $a<b$가 성립한다는 것과 합동류 $c(\neq 0)$가 존재해서 $b=a+c$가 되는 것이 동치임도 쉽게 알 수 있다.

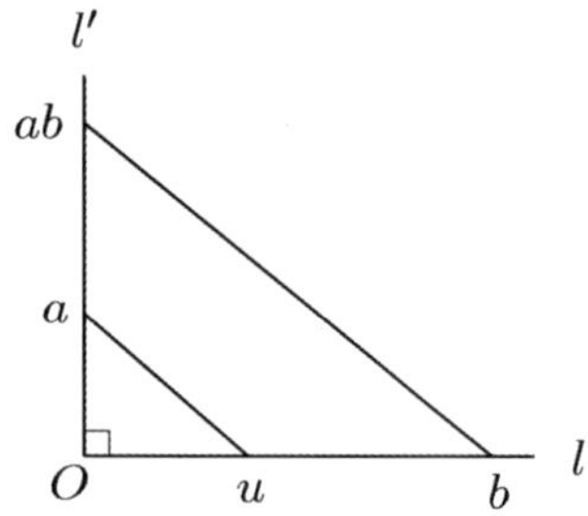

다음으로 합동류들의 곱을 정의하자. 먼저 단위가 되는 선분을 정해 두고, 그 합동류를 u로 나타낸다. 오른쪽 그림과 같이 점 O를 끝점으로 하는 직교하는 두 반직선 l, l'을 잡자, a, b를 두 합동류라 할 때, 반직선 l 위에 U, B, 반직선 l' 위에 점 A를 OU, OA, OB의 합동류가 각각 u, a, b가 되도록 잡는다. 점 U, A, B는 각각 u, a, b로 나타내자. 점 B를 지나고, 직선 UA에 평행한 직선과 l'의 교점을 C라 하자. 이때 선분 OC의 합동류를 a와 b의 곱이라 정의하고, ab로 나타낸다. 평행선 공리 Ⅳ로부터 이것은 일의적으로 정해진다. 이것은 평행한 직선에 대한 비례관계로부터 자연스럽게 얻어지는 정의이다.

▶ 체의 구성

이제 모든 선분의 합동류들의 집합을 $K_{>}$라 나타내자. 기호의 의미는 아직 음인 원소가 정의되지 않았음을 나타낸다. 이때 다음 정리가 성립한다.

정리 4.3.2 | 집합 $K_>$ 위에서 정의한 덧셈과 곱셈은 A4(덧셈의 역원의 존재)를 제외한 모든 체의 공리(45쪽)를 만족한다.

정리의 증명에는 다음 보조정리(파스칼[9] 정리의 특별한 형태)가 필요하다.

보조정리 4.3.3 | 다음 그림에서 반직선 l, l' 위에 각각 다른 세 점 A, B, C 및 A', B', C'이 있다. 이때 BC'과 CB'이 평행이고 AC'과 CA'이 평행이면, AB'과 BA'도 평행이다.

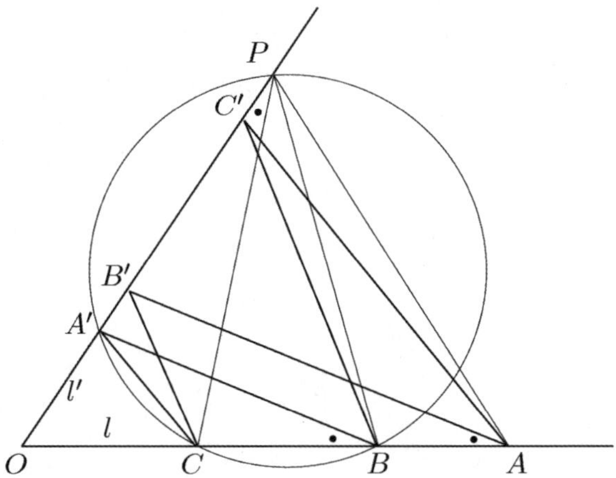

증명 | 위의 그림에서 점 P는 세 점 A', B, C를 지나는 원과 직선 $l' = OA'$과의 교점이라 하자. 이러한 교점은 확실히 존재한다. 원의 중심에서 직선 l'에 수선을 내리고, 수선의 발에 관해서 A'의 대칭인 l' 위의 점을 잡으면 된다. 이때 선분 AC'과 $A'C$가 평행이므로 $\angle C'AB = \angle A'CO$이다. 또 원주각의 정리로부터 $\angle A'CO = \angle BPC'$이므로 $\angle C'AB = \angle BPC'$이다. 따라서 사변형 $ABC'P$가 원에 내접함을 알 수 있다. 다음으로 선분 BC'과

9) Blaise Pascal(1623~1662)은 프랑스의 수학자이자 사상가이다. “인간은 생각하는 갈대이다”라는 말로 널리 알려져 있다.

$B'C$가 평행이므로 $\angle C'BC = \angle B'CO$이다. 사변형 $ABC'P$가 원에 내접하므로 $\angle C'BC = \angle BPC'$이다. 따라서 사변형 $ACB'P$도 원에 내접한다. 이들로부터 그림에서 점이 찍힌 각의 합동을 보일 수 있다. 따라서 AB'과 $A'B$는 평행이다. □

정리의 증명 덧셈에 관한 공리 A1, A2, A3는 분명하다. 보조정리(파스칼의 정리)를 이용하여 곱의 추이성 A5 및 가환성 A6를 증명한다. 먼저 가환성에 대해서는 다음의 왼쪽 그림을 생각하자. 여기서 예를 들어 a로 나타낸 점은 Oa가 합동류 a를 나타내는 것이라 하자. x축 위의 a와 y축 위의 x를 잇는 직선(이후 이러한 직선을 (a, x)로 나타낸다)과, 직선 (u, b)는 평행이라 하자. 이때 곱의 정의로부터 $x = ba$이다. 또 그림과 앞의 보조정리로부터 직선 (u, a)와 (b, x)도 평행이다. 따라서 $x = ab$이므로 $ab = ba$이다.

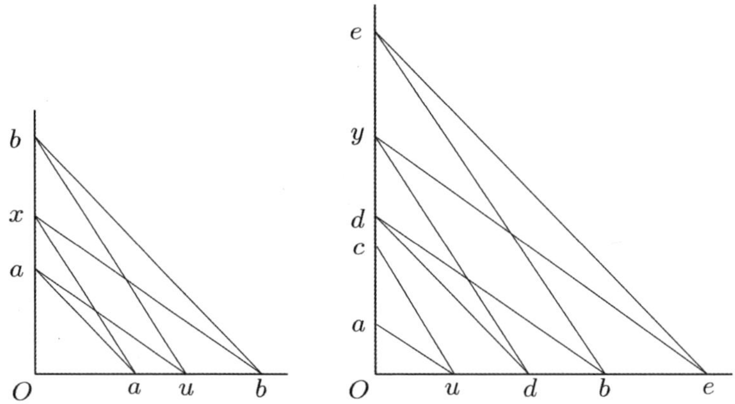

다음으로 곱의 추이성 $a(bc) = (ab)c$를 보이자. 위의 오른쪽 그림에서 (u, a)와 (b, d)가 평행이 되도록 d를 잡고, (u, c)와 (b, e)가 평행이 되도록 e를 잡는다. 이때 정의로부터 $d = ab$이고 $e = cb$이다. 그리고 (b, e)와 (d, y)가 평행이 되도록 점 y를 잡으면 앞의 보조정리로부터 (b, d)와 (e, y)도 평행이다. 한편, $y = cd = c(ab)$이고 $y = ae = a(cb)$이다. 따라서 곱의 가환성으로부터 $a(bc) = (ab)c$가 성립한다.

다음으로 임의의 원소 b에 대해 $ub=b$임은 정의로부터 명확하다. 따라서 u가 체의 공리 A7의 단위원이 된다. 자연수 n을 합동류 nu로 간주하자. 위에서 논한 합동류의 곱의 성질로부터 이렇게 하더라도 자연수의 성질은 그대로 보존된다. 특히 u를 1로 나타내도 상관없다.

그리고 주어진 $a\neq 0$, b에 대해 그림과 같이 $(a,\ u)$와 $(b,\ x)$가 되도록 x를 잡으면 $ax=b$이므로 공리 A8이 성립한다. 이 x를 b/a로 나타내면 합동류의 상(商) a/b도 정의할 수 있다.

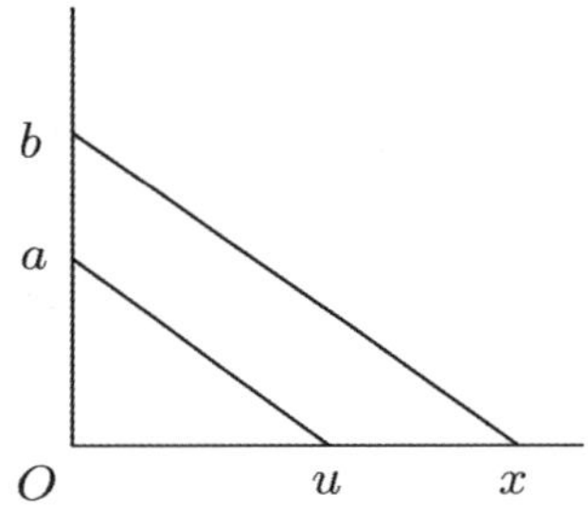

마지막으로 분배율 A9도 정의에 따라 그림을 그리면 쉽게 확인할 수 있다. □

이상으로부터 합동류의 집합 $K_>$는 음이 아닌 유리수의 집합과 똑같은 성질을 가지고 있다. 그러면 음의 수를 정의하자. 이것은 제1.1절에서 자연수로부터 정수를 만든 것과 완전히 같은 방법이다. 먼저 $K_>$의 두 원소의 뺄셈 $a-b$를 생각하자. 이것은 우선 형식적인 기호라 생각하자. $a-b$와 $a'-b'$은 상등이다($a-b\equiv a'-b'$으로 나타낸다)라는 것은 $a+b'=a'+b$로 정의한다.

보조정리 4.3.4 | 상등이라는 관계는 동치관계이다.

증명 | $a-b\equiv a-b$이고 $a-b\equiv a'-b'$이면 $a'-b'\equiv a-b$임은 분명하다. $a-b\equiv a'-b'$이고 $a'-b'\equiv a''-b''$이 성립한다고 하자. 정의로부터 $a+b'=a'+b$ 및 $a'+b''=a''+b'$이 성립한다. 따라서

$$(a+b')+(a'+b'')=(a'+b)+(a''+b')$$

으로부터

$$(a+b'')+(a'+b')=(a''+b)+(a'+b')$$

이 성립한다. 이때 선분의 합의 정의로부터 $a+b''=a''+b$가 성립한다. 따라서 $a-b\equiv a''-b''$이다. □

이 보조정리로부터 기호 $a-b$의 동치류(같은 기호로 나타낸다)를 생각할 수 있다. 이러한 동치류들의 합과 곱을

$$(a-b)+(c-d)=(a+c)-(b+d)$$
$$(a-b)(c-d)=(ac+bd)-(ad+bc)$$

로 정의한다. 이것이 동치류로서 모순 없이 정의된다는 것 혹은 체의 공리에 나타내는 여러 성질을 만족한다는 것은 쉽게 확인할 수 있다. 따라서 이러한 동치류의 집합은 체가 된다. 이것을 K라 나타내자.

고전적인 유클리드 기하에서는 218쪽에서 논한 것처럼 비례론을 전개하기 위해 아르키메데스 공리 V_1이 필요했다. 그러나 여기서 정의한 체 K를 이용하면, 임의의 선분 PQ와 RS의 비 $PQ:RS$ 혹은 비의 값 PQ/RS는 선분의 합동류를 각각 a, b라 할 때, K에서의 상 a/b로 정의할 수 있다. 이때 정리 4.3.1은 다음과 같이 일반화할 수 있다. 증명은 특별한 경우, 즉 $\angle A$가 직각일 때는 선분의 곱의 정의와 평행선의 일의성으로부터 바로 보일 수 있다. 일반적인 경우도 쉽게 확장할 수 있다.

정리 4.3.5 | $\triangle ABC$의 변 AB 위의 점 X와 변 AC 위의 점 Y를 생각하자. 이때 직선 BC와 직선 XY가 평행일 필요충분조건은 $AX/AB=AY/AC$가 성립하는 것이다.

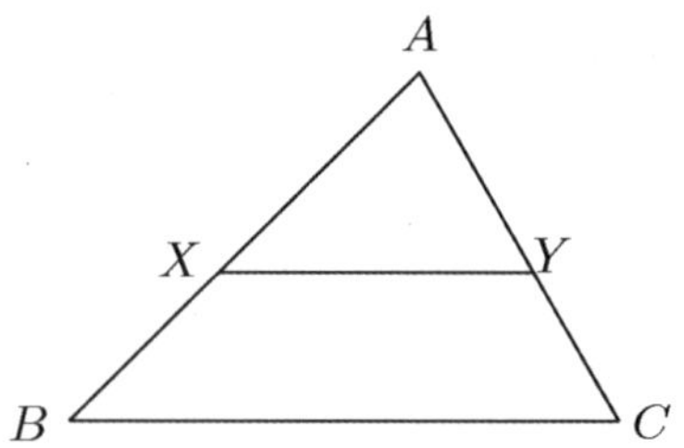

이제 피타고라스 정리는 보통 비례정리를 이용하여 증명된다. 그러나 위의

정리를 이용하면 공리 Ⅰ ~ Ⅳ로부터 (아르키메데스 공리 없이) 증명된다.

정리 4.3.6 | $\triangle ABC$를 $\angle A$가 직각인 직각삼각형이라 하자. 이때 $AB^2 + AC^2 = BC^2$이 성립한다.

증명 | A에서 변 BC에 수선을 내리고, 그 발을 D라 하자. 이때 $\triangle ABC$와 $\triangle ABD$는 두 각 상등이므로 닮음이다. 따라서 비례정리로부터 $BD/AB = AB/BC$가 성립한다. 마찬가지로 $\triangle ABC$와 $\triangle ACD$는 두 각 상등이므로 닮음이고, $CD/AC = AC/BC$가 성립한다. 따라서

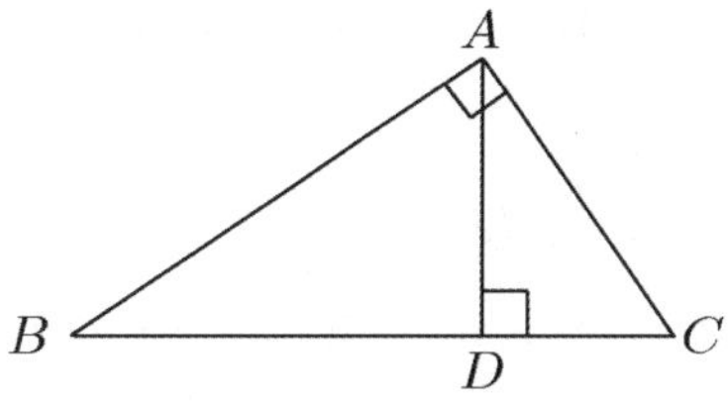

$$AB^2 + AC^2 = BD \times BC + CD \times BC = BC^2$$

이다. □

정리 4.3.7 | K는 순서체이다. 또 피타고라스 폐체이다. 즉, 임의의 원소 a, b에 대해 $c^2 = a^2 + b^2$이 되는 원소 c가 존재한다.

증명 | 공리 Ⅰ ~ Ⅳ에서 피타고라스 정리가 성립하므로 $a, b \in K$일 때, 직각을 낀 두 변이 a, b인 직각삼각형을 생각하면 빗변은 $\sqrt{a^2+b^2} \in K$이다. 따라서 K는 피타고라스 폐체이다.

다음으로 $a \in K_>$에 $a - 0$을 대응시킴으로써 $K_>$를 K에 합이나 곱의 연산을 넣어 매장(embedding)할 수 있다. $K_>$의 원소 $a \neq 0$을 양수라 하고, $a > 0$이라 나타낸다. 또 a가 양수일 때, $0 - a$를 $-a$로 나타내고 음수라 한다. $u \in K$가 음수인 것을 $u < 0$로 나타낸다. K의 임의의 원소 $u = a - b$를 생각하자. $u \neq 0$ 즉 $a \neq b$이면 $a > b$ 혹은 $b > a$ 가운데 어느 하나이다. $a > b$

일 때는 $a=b+c$가 되는 원소 $c\in K_{>}$가 존재한다. 이때 $a-b=c-0$이므로 $u=a-b>0$이다. 마찬가지로 $b>a$일 때는 $u=a-b<0$이다. 따라서

$$u=0,\quad u>0,\quad u<0$$

중 어느 하나가 성립한다. $a>0$, $b>0$일 때 $a+b>0$, $ab>0$이 성립함은 분명하다. 따라서 K는 순서체이다. □

이 체 K를 생각하고 있는 기하에서 선분들의 체 혹은 이 기하에 수반하는 체라 부르자. 다음으로 이 기하 모델의 대수화를 생각하자. 먼저 기준이 되는 점 O를 택해서 원점이라 부르고, 원점을 지나는 직선을 하나 골라 x축이라 부른다. x축 위에 점 A를 잡고, 선분 OA가 단위 선분이라고 약속하자. 이때 체 K의 정의로부터 x축 위의 점 X는 선분 OX 즉, 체 K의 원소와 일대일 대응한다. 다음으로 원점을 지나고 x축에 수직인 직선을 y축이라 부른다. 합동공리를 이용하면, y축 위의 점도 체 K의 원소라 생각할 수 있다. 이때, 임의의 점은 x축, y축에 각각 내린 수선의 발을 취함으로써, K^2의 원소 $(a,\ b)$와 일대일 대응한다. 또한 이 대응에 의해 이 기하 모델이 체 K 위의 좌표기하와 동일시할 수 있음은 쉽게 확인할 수 있다. 따라서 다음 정리를 얻는다.

정리 4.3.8 | 힐베르트 공리 I ~ IV를 만족하는 임의의 모델은 적당한 순서를 가지는 피타고라스 폐체 K 위의 좌표기하와 동일시 할 수 있다.

주 4.3.1 유클리드 기하에서는 앞에서 논한 것처럼 비례론을 전개하기 위해 아르키메데스 공리 V_1이 필요했다. 그러나 여기서 정의한 체 K를 이용하면, 선분의 합동류는 K의 원소이므로 모든 선분의 비를 K의 원소로 정의할 수 있다. 이때 정리 4.3.1은 자연수 n, m을, K의 임의의 양의 원소로 바꾸어도

성립한다. 그 증명은 힐베르트의 원저를 각자 참고하도록 하는데, 특별한 경우, 즉 $\angle A$가 직각인 경우는 선분의 곱의 정의와 평행선의 일의성으로부터 바로 보일 수 있다.

▶ 아르키메데스 공리의 의미와 완비성

이제 여기까지 준비하면 공리 V의 의미를 설명할 수 있다. 공리 V_1은

'체 K의 임의의 원소 a, $b \neq 0$에 대해, $a < nb$가 되는 자연수 n이 존재한다'

혹은

'체 K의 임의의 원소 c에 대해, $c < n$이 되는 자연수 n이 존재한다'

라는 형태로 나타낼 수 있다. 일반적으로 이러한 성질을 만족하는 순서체를 **아르키메데스 순서체**라 한다. 유리수체는 명백히 아르키메데스 순서체이다. 아르키메데스는 포물선으로 둘러싸인 영역의 넓이를 구할 때, 어떤 수열의 수렴을 보이기 위해 이 논법을 이용했다. 공리의 이름은 그것에 유래한다. 위의 표현방법으로 공리의 의미는 파악하기 어렵지만, 역수를 취해서 생각하면 공리는 다음과 같이 된다.

'K의 임의의 원소 $a > 0$에 대해, $1/n < a$가 되는 자연수 n이 존재한다'

이것들로부터 K에는 무한대인 원소, 즉 어떤 유리수보다 큰 원소나 양의 무한소인 원소가 존재하지 않는다고 말할 수 있다. 아르키메데스 공리를 만족하지 않는 순서체는 언뜻 보기에는 생각하기 어렵지만, 다음 예와 같이 존재한다.

예 4.3.1 순서체 K 위의 다항식 $f(x)$는 최고차의 계수가 양일 때, 양이라 정의하자. 이때 분수식에도 양/양, 음/음은 양, 양/음, 음/양은 음으로 정하면, 유리함수체에 순서를 줄 수 있다. 이때 a를 유리수라 하면 $x-a$는 양이므로 x는 어떤 유리수보다 크다. 따라서 아르키메데스 공리를 만족하지 않는다.

예 4.3.2 216쪽에서 피타고라스 폐체 Ω를 정의했다. 마찬가지로 비(非)아르키메데스적인 피타고라스 폐체를 생각할 수 있다. 앞의 예와 같이, 부정원 x로부터 유리수 위에서 사칙연산과 $\sqrt{1+(\ )^2}$을 취하는 연산을 유한번 반복해서 얻을 수 있는 것을 생각하자. 예를 들어 $(x+1)/(x^2-\sqrt{1+(2x-1)^2})$ 등이다. 이것들은 기껏해야 유한개의 실수를 제외하고 정의되는 실수값 함수이며, 기껏해야 유한개의 0점을 가진다. 이러한 원소의 집합을 $\Omega(x)$로 나타낸다. 이것이 피타고라스 폐체임은 정의로부터 분명하다. $\Omega(x)$의 원소 u는 위에서 다룬 것으로부터 충분히 큰 x에 대해 실수값 함수로서 정부호(定符號, definite)이다. 충분히 큰 x에 대해서 $u(x)>0$일 때 $u>0$이라 정의하면, $\Omega(x)$는 순서체이다. c를 유리수라 할 때, $u=x-c>0$이므로 x는 모든 유리수보다 크다. 따라서 $\Omega(x)$는 비(非)아르키메데스체이다.

$\Omega(x)$는 피타고라스 폐체이므로 216쪽에서 다룬 것처럼 체 $\Omega(x)$ 위에서 정의된 좌표기하는 공리 Ⅰ~Ⅳ를 만족하며, 이러한 모델에서는 직선 위의 모든 점을 실수를 가지고 나타낼 수 없다.

아르키메데스 순서체에서는 모든 원소의 '얼마든지 가깝게'에도 유리수가 존재함을 말할 수 있다. 즉 다음이 성립한다.

보조정리 4.3.9 | K는 아르키메데스 순서체라 하자. 이때 K는 유리수체를 조밀한 부분체로서 포함한다. 즉, a를 K의 원소라 할 때, 임의의 양의 원소 $\varepsilon\in K$에 대해 $|a-q|<\varepsilon$을 만족하는 유리수 q가 존재한다.

증명 | 주어진 양수 $\varepsilon \in K$에 대해 아르키메데스 공리로부터 $1/2^k < \varepsilon$이 되는 자연수 k가 존재한다. 원소 $a \in K$에 대해 다시 아르키메데스 공리에 의해 $-M < a < M$을 만족하는 자연수 M이 존재한다. 구간 $[-M, M]$을 2^k등분하는 유리수 $-M + i/2^k$, $i = 0, 1, \cdots$을 생각하자. 이때 a는 어떤 소구간

$$[-M + s/2^k, -M + (s+1)/2^k]$$

에 포함되어지므로 $q = -M + s/2^k$이라 두면 된다. □

이제 아르키메데스 순서체 K가 완비(完備)라는 것은 어떤 것인가를 알아보자. 완비의 정의는 여러 가지가 있는데, 표현은 다소 다르지만 여기서는 코시의 수렴판정조건에 바탕을 둔 정의를 다룬다. K의 원소의 무한열

$$a_1, a_2, \cdots, a_i, \cdots$$

을 $\{a_i\}$로 나타내자. 무한열 $\{a_i\}$가 K의 원소 a에 수렴한다는 것은 K의 어떤 양수 ε에 대해서도 자연수 $n = n(\varepsilon)$이 존재해서,

$$i > n \text{이면 } |a - a_i| < \varepsilon$$

이 성립함을 말한다. 이때 $\lim a_i = a$로 나타낸다. 또 K의 원소의 무한열 $\{a_i\}$는 K의 어떤 양수 ε'에 대해서도 자연수 $m = m(\varepsilon')$이 존재해서

$$i > m, \ j > m \text{이면 } |a_i - a_j| < \varepsilon'$$

이 성립할 때, **기본열** 혹은 **코시열**이라 한다. 아르키메데스 순서체 K는 모든 기본열이 K의 원소에 수렴할 때 **완비**라 한다. 기본열 $\{a_i\}$는 유계이다. 즉 양수 c가 존재해서 모든 i에 대해 $|a_i| < c$가 성립함에 유의하자.

K가 완비가 아닌, 즉 수렴하지 않는 기본열이라 할 때, 그 수렴값을 K에 부가하는 것을 생각하자. 이것을 가장 형식적으로 생각하면, 기본열 그 자체

가 수렴값이라 생각하면 된다. 단, 다른 기본열이 같은 것에 수렴하는 경우가 일어나므로 그러한 경우는 기본열을 동일시해야 한다. 이것은 두 기본열이 0에 수렴하는 기본열 부분만 다른 경우이다.

이것을 정확히 하기 위해 K의 기본열들의 집합을 F로 나타내자. 두 기본열 $\{a_i\}$, $\{b_i\}$의 합과 곱을

$$\{a_i\}+\{b_i\}=\{a_i+b_i\},\ \ \{a_i\}\{b_i\}=\{a_i b_i\}$$

라 정의하면, 이들 역시 기본열이다. 실제로 합에 대해서는 분명하므로 곱에 대해서 생각하자. 기본열의 유계성으로부터 $|a_i|< c$, $|b_i|< c$가 되는 양수 c가 있다. 양수 ε에 대해, 자연수 n을 모든 자연수 i, $j>n$에 대해

$$|a_i-a_j|,\ |b_i-b_j|<\varepsilon/(2c)$$

이 되도록 택한다. 이때 $|a_i b_i-a_j b_j|<\varepsilon$이 됨은 쉽게 알 수 있다. 이것에 의해 집합 F는 가환환이 된다. 다음으로 0에 수렴하는 기본열(0수열이라 부른다)들이 이루는 부분집합 N을 생각하자. 쉽게 알 수 있듯이, 이것은 F의 아이디얼이다. 잉여환 F/N, 즉 기본열을 0수열을 법으로 해서 생각하자. 이것은 0수열만 다른 기본열을 동일시하는 것에 지나지 않는다.

보조정리 4.3.10 | F/N은 완비인 아르키메데스 순서체이다. 이것을 아르키메데스 순서체 K의 완비화라 한다.

증명 | F/N이 순서체가 되는 것은 정의로부터 쉽게 확인할 수 있다. $\{a_i\}$가 기본열일 때, a_i들의 집합은 위로 유계이므로 모든 i에 대해 $a_i<n$이 되는 자연수가 있다. 따라서 F/N은 아르키메데스 공리를 만족한다. 그러므로 F/N은 유리수체를 조밀하게 포함한다. 이때 F/N의 기본열은 0열을 법으로 해서 유리수열로 바꿀 수 있다. 그러나 유리수열은 F/N의 점으로 생각할 수 있으며, 그 자신이 수렴값이 된다. □

정의 4.3.11 | 유리수체 $\mathbb{Q}$의 완비화를 **실수체**라 한다.

정리 4.3.12 | 모든 완비인 아르키메데스 순서체는 실수체와 순서체로서 동형이다. 따라서 임의의 아르키메데스 순서체는 실수체의 부분체와 동형이다.

증명 | K를 완비인 아르키메데스 순서체라 하자. 보조정리 4.3.9에 의해 K에는 유리수가 조밀하게 포함된다. 따라서 K의 임의의 원소 α에 대해, 유리수로 구성된 α에 수렴하는 기본열 $\{a_i\}$를 잡을 수 있다. 이러한 다른 기본열 $\{a'_i\}$이 있으면, 그 차 $\{a_i - a'_i\}$은 0에 수렴한다. 유리수의 기본열은 정의로부터 하나의 실수를 정한다. 그것을 a라 할 때, α에 대해 a를 대응시킴으로써 사상

$$f : K \to \mathbb{R}$$

이 모순 없이 정의된다. 이것이 합이나 곱을 보존함은 쉽게 확인할 수 있다. 역으로, 실수 b에 대해 b를 나타내는 유리수의 기본열 $\{b_i\}$를 잡는다. $\{b_i\}$는 K의 기본열로도 생각할 수 있다. 가정으로부터 K는 완비이므로 $\{b_i\}$는 K의 어떤 원소 β에 수렴한다. b에 대해 β를 대응시키는 사상 $g : \mathbb{R} \to K$가 f의 역사상인 것은 분명하다. 따라서 K와 $\mathbb{R}$은 동형이다. □

실수의 정의와 완전성 공리

우리가 잘 아는 실수 개념은 무한소수로 주어진다. 이것이 위의 정의와 같음은 다음과 같이 해서 알 수 있다. 무한소수 $0.k_1k_2\cdots$를 생각하자. 단 k_i는 0부터 9까지의 정수이다. 이때 유리수의 열

$$a_1 = 0.k_1,\ \ a_2 = 0.k_1k_2,\ \ a_3 = 0.k_1k_2k_3,\ \ \cdots$$

는 $n > m$일 때 $|a_n - a_m| \leq 10^{-n}$이 성립하므로 기본열이다. 따라서 이러한 열은 위의 정의를 만족하는 하나의 실수를 나타내고 있다. 이러한 표시방법은 일의적이 아니며, 0열을 법으로 해서 바꿀 수 있다. 예를 들어, 무한소수 $1.000\cdots$와 $0.999\cdots$는 같은 실수를 나타내고 있다. 실제 이것들을 기본열로 보면, 그 차의 기본열

$$1.0 - 0.9 = 0.1, \quad 1.00 - 0.99 = 0.01, \quad \cdots$$

는 0열이기 때문이다.

잘 알려져 있듯이 무한소수가 유리수를 나타내고 있는 것은 (어딘가부터 0이 계속되는 유한소수도 포함해서) 순환소수에 한한다. 따라서 순환하지 않는 무한소수를 생각하면, 위와 같은 기본열은 유리수에 수렴하지 않는다. 즉, 유리수체는 완비가 아니다. 유리수체는 이를 테면 빈틈투성이지만, 19세기의 해석학의 발전에 따라 이러한 유리수의 완비화가 여러 가지로 생각되어졌다. 앞에서 다룬 '기본열(칸토어[10])'을 이용하는 것, '구간축소법(바이어슈트라스[11])' 그리고 '절단(데데킨트)'이 그 예이다. 이들의 정의나 성질에 대해서는 미분적분학 교과서를 참조하기 바란다.

이제 마지막으로 공리 V_2에 대해서 생각하자. 공리 Ⅰ~Ⅳ 그리고 V_1을 만족하는 모델이 있다고 하면, 수반하는 체 K는 아르키메데스 순서체이므로 위에서 논한 것으로부터 K는 실수체의 부분체라 생각해도 된다. 이것이 또 공리 V_2를 만족하면, 체 K는 실수체 $\mathbb{R}$과 일치하지 않으면 안 된다. 실제 그렇지 않으면, 그 모델은 데카르트 기하로 확대할 수 있으므로 공리 V_2에 모순이기 때문이다. 따라서 다음 결과를 얻는다.

---

10) Georg Cantor(1845~1918)는 러시아에서 태어났지만 독일에서 활약한 수학자로서 집합론의 창시자이다.

11) Wilhelm Weierstrass(1815~1897)는 독일의 수학자이다. 해석학의 기초, 특히 $\varepsilon-\delta$ 논법으로 잘 알려져 있다.

정리 4.3.13 | 힐베르트 공리 Ⅰ ~ Ⅴ는 완전이다. 이 공리를 모두 만족하는 기하는 데카르트 기하에 한한다.

아르키메데스 공리를 만족하는 기하에 대해서, 정리 4.3.6은 다음과 같다.

정리 4.3.14 | 힐베르트 공리 Ⅰ ~ Ⅳ와 공리 V_1을 만족하는 임의의 모델은 피타고라스 폐체인 실수체의 적당한 부분체 K 위의 좌표기하와 동일시할 수 있다.

바꾸어 말하면, 공리 Ⅰ ~ Ⅳ와 공리 V_1을 만족하는 기하라는 것은 데카르트 기하에서 좌표성분이 있는 피타고라스 폐체로 제한되어 있는 부분이라 생각할 수 있다.

4.4 공리의 독립성

마지막으로 공리의 독립성을 다루자. 먼저 공리계의 공리들은 서로 모순되어서는 안 된다. 공리계 중 하나의 공리 A에 주목하자. A 이외의 공리들이 모순되지 않는다고 할 때, 전체가 모순되지 않기 위해서는 A의 부정이 나머지 공리로부터 증명되어서는 안 된다. 이것은 이론이 성립하기 위한 대전제이다. 만약 A가 나머지 공리로부터 증명된다면 공리 A는 불필요하다. 따라서 공리 A가 나머지 공리로 증명할 수 없을 때 **독립**이라 한다. 공리계를 생각할 때, 이 무모순성과 독립성, 특히 하나의 공리 A에 대해서 말하면, A도 A의 부정도 나머지 공리로부터 증명되지 않는다는 것이 필요하다. 공리 A를 나머지 공리로부터 증명할 수 있다면, 공리 A를 제외한 공리를 만족하는 어떤 모델에서도 자동적으로 A는 성립해버린다. 역으로 말하면, A의 독립성을 보이기 위해서는 다른 공리와 A의 부정을 함께 만족하는 모델의 존재를 보이면 된다.

이 절에서는 몇 개의 공리의 독립성을 논하자. 역사적으로 평행선 공리는 공리 Ⅰ~Ⅲ으로부터 증명가능하지 않을까라고 생각되어 왔지만, 19세기에 로바체프스키[12]에 의해 쌍곡기하가 발견됨으로써 평행선 공리의 독립성은 증명되었다. 한편, 아르키메데스 공리는 고전적 유클리드 기하에서는 명백하게 성립하는 수의 성질이라 여겨졌다. 따라서 아르키메데스 공리의 독립성, 즉 아르키메데스 공리가 성립하지 않는 기하는 상상도 할 수 없었다. 힐베르트에 의해 그 독립성이 증명되었고 공리로 받아들여졌다. 마지막으로 합동공리의 독립성도 받아들여졌다.

▶ 사영기하와 비유클리드 기하

고전적 유클리드 기하에서 평행선 공리는 독립이다. 즉 공리 Ⅰ~Ⅲ으로 증명하는 것이 불가능함은 쌍곡기하라는 비유클리드 기하의 모델의 존재로부터 보일 수 있다. 쌍곡기하를 논하기 위해서는 일반적으로 사영기하(projective geometry)에서부터 생각하는 것이 좋다. 사영기하의 정의에는 이 장에서 다룬 유클리드 기하의 공리적 정의와 마찬가지 혹은 그 이상으로 추상적인 공리적 방법이 있다. 단, 여기서 생각하는 사영기하라는 것은 공리적 정의가 아니라, 실수체 위의 사영평면을 모델로 하는 것이다. 영화 등의 영사기(projector)는 다음 그림과 같이 광원 O에서 나온 빛에 의해 필름 F에 있는 도형을 스크린에 투영한다. 이때, 도형의 크기는 변하지만 형태는 닮은꼴이다. 그러나 오른쪽 그림과 같이 스크린이 비스듬하면(경사가 지면), 형태도 변한다.

---

12) Nikolai Ivanovich Lobachevsky(1792~1856)는 러시아의 수학자이다. 카잔대학의 학장을 오래 동안 했다. 그의 이름을 딴 쌍곡기하학은 1829년에 발표되었다. 또 그와는 독립적으로 헝가리 수학자 볼리아이(Bolyai)도 1832년 같은 내용의 기하학을 발표했다.

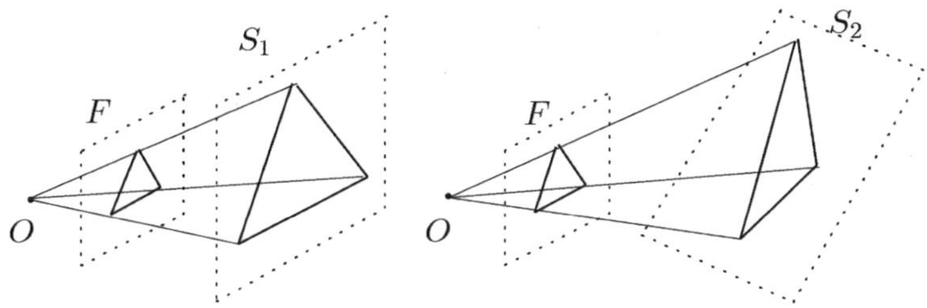

그러나 변하지 않는 성질도 있다. 직선은 반드시 직선으로 비친다. 삼각형이 사각형이 되는 경우는 없다. 따라서 직선 혹은 삼각형인 것은 이러한 사영에서 불변인 성질이다. 더욱이 세 점이 일직선 위에 있거나 세 직선이 한 점에서 만난다고 하는 성질도 이러한 사영에서 불변이다. **사영기하**라는 것은 도형의 이러한 성질을 조사하는 기하학이다.

사영에 의해 불변인 성질만을 주목한다고 하는 것은 사영에 의해 옮기는 (변하는) 것은 구별하지 않는 것이라고 말할 수 있다. 즉, 광원에서 나오는 광선(삼차원 좌표공간 $\mathbb{R}^3$의 원점을 지나는 직선) 위의 점은 모두 같은 것이라고 생각한다. 그래서 광원에서 나오는 광선(원점을 지나는 직선)을 사영기하에서의 점(보통의 점과 구별하기 위해서 이후에 <u>점</u>으로 나타낸다)이라 정의하고, 그러한 <u>점</u>의 집합을 **사영평면**이라 부른다. 또 사영기하에서 <u>직선</u>이란 원점을 지나는 평면으로 정의한다. $\mathbb{R}^3$의 원점과 다른 임의의 점 P는 원점과 P를 지나는 직선을 단 하나 정하므로 사영평면의 <u>점</u>을 정한다. 이때 각각의 스크린 위에서는 <u>점</u>이나 <u>직선</u>이 실제의 점이나 직선으로 나타난다. 더욱이 예를 들어, <u>삼각형</u>은 원점을 겹쳐서 지나지 않는 세 평면으로 정의할 수 있다.

이러한 <u>점</u>과 <u>직선</u>에 대해서 성립하는 기하가 사영기하이다. 유클리드 기하의 공리들은 성립하는 것도 있고, 성립하지 않는 것도 있다. 원점을 지나는 다른 두 직선에 대해서 그들을 포함하는 평면은 단 하나 존재하므로, 결합공리

'서로 다른 두 <u>점</u>을 지나는 <u>직선</u>은 단 하나 존재한다'

는 유클리드 기하와 같은 꼴로 성립한다. <u>직선</u> 위의 세 <u>점</u>이란 원점을 지나는

평면 위의 원점을 지나는 세 직선이므로, 순서공리

'직선 위의 서로 다른 세 점 가운데 단 하나의 점이 다른 두 점 사이에 있다'

는 성립하지 않지만,

> '서로 다른 네 점을 A, B와 C, D의 쌍으로 나누면, 모든 점은 또 하나의 쌍의 두 점 사이에 있도록 할 수 있다'

라는 공리로 바꿀 수 있다. 합동공리에 대해서는 뒤에 논하겠지만, 평행선 공리는 성립하지 않으며, 다른 두 직선은 반드시 만남을 쉽게 알 수 있다. 사영기하는 결합공리 이외의 유클리드 기하의 공리는 만족하지 않는데, 이를 테면 약한 공리계의 기하이다. 그러나 뒤에서 다루겠지만, 사영평면은 예를 들어 아핀평면이라는 부분집합으로 제한하면 유클리드 기하와 같은 구조를 줄 수 있다. 또한 다른 부분에 주목하여 공리를 조금 바꾸면, 쌍곡형 비유클리드 기하 혹은 타원형 비유클리드 기하라 불리는 것이 얻어진다.

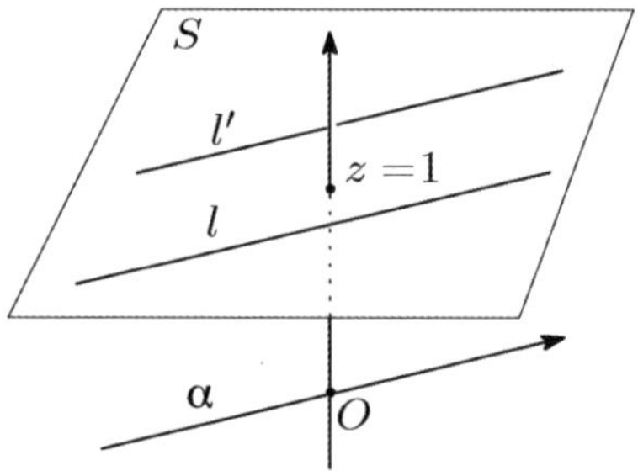

사영기하의 중요한 개념인 무한원점과 쌍대성을 다루자. 오른쪽 그림과 같은 (x, y, z)공간에서 스크린으로의 평면 $z=1$을 생각하자(이것은 원점을 지나지 않는 평면이면 무엇이라도 좋으며, 수학적으로는 아핀평면이라 불린다). 이때 원점 O를 지나고 평면 $z=1$과 평행하지 않는 직선(즉, 하나의 점)은 평면 $z=1$과 만나고 $z=1$ 위의 한 점으로 나타나며, 역으로 $z=1$ 위의 임의의 점은 이렇게 해서 얻어진다. 그러나 (x, y)평면에 포함되는 직선(그림의 α)은 평면 $z=1$과 만나지 않으며, 그것이 정하는 점은 $z=1$에는 존재하지 않는다. 여기서 α와 평행인 평면 $z=1$ 위의 두 직선 l, l'을 생각하자. l과 원점 그리고 l'과 원점에 의해 정해지는 평면을 각각 H, H'이라 하자. 이때 분명히 $H \cap H' = \alpha$이다.

이것을 사영기하의 용어로 살펴보자. 평면 H, H'은 사영기하의 직선을 결정한다. 이것들은 본래 l, l'에 의해 정해지는 것으로 각각 $\ll l \gg$, $\ll l' \gg$으로 나타내자. 또 α가 정하는 사영기하의 점을 $< \alpha >$로 나타내자. 이때, $\alpha \subset H$는 $< \alpha >$가 직선 $\ll l \gg$ 위에 있음을 의미한다. 마찬가지로 $< \alpha >$는 직선 $\ll l' \gg$ 위에도 있다. 즉 직선 $\ll l \gg$과 $\ll l' \gg$은 만나며, 그 교점이 $< \alpha >$이다. 점 $< \alpha >$는 평면 $z=1$에서 **무한원점**이라 불리며, 평면 $z=1$의 평행선 l, l'은 평면 $z=1$ 위에는 교점이 없지만, 이 무한원점에서 만나고 있다. 즉 평면 $z=1$ 위의 각 직선에는 각각 하나씩 무한원점이 있고, 평행인 두 직선에서는 그것들이 일치하고 있다. 원점을 지나는 (x, y)평면은 사영평면의 하나의 직선을 정하는데, 이것은 평면 $z=1$에 관한 무한원점 전체이다. 이것을 **무한원직선**이라 한다. 단, 무한원(無限遠)이라는 개념은 하나의 아핀평면을 지정해서 의미가 있으며, 다른 평면 위에서 보면 무한원이라는 것을 한정하지 않음에 유의할 필요가 있다.

또 한 가지 중요한 성질인 쌍대성에 대해서 논하자. 사영기하에서 점, 직선은 각각 공간에서 원점을 지나는 직선 및 평면이었다. 직선 l에 대해 원점을 지나고 l과 직교하는 평면은 단 하나 정해진다. 이것을 $D(l)$로 나타낸다. 또 평면 H에 대해 원점을 지나고 H와 직교하는 직선이 단 하나 정해진다. 이것을 $D(H)$로 나타낸다. 사영기하에서 생각하면, 점 $< l >$에 대해 직선 $\ll D(l) \gg$이 또 직선 $\ll H \gg$에 대해 점 $< D(H) >$가 정해진다. 이때 점 $< l >$이 직선 $\ll H \gg$ 위에 있으면 직선 $\ll D(l) \gg$은 점 $< D(H) >$를 지난다는 것을 쉽게 보일 수 있으며, 역도 성립함을 알 수 있다. 이것으로부터 사영기하의 모든 주장에서 점, 직선, '위에 있다', '지난다'라는 용어를 각각 직선, 점, '지난다', '위에 있다'로 바꾸더라도 올바른 주장이 된다. 이것을 사영기하의 **쌍대성**이라 한다.

비유클리드 기하

사영기하를 이용하여 클라인[13] 모델로 알려진 비유클리드 기하를 구성하자. 삼차원 좌표공간 $\mathbb{R}^3$에서 정칙(正則)인 일차변환, 즉 삼차 정칙행렬 A를 생각하자. 원점을 지나는 직선이나 평면은 A에 의해 역시 원점을 지나는 직선이나 평면으로 옮긴다. 사영기하에서 합동이란 이런 정칙행렬로 도형을 서로 옮기는 것을 말한다. 일반적인 정칙행렬은 길이나 각도를 보존하지 않으므로 사영기하에서는 길이나 각도의 개념은 의미를 가지지 않는다. 그러나 세 점이 동일직선 위에 있다는 것 등은 행렬에 의한 변환으로 보존되므로 의미가 있다. 이렇게 사영기하에서의 합동은 유클리드 기하의 합동보다 약한 것이지만, 점 집합으로서는 사영평면 혹은 그 일부분을 생각하고, 합동의 개념을 따로 정함으로써 다른 종류의 기하를 정의할 수 있다. 그것이 타원기하, 포물기하 그리고 쌍곡기하이다.

먼저, 다음과 같은 이차형식

$$f_\varepsilon(x,\ y,\ z) = \epsilon(x^2+y^2)+z^2$$

을 고정하자. 단, ε은 1, 0, -1 중 어느 것이다. 이때 삼차원 좌표공간의 곡면 $f_\varepsilon(x,\ y,\ z)=1$은 ε이 1, 0, -1에 따라 각각 구면 $S: x^2+y^2+z^2=1$, 두 장의 아핀평면 $F: z^2=1$, 2엽 쌍곡면 $H: -x^2-y^2+z^2=1$이다. 여기서 이러한 세 종류의 곡면의 점들이 각각 정하는 사영평면의 부분집합 V_ε을 생각하자. 사영평면에서는 원점을 지나는 직선을 한 점으로 생각하므로 좌표평면의 두 점 P와 $-P$는 동일시 될 수 있음에 유의하자. 또 삼차 정칙행렬 A에서 이러한 이차형식을 보존하는 것을 생각하자. 즉, $(x,\ y,\ z)$를 A에 의해 $(x',\ y',\ z')$으로 옮길 때, $f_\varepsilon(x,\ y,\ z)=f_\varepsilon(x',\ y',\ z')$이 된다. 이때 A는 곡면 $f_\varepsilon(x,\ y,\ z)=1$ 위의 점의 변환을 결정한다. 따라서 행렬 A는 곡면

13) Felix Klein(1849~1925)은 독일의 수학자이다. 다양한 기하를 군론의 입장에서 통일적으로 보는 에를랑겐 프로그램으로 잘 알려져 있다.

$f_\varepsilon(x,\ y,\ z)=1$이 정하는 사영평면의 부분집합 V_ε의 변환을 결정한다. 이것을 V_ε의 합동변환이라 부르며, 합동변환으로 옮기는 V_ε의 도형을 합동이라 부른다. 단, $\varepsilon=0$일 때 A는 아핀평면 위의 유클리드 운동(회전과 평행이동)이 되는 것으로 하자.

각각의 경우를 살펴보자.

(1) $\varepsilon=0$일 때, 두 평면 $z=\pm 1$의 한쪽의 점은 원점 대칭인 다른 쪽 한 점과 동일시되므로, V_0는 아핀평면 $z=1$이라 생각해도 된다. 또 점이나 직선은 아핀평면 $z=1$의 보통의 점이나 직선으로 생각해도 된다. 이때 합동변환은 회전과 평행이동일 뿐이므로, V_0로 정의되는 기하는 유클리드 기하이다. 이것을 또 포물기하라고도 부른다.

(2) $\varepsilon=1$일 때, 생각하는 점의 집합 V_1은 사영평면 전체이다. 앞에서 다룬 것처럼 결합공리는 성립하며, 순서공리는 수정된 꼴로 성립한다. 또 평행선은 존재하지 않는다. 여기서 생각하고 있는 합동변환은 이차형식 $x^2+y^2+z^2$를 보존하는 삼차 정칙행렬로 주어진다. 이것은 삼차 직교행렬인데, 적당한 축 주위의 회전 혹은 원점을 지나는 평면에 관한 대칭변환이다. 이렇게 해서 얻어지는 기하가 리만[14)]의 **타원기하**이다.

(3) $\varepsilon=-1$일 때, 생각하는 점의 집합 V_{-1}은 2엽 쌍곡면 가운데 $z>0$인 부분

$$H_+ : z^2=x^2+y^2+1,\ \ z>0$$

이라 생각해도 된다. 이때 얻어지는 기하가 **쌍곡기하**이다. 쌍곡기하에서 직선이란 이 쌍곡면과 원점을 지나는 한 평면이 만날 때, 그 교점들이 이루는 쌍곡선이다. 따라서 결합공리 '다른 두 점을 지나는 직선이 단

14) Bernhard Riemann(1826~1866)은 독일의 수학자이다. 해석학, 기하학, 수론 등의 많은 분야에서 뛰어난 업적을 남겼다. 리만적분, 리만기하, 코시-리만 방정식 등 그의 이름을 딴 용어는 많다. 또 리만 예상은 아직까지도 해결되지 못한 난제이다.

하나 존재한다'는 성립한다. 실제로 그 두 점과 원점을 지나는 평면과의 만남을 생각하면 된다. 또 타원기하와 달리 직선은 닫혀 있지 않으며, 유클리드 기하와 똑같은 순서공리가 성립한다. 따라서 이 쌍곡면에서도 선분, 반직선 혹은 끝점을 공유하는 두 반직선이 이루는 각 등은 유클리드 기하와 동일하게 정의된다. 이 쌍곡면의 합동변환이란 삼차 정칙행렬 A로 나타낼 수 있는 R^3의 일차변환이고, 이차형식 $-x^2-y^2+z^2$을 보존하는 것이다. 따라서 쌍곡면 H_+의 점을 H_+의 점으로 옮기며, H_+의 직선을 직선으로 옮긴다. 그래서 이 변환으로 옮기는 선분을 합동이라 정의한다. 또 각의 합동도 마찬가지로 정의한다.

합동변환인 행렬을 조사해두자. 먼저 2행 2열인 행렬 B가 이차형식 x^2+y^2을 보존하는, 즉 $(x,\ y)$가 B에 의해 $(x',\ y')$으로 옮길 때, 항상 $x^2+y^2=x'^2+y'^2$이 성립하면, 잘 알려져 있듯이 B는 회전 $\begin{pmatrix}\cos\theta & -\sin\theta\\ \sin\theta & \cos\theta\end{pmatrix}$ 또는 대칭변환 $\begin{pmatrix}\cos\theta & \sin\theta\\ \sin\theta & -\cos\theta\end{pmatrix}$이다. 한편, 행렬 B가 이차형식 $-x^2+y^2$을 보존하기 위한 조건이 $a^2-c^2=1$을 만족하는 실수 a, c에 대해서 $B=\begin{pmatrix}a & c\\ c & a\end{pmatrix}$ 혹은 $\begin{pmatrix}a & -c\\ c & -a\end{pmatrix}$임은 쉽게 알 수 있다. 이 형태에서 쌍곡선 $-x^2+y^2=1$ 위의 임의의 점 Q에 대해서 점 $(0,\ 1)$을 Q로 옮기는 행렬 B가 존재함을 보일 수 있다. 이제 이차형식 $-x^2-y^2+z^2$을 보존하는 삼차 정칙행렬 A로 주어지는 합동변환을 생각하자.

(1) 점 $(0,\ 0,\ 1)$을 움직이지 않는 변환은 z축 주위의 회전, 혹은 z축을 포함하는 평면에 관한 대칭변환이다. 실제로 행렬은 간단한 계산으로부터 $A=\begin{pmatrix}a & b & 0\\ c & d & 0\\ 0 & 0 & 1\end{pmatrix}$인 꼴임을 알 수 있는데, 왼쪽 위의 이차 정방행렬은 이차형식 x^2+y^2을 보존하므로 바로 위에서 논의한 것으로부터 구하는 결과를 얻는다.

(2) 쌍곡면 H_+의 임의의 점 P에 대해서 점 $(0,\ 0,\ 1)$을 P로 옮기는 변환이 있다. 위의 사실을 이용하면, 이것을 보이기 위해서는 P의 y성분이 0, 즉 P가 $(x,\ z)$평면에 속할 때를 보이면 된다. 앞에서 말한 것처럼, $(x,\ z)$평면에서 점 $(0,\ 1)$을 쌍곡선 $-x^2+z^2=1$ 위의 점 P로 옮기는 이차 행렬 $B=\begin{pmatrix} a & b \\ c & d \end{pmatrix}$가 있다. 이때 $A=\begin{pmatrix} a & 0 & b \\ 0 & 1 & 0 \\ c & 0 & d \end{pmatrix}$가 구하는 것이다. 이러한 변환을 두 번 이용하면, 쌍곡면 H_+의 임의의 두 점 $P,\ Q$에 대해서 P를 Q로 옮기는 변환이 존재함을 알 수 있다.

(3) 끝점을 공유하는 반직선 $h,\ k$에 대해서 h를 k로 (끝점을 고정시키고) 옮기는 변환이 존재한다. 실제로 끝점이 $(0,\ 0,\ 1)$일 때는 (1)의 z축 주위의 회전을 생각하면 된다. 일반적으로 끝점 P에 대하여 (2)의 $(0,\ 0,\ 1)$을 끝점 P로 옮기는 변환을 A_P라고 하면, $A_P^{-1}h,\ A_P^{-1}k$는 $(0,\ 0,\ 1)$을 끝점으로 하는 반직선이므로 z축 주위의 회전이고, 한쪽을 다른 쪽으로 옮겨서 A_P로 돌아오면 된다.

(4) 하나의 반직선을 그 자신으로 옮기는 변환은 항등변환, 혹은 반직선을 정하는 평면에 관한 대칭변환뿐이다. 실제로 (2)의 변환을 이용하면, 반직선의 끝점이 $(0,\ 0,\ 1)$인 경우를 생각하면 되고, 이때는 (1)로부터 분명하다.

이상으로부터 쌍곡기하에서도 유클리드 기하의 합동공리가 성립함을 다음과 같이 보일 수 있다. (2)로부터 임의의 선분의 끝점을 주어진 위치로 옮길 수 있다. 또 회전에 의해 주어진 반직선 위로 옮길 수 있으므로 공리 III_1이 성립한다. 마찬가지로 공리 III_4도 성립하며, 일의성은 (4)로부터 보일 수 있다. 공리 III_2, 공리 III_3은 분명하다. 마지막으로 공리 III_5는 합동변환의 일의성 (4)를 이용해서 보일 수 있는데, 상세한 것은 독자에게 맡긴다.

마지막으로 평행선 문제를 생각하자. 쌍곡면의 점 $(x,\ y,\ z)$에 대해서

$$u = x/z,\ \ v = y/z$$

라 두자. 이때 분명히 $u^2 + v^2 < 1$이 성립한다. 역으로 $u^2 + v^2 < 1$일 때

$$x = u/\sqrt{1 - u^2 - v^2},$$
$$y = v/\sqrt{1 - u^2 - v^2},$$
$$z = 1/\sqrt{1 - u^2 - v^2}$$

이라 두면, 이들은 쌍곡면과 $\mathbb{R}^2$의 원판 $D = \{(u,\ v) : u^2 + v^2 < 1\}$에 서로 역대응을 준다. 이때 원점을 지나는 평면

$$ax + by + cz = 0$$

은 $au + bv + c = 0$이라는 직선에 대응한다. 즉, 쌍곡기하는 원판 내의 점과 원판 내로 한정된 직선이 이루는 기하라고 생각해도 된다(단, 두 점 사이의 거리는 유클리드 기하와는 전혀 다르며, 원판의 경계에 가까워짐에 따라 두 점 사이의 거리는 무한히 크게 된다). 쌍곡면에서의 직선, 즉 무한히 늘인 쌍곡선은 원판 내의 진짜 직선에 대응하고 있으므로 결합공리나 순서공리가 성립함을 쉽게 알 수 있다. 또 직선 l과 l 위에 있지 않은 점 P에 대해, P를 지나서 l에 평행한 직선은 무수히 많다는 것도 분명하다.

이상으로부터 쌍곡기하는 공리 Ⅰ～Ⅲ을 만족하지만, 평행선 공리를 만족하지 않음을 보였다.

비아르키메데스 기하

아르키메데스 공리 V_1은 공리 Ⅰ～Ⅳ와 독립이다. 실제로 예 4.3.2의 체 $\Omega(x)$는 피타고라스 페체이므로 공리 Ⅰ～Ⅳ를 만족하는 $\Omega(x)$ 위의 좌표기하를 얻는다. $\Omega(x)$는 비아르키메데스체이므로 이 모델은 아르키메데스 공리를 만족하지 않는다. 따라서 공리 Ⅰ～Ⅳ로부터 아르키메데스 공리를 증명할

수 없다.

이 사실로부터 유클리드 원론은 특히 비례론 부분에서 암묵적으로 아르키메데스 공리를 가정하고 있었음을 알 수 있다. 그렇지만 $\Omega(x)$와 같은 체는, 자연스럽게 나타나는 것이 아니기 때문에, 그리스 시대에 이러한 것을 생각할 수는 없었다고 하더라도 무리는 아니다.

▶ 입체기하

다음으로 합동공리의 독립성을 생각하자. 합동공리는 유클리드 기하의 본질이므로 합동공리를 일부라도 부정하는 것은 다양한 것에 영향을 미친다. 여기서는 논의를 단순화하기 위해 합동공리의 독립성을 몇 개의 측면으로 나누어 생각해보자.

이 책에서는 입체(공간)기하에 대해서 다루지 않았지만, 입체기하의 공리에서는 점, 직선 외에 평면들의 집합도 생각하고 평면끼리 또는 평면과 직선 등의 만남에 관한 다음과 같은 결합공리가 더해져 있는데, 공리 Ⅱ 이하에 대해서는 평면기하와 다르지 않다. 하나의 공간기하가 있으면, 그 속의 한 평면 위의 직선이나 점으로 제한하는 것에 의해 평면기하를 얻는다. 그러나 일반적으로 주어진 평면기하가 어떤 입체기하의 일부가 되는지는 공리만으로 알 수 없다.

공리 I_4 | 동일직선 위에 있지 않은 세 점 A, B, C를 포함하는 평면이 존재한다. 임의의 평면은 적어도 한 점을 포함한다.

공리 I_5 | 동일직선 위에 있지 않은 세 점 A, B, C에 대해서 A, B, C를 포함하는 평면은 단 하나 존재한다.

공리 I_6 | 직선 l 위의 서로 다른 두 점 A, B가 평면 α에 있으면, l 위의 모든 점은 α 위에 있다.

공리 I_7 | 두 평면 α, β가 한 점을 공유하면, 또 다른 한 점도 공유한다.

공리 I_8 | 동일평면 위에 있지 않는 네 점이 존재한다.

평면기하에서도 하나의 직선 위의 점에 관한 정리(예를 들어 정리 4.2.1)도 그 증명에서는 파쉬의 공리 II_4와 같은 평면 전체에 관련된 공리를 이용하고 있다. 마찬가지의 것을 평면기하와 공간기하에서 살펴보기 위해, 데자르그[15]의 정리를 생각해보자. 데자르그의 정리를 다양한 경우에 대해서 모두 다루기 위해서는 사영기하의 용어를 이용하는 것이 편리하다. 다음 정리에서, 평면이란 사영평면 속의 한 아핀평면에서, 238쪽에서 다룬 것처럼, 점 혹은 직선이라는 용어는 무한원점 혹은 무한원직선을 포함하는 것으로 한다. 따라서 평행이란 단어는 나오지 않지만, '무한원점에서 만나다＝평행이다'는 것에서 평행의 경우도 포함한다. 또 하나의 직선 위에는 통상의 점 외에도 그 직선을 정하는 무한원점이 있다는 것과 모든 무한원점은 무한원직선이라는 하나의 직선 위에 있음에 유의하자. 또 다음 정리에서는 평면기하의 공리 Ⅰ～Ⅳ를 가정하지만, 공리 Ⅴ는 가정하지 않는다.

정리 4.4.1 | 평면 위의 $\triangle ABC$, $\triangle A'B'C'$에서 꼭짓점 연결직선 AA', BB', CC'이 한 점에서 만나면, 대응하는 변을 연장한 직선의 세 교점은 일직선 위에 있다. 역으로 대응하는 변을 연장한 직선의 세 교점이 일직선 위에 있으면, 꼭짓점 연결직선 AA', BB', CC'은 한 점에서 만난다.

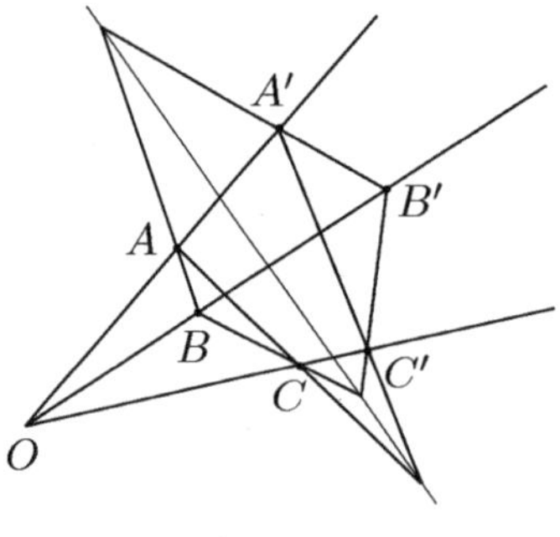

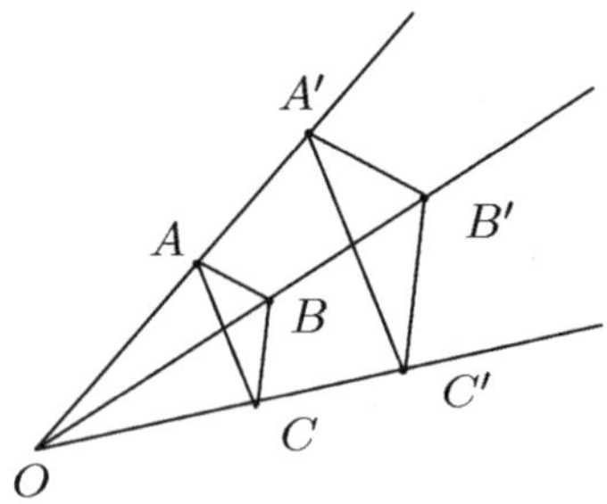

이 정리는 모든 도형이 한 평면 위에 있는 경우를 생각하고 있으므로 정확

15) Girard Desargues(1591~1661)는 프랑스의 수학자로 사영기하학의 창시자이다.

하게는 평면 데자르그 정리라고 한다. 이것을 평면 내로 제한해서 증명하기 위해서는 메넬라오스(Menelaus) 정리 등을 이용하지만 본질적으로 합동공리를 필요로 한다.

만약 이러한 삼각형이 각 공간 속의 다른 평면 위에 있다고 생각해도 되는 경우(단, 그때는 평행한 직선이란 한 평면 내에 있고 만나지 않는 것을 의미한다)는 평면들의 만남인 직선을 생각함으로써 쉽게 증명할 수 있다. 예를 들어, 앞의 오른쪽 그림과 같이 공간 내에 $\triangle ABC$, $\triangle A'B'C'$이 있고, 꼭짓점 연결직선이 한 점 O에서 만난다고 하고, 변 AC, $A'C'$ 및 AB, $A'B'$이 각각 평행이라 하자. 이때 $\triangle ABC$, $\triangle A'B'C'$이 각각 정하는 두 평면은 평행한 평면이므로 교점을 가지지 않는다. 따라서 직선 BC, $B'C'$은 만나지 않으며, 점 O, B, C가 정하는 평면 내에 있으므로 평행이다. 역으로, 세 대응변이 모두 (공간 내에서) 평행이면, 꼭짓점 연결직선은 한 점에서 만나거나 모두 평행이라는 것도 쉽게 알 수 있다.

이제 생각하고 있는 평면기하가 입체기하의 일부로 되어 있다고 하자. 그때 평면 데자르그 정리는 합동공리를 이용하지 않고, 위에서 서술한 입체 데자르그 정리를 원용함으로써 증명할 수 있다. 예를 들어, 다음 그림과 같이 평면 α 내에 $\triangle ABC$, $\triangle A'B'C'$이 있고, 꼭짓점 연결직선이 한 점 O에서 만나며 변 AC, $A'C'$ 및 AB, $A'B'$이 각각 평행이라 하자. 공간 내에서 점 O를 지나고 평면 α에 포함되지 않는 직선 l과 l 위의 한 점 P를 잡는다. 점 A'을 지나고 직선 AP에 평행한 직선과 l의 교점을 Q라 하자.

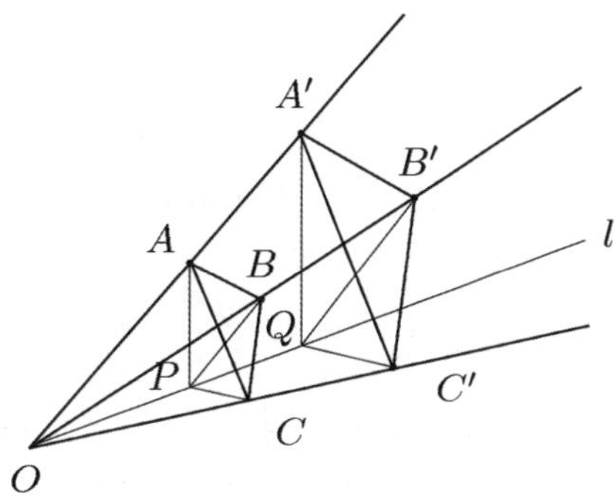

이때 $\triangle ABP$, $\triangle A'B'Q$에 대해서, 위에서 서술한 입체 데자르그 정리로부터 직선 BP, $B'Q$는 평행이다. 마찬가지의 이유로 직선 CP, $C'Q$도 평행이다. 따라서 $\triangle BCP$와 $\triangle B'C'Q$에 대해서도 가정이 만족되므로 직선

BC, $B'C'$은 평행이다. 다른 경우 또는 역에 대해서도 같은 방법으로 보일 수 있다.

여기서 중요한 사실로서 입체 데자르그 정리의 증명에는 선분이나 각의 크기와 관련된 합동공리는 불필요하다. 단, 평행한 직선의 존재는 필요하므로 새로운 공리로서 다음을 생각하자.

공리 IV* | 공간 내의 직선 l과 그 위에 있지 않은 한 점 P에 대해, l과 P를 포함하는 평면 내에 l과 평행한 직선이 단 하나 존재한다.

이때 위에서 다룬 것으로부터 다음 정리를 얻는다.

정리 4.4.2 | 입체기하에서 공리 I_{1-8}, II, IV^*로부터 데자르그 정리를 증명할 수 있다.

좌표기하

K를 체라 하자. 여기서는 곱의 가환성을 가정하지 않는다. K의 원소를 성분으로 하는 삼차원 좌표공간을 생각하자. 즉

$$K^3 = \{(x, y, z) : x, y, z \in K\}$$

이다. K의 4개의 원소 a, b, c, d(단, a, b, c 중 어느 것인가는 0이 아니다)에 대해, 방정식

$$ax + by + cz + d = 0$$

을 만족하는 점 (x, y, z)가 이루는 도형을 평면이라 부른다. 또 두 벡터 (a, b, c), (a', b', c')이 일차독립일 때, 연립방정식

$$ax+by+cz+d=0,\ \ a'x+b'y+c'z+d'=0$$

을 만족하는 점이 이루는 도형을 직선이라 부른다.

이때 점이나 직선이 한 평면 위에 있음은 자연스럽게 정의되며, 결합공리 $\mathrm{I}_1 \sim \mathrm{I}_8$을 만족하는 것은 쉽게 확인할 수 있다. 또 체 K가 순서체이면 순서공리 Ⅱ를 만족하는 것도 확인할 수 있다. 합동공리에 대해서는 예를 들어 K가 실수체의 부분체로 피타고라스 폐체이면, 합동의 정의를 잘 정해서 합동공리가 성립했지만(216쪽), 일반적인 체에 대해서는 알 수 없다. 그러나 두 직선이 평행이라는 것의 정의는 가능하며, 연립방정식론으로부터 좁은 의미의 평행선 공리 Ⅳ*가 성립한다. 따라서 다음을 얻는다.

정리 4.4.3 | (가환이라 한정되지 않은) 순서체 K에 대해서, 공리 I_{1-8}, II, IV*를 만족하는 입체좌표기하의 모델 K^3가 존재한다.

정리 4.4.4 | 공리 I, II, IV*를 만족하는 하나의 평면기하를 생각하자. 이때 다음 세 조건은 서로 동치이다.

(1) 어떤 순서체 위의 좌표기하이다.

(2) 공리 I_{1-8}, II, IV*를 만족하는 입체기하의 일부이다.

(3) 평면 데자르그 정리가 성립한다.

증명 | (1)⇒(2)⇒(3)은 이미 보였다. 따라서 (3)⇒(1)을 보이면 된다.

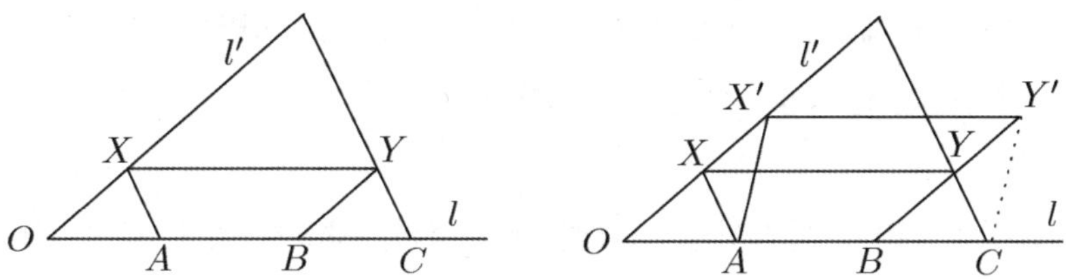

정리 4.3.5에서 합동공리가 성립하면, 선분의 합동류들에 덧셈, 곱셈을 정의할 수 있으며 하나의 체를 구성했다. 여기서는 합동공리 대신에 공리 Ⅳ*가 성립한다고 가정하고, 한 직선 위의 선분들에 덧셈, 곱셈을 정의한다. 점 O를 끝점으로 하는 반직선 l 위에 선분 $a=OA$와 $b=OB$의 합을 l 위의 선분으로 정의하고 싶다. O를 끝점으로 하는 다른 반직선 l'과 그 위의 점 X를 잡아두자. X를 지나고 l에 평행한 직선과 B를 지나고 l'에 평행한 직선의 교점을 Y라 하고, Y를 지나고 직선 AX에 평행한 직선과 l의 교점을 C라 하자. 이때 $a+b=OC$라 정의한다. 그림으로부터 알 수 있듯이, 만약 합동공리가 성립한다면, $\triangle OAX$와 $\triangle BCY$는 합동이고 217쪽에서 생각한 것처럼 $OC \equiv OA+OB$이다.

이제 평면 데자르그 정리가 성립한다고 하자. 앞의 오른쪽 그림과 같이 직선 l' 위의 다른 점 X'을 택한 경우, $\triangle AXX'$과 $\triangle CYY'$에서 직선 AB, XY, $X'Y'$은 평행이고, 또 변 AX, CY와 XX', YY'도 각각 평행이다. 따라서 데자르그 정리에 의해, AX'과 CY'도 평행이므로 덧셈은 일치한다. 또 직선 l'을 취하는 방법에 의존하지 않는 것도 마찬가지로 보일 수 있다. 또 덧셈의 추이율이나 가환성도 보일 수 있다.

곱셈에 대해서는 220쪽에서의 정의를 상기하자. 그때는 합동공리를 이용하여 직교하는 두 직선 위의 합동인 선분에 대해 비례 관계를 역이용하여 곱을 정의했다. 합동공리가 없는 경우는 앞의 그림과 같이 직선 AX와 평행한 직선들로 옮기는 l과 l'의 점 혹은 선분을 의(擬)합동라 생각하고, 역시 비례를 이용하여 곱을 정의한다. 이때 O를 끝점으로 하는 l 위의 선분의 집합이 (곱이 가환이라고는 한정하지 않지만) 체를 이룬다는 것을 보이고, 생각하고 있는 평면기하가 체 위의 좌표기하라는 것이 본질적인 어려움 없이 증명된다. 상세한 것은 힐베르트의 원저를 참조하기 바란다. □

이제 합동공리의 독립성을 생각해보자. 정리 4.3.8에 의해 공리 Ⅰ～Ⅳ를 만족하는 기하는 어떤 (가환인) 피타고라스 폐체 위의 좌표기하라 생각할 수 있었다. 따라서 만약 합동공리를 공리 Ⅰ, Ⅱ, Ⅳ*로부터 증명할 수 있다면, 공리 Ⅰ, Ⅱ, Ⅳ*를 만족하는 기하 모델은 **가환체** 위의 좌표기하이어야 한다. 한편, 정리 4.4.3으로부터 가환이라고는 한정되지 않은 임의의 순서체 K에 대해 K 위의 좌표기하에서 공리 Ⅰ, Ⅱ, Ⅳ*를 만족하는 것이 존재한다. 또 비가환인 순서체의 예가 힐베르트 원저에 주어져 있다. 따라서 합동공리는 공리 Ⅰ, Ⅱ, Ⅳ*로부터 독립이다.

힐베르트는 또한 삼각형 합동공리 $Ⅲ_5$ 이외의 (공리 Ⅳ* 및 연속공리를 포함해서) 모든 평면공리를 만족하고, 또 평면 데자르그 정리가 성립되지 않는 기하의 예를 구성하고 있다. 따라서

(1) 삼각형 합동공리 $Ⅲ_5$는 나머지 공리로부터 독립이다.

(2) 삼각형 합동공리 $Ⅲ_5$ 이외의 (공리 Ⅳ* 및 연속공리를 포함해서) 모든 공리를 만족하지만, 입체기하의 일부가 되지 않는 것이 있다.

는 것도 알려져 있다.

제5장

작도와 방정식

5.1 작도

공리로부터 유도되는 것

유클리드 기하에서 작도문제라 불리는 것이 있다. 주어진 몇 개의 점이나 직선과 같은 데이터에서, 특정 도구를 사용하여 어떤 도형을 그릴 수 있는지를 묻는 것이다. 잘 알려진 것으로는 '**자와 컴퍼스**'에 의한 작도가 있는데, 그 이외에도 '자와 유표자(특정 길이만을 잴 수 있는 것)' 혹은 일정한 각도를 그릴 수 있는 '각(角)자'에 의한 작도 등이 있다. 이 절에서는 자와 컴퍼스로 작도가능한 도형이란 어떤 것인지를 살펴보자. 그리고 그 결과로서 오래전 부터 유명했던 3대 작도불가능 문제를 다룬다.

자와 컴퍼스에 의한 작도를 생각하기 전에 주어진 데이터에서 고전적인 공리, 즉 공리 Ⅰ～Ⅳ만으로 논리적으로 구성할 수 있는 (바꾸어 말하면 존재가 증명되는) 도형은 어떤 것인지를 생각해보자. 이 문제를 임시로 '공리에 의한 작도'라 부르자. 이 문제는 앞 장의 결과로부터 다음과 같이 정식화 할 수 있다. 정리 4.3.7로부터 공리 Ⅰ～Ⅳ를 만족하는 하나의 기하에 대해서 선분의 합동류의 집합 K는 (단위가 되는 선분을 1이라 하면) 피타고라스 폐체가 되고, K 위의 좌표기하가 생각하고 있는 기하 모델이 된다. 역으로, 216쪽에서 보인 것처럼 임의의 피타고라스 폐체 K에 대해서, K 위의 좌표기하는 공리 Ⅰ～Ⅳ를 만족한다. 이 대응에서 공리 Ⅰ～Ⅳ를 만족하는 기하와 피타고라스 폐체 K 위의 좌표기하를 동일시 할 수 있다. 이때, 실수 a가 체 K에 속한다는 것은 그 기하에서 a가 (선분의 길이로서) 존재한다는 것과 같다. 단, 실수 a가 존재한다는 것과 그 기하에서 공리 Ⅰ～Ⅳ로부터 존재를 **증명**할 수 있다는 것은 같지 않음(정리 4.2.33)에 유의하자.

일반적으로 작도 혹은 공리에 바탕을 둔 존재 증명이라는 것은 데이터로서 주어진 몇 개의 점으로부터 공리에서 허용하는 조작을 반복하여 구하고자 하는 몇 개의 점을 얻는 것이다. 좌표기하로 생각하면, 점은 좌표성분인 실수의 쌍과 일대일로 대응하므로 데이터의 점이나 작도에서 얻어진 점은 모두 몇 개의 실수 쌍이다. 즉, 작도의 데이터는 몇 개의 실수 쌍이라고 생각해도 된다.

어떤 기하에서 실수 a가 존재한다고 하자. a와 유리수들로부터 사칙연산과 연산 $\sqrt{1+(\quad)^2}$ 을 반복해서 얻어지는 실수의 집합을 $\Omega(a)$라 하자. 이것은 a를 포함하는 최소의 피타고라스 폐체이다. 주어진 선분들로부터 사칙연산이나 연산 $\sqrt{1+(\quad)^2}$ 을 하는 것은 공리에 바탕을 두고 행할 수 있다(정리 4.3.7). 따라서 $\Omega(a)$의 원소는 a를 데이터로 해서 공리 Ⅰ~Ⅳ로부터 존재를 증명할 수 있다. 한편, 체 $\Omega(a)$ 위에 정의된 좌표기하가 존재한다. 이 기하에서는 실수 a가 존재하므로 a를 데이터로 해서 공리 Ⅰ~Ⅳ로부터 존재를 증명할 수 있는 수는 모두 포함되어야 한다. 따라서 a를 데이터로 해서 공리 Ⅰ~Ⅳ로부터 존재를 증명할 수 있는 수들의 집합은 정확히 $\Omega(a)$임을 알 수 있다.

D가 몇 개의 실수 혹은 부정원의 집합이라 하자. D의 원소들에서 출발하여 사칙연산과 연산 $\sqrt{1+(\quad)^2}$ 을 몇 번 반복하여 얻어지는 수의 집합을 $\Omega(D)$로 나타내자. 단, D가 부정원을 포함할 때 연산 $\sqrt{1+(\quad)^2}$ 은 예 4.3.2에서의 의미이다. $\Omega(D)$는 유리수체에 D의 원소들을 부가한 체 $\mathbb{Q}(D)$를 포함하는 최소의 피타고라스 폐체이다. 다음 정리에서는 필요하다면 $\mathbb{Q}(D)$를 포함하는 충분히 큰 피타고라스 폐체(예를 들어 $\mathbb{Q}(D)$를 포함하는 대수적 폐체) 위의 좌표기하를 고정하고 그 안에서 생각한다. 그러면 앞 단에서 언급한 것은 쉽게 일반화 할 수 있으며, 다음 정리를 얻는다.

정리 5.1.1 | D를 몇 개의 실수 혹은 부정원의 집합이라 하자. 이때 D에서 공리에 의한 작도로 얻을 수 있는 모든 실수의 집합은 $\Omega(D)$이다.

▶ 자와 컴퍼스에 의한 작도

이제 자와 컴퍼스에 의한 작도를 생각하자. 먼저 자와 컴퍼스로 만들 수 있는 것은 무엇인지를 확인해두자.

(가) 주어진 두 점을 지나는 직선을 그릴 수 있다. 이것은 주어진 한 점을 끝점으로 하는 반직선 혹은 주어진 두 점을 끝점으로 하는 선분도 포함한다.

(나) 두 점이 주어졌을 때, 한쪽 점을 중심으로 하고, 다른 한쪽 점을 지나는 원을 그릴 수 있다.

주 5.1.1 컴퍼스의 사용방법으로서 점 O와 선분 AB가 주어졌을 때, O를 중심으로 하고 반지름이 선분 AB의 길이인 원을 그릴 수 있다고는 말하지 않았음에 유의하자.

공리 Ⅰ～Ⅳ를 만족하는 하나의 기하를 생각하자. 그것은 어떤 피타고라스 폐체 K 위의 좌표기하라 생각해도 일반성을 잃지 않는다. 여기서 자와 컴퍼스로 할 수 있는 조작을 생각한다. 분명히 자는 공리 I_1과 동등하다. 그러나 컴퍼스에 대해서는 주의가 필요하다. 생각하고 있는 기하에서 원 위에 얼마만큼의 점이 존재하는가는 공리로서는 알 수 없다. 따라서 일반적으로

> ‘하나의 직선과 하나의 원은 원의 중심과 직선까지의 거리가 원의 반지름 이하일 때 교점을 가진다는 것, 또 두 원은 중심 사이의 거리 d와 반지름 r_1, r_2가 $|r_1 - r_2| \le d \le r_1 + r_2$를 만족할 때 교점을 가진다’

는 것은 공리로부터는 증명되지 않는다. 그러나 컴퍼스에 의한 작도라고 할 때는 위의 것이 가능함을 의미한다. 이것에 주의하면서 자와 컴퍼스를 이용해서 만들 수 있는 기본적인 작도는 다음과 같다.

(1) ‘선분 PQ의 수직이등분선을 그리는 것’
점 P, Q를 각각 중심으로 하고 반지름이 PQ인 원을 그린 뒤 그 두 교점을 잇는 직선을 잡으면 된다.

(2) ‘직선 l과 점 P가 주어졌을 때, P를 지나고 l에 수직인 직선을 그리는 것’
점 P를 중심으로 하고 충분히 큰 반지름의 원을 그리고 l과의 교점을 Q, R이라 할 때, 선분 QR의 수직이등분선을 잡으면 된다. 점 P는 직선 l 위에 있어도 된다.

(3) ‘직선 l과 l 위에 있지 않은 점 P가 주어졌을 때, 점 P를 지나고 l과 평행한 직선을 그리는 것’
점 P를 지나고 l에 수직인 직선 l'을 그리고 또 P를 지나고 l'에 수직인 직선을 잡으면 된다.

(4) ‘선분 PQ와 점 R을 끝점으로 하는 반직선 h가 주어졌을 때, h 위에 PQ와 합동인 선분 RS를 정하는 것’
두 선분 PQ, PR로부터 (3)을 이용하여 평행사변형 $PQRT$를 만들고, 컴퍼스를 사용하여 h 위에 RT와 같은 길이의 선분을 잡으면 된다.

(5) ‘각 $\angle AOB$와 점 O'을 끝점으로 하는 반직선 $O'A'$이 주어졌을 때, 각 $\angle AOB$와 합동인 각 $\angle A'O'B'$를 정하는 것’
반직선 OB 위의 한 점 P에서 반직선 OA에 수선을 내리고 그 발을 Q라 하면, 직각삼각형 $\triangle POQ$를 얻는다. 반직선 $O'A'$ 위에 $OP \equiv O'P'$이 되는 점 P'을 잡고, 점 P'에서 반직선 $O'A'$에 수선을 세운다. 이 수선 위에 $PQ \equiv P'Q'$이 되는 점 Q'을 잡으면, O'과 Q'을 잇는 반직선이 구하는 것이다.

이상으로부터 합동공리에 바탕을 둔 작도, 즉, 주어진 선분이나 각을 주어진 위치에 합동으로 옮기는 것은 자와 컴퍼스에 의해 실행할 수 있다. 결합공리나 순서공리에 바탕을 둔 작도는 자에 의해 가능하다. 따라서 다음 정리를 얻는다.

정리 5.1.2 | 공리 Ⅰ~Ⅳ에 바탕을 둔 작도로 얻을 수 있는 도형은 모두 자와 컴퍼스로 작도가능하다.

주 5.1.2 이 정리에서 컴퍼스는 (나)에서 서술한 사용방법에 한정되어 있음에 유의하자. 그러나 이 정리의 결과로부터 컴퍼스의 사용방법의 주 5.1.1에서 서술한 사용방법이 허용된다고 생각해도 된다. 즉, 점 O와 선분 AB가 주어졌을 때, 위의 정리로부터 O를 끝점으로 하는 반직선 위에 AB와 합동인 선분 OP를 잡을 수 있으므로 O를 중심으로 하고 P를 지나는 원을 그리면 된다.

주 5.1.3 공리 Ⅰ~Ⅳ에 다음과 같은 공리를 부가한 기하를 생각하자.

공리 K | 하나의 직선과 하나의 원은 원의 중심과 직선까지의 거리가 원의 반지름 이하일 때 교점을 가진다. 또 두 원은 중심 사이의 거리 d와 반지름 r_1, r_2가 $|r_1 - r_2| \le d \le r_1 + r_2$를 만족할 때 교점을 가진다.

컴퍼스라는 도구에 의한 작도라는 것은 바꾸어 말하면, 이 공리를 부가한 기하에서의 '공리에 의한 작도'가 된다.

다음으로 체 K 위의 좌표기하에서는 자와 컴퍼스에 의한 작도를 방정식의 문제로 생각할 수 있다. 자에 의해서 정해지는 방정식이란, 두 점을 지나는 직선의 방정식이므로 K의 원소를 계수로 하는 x, y의 일차방정식이다. 컴퍼스로부터 정해지는 방정식이란 원의 방정식

$$(x - x_0)^2 + (y - y_0)^2 = r^2$$

바로 그것이다. 또 이러한 방정식을 연립해서 얻어지는 x나 y의 방정식은 K의 원소를 계수로 하는 일차 혹은 이차방정식이다. 따라서 다음 정리를 얻는다.

정리 5.1.3 | 체 K 위의 좌표기하에서 자와 컴퍼스에 의한 작도로 얻어지는 수는 K에서 이차확대를 몇 번 반복하여 얻어지는 확대체에 속한다.

체 K가 실수체 혹은 그 부분체일 때는 보다 정밀한 것을 말할 수 있다.

보조정리 5.1.4 | d가 주어진 양의 실수일 때 $\sqrt{d}$는 자와 컴퍼스로 작도가능하다.

증명 | a, b를 실수라 하자. 원 $x^2+y^2=1$과 직선 $y=ax+b$의 교점의 x좌표는 이차방정식

$$(a^2+1)x^2+2abx+b^2-1=0$$

의 해 $\alpha=(-ab\pm\sqrt{a^2-b^2+1})/(a^2+1)$로 주어진다. 양의 실수 d가 주어졌을 때 $d=a^2-b^2+1$을 만족하는 a, b가 존재한다. 예를 들어, $a=d/2$, $b=d/2-1$이라 잡으면 된다. 이때 a, b는 d로부터 작도가능하며, 따라서 위의 원과 직선의 교점의 x좌표 α도 작도가능하다. 이때, $\alpha=(-ab\pm\sqrt{d})/(a^2+1)$로부터

$$\sqrt{d} = \pm((a^2+1)\alpha+ab)$$

이므로 $\sqrt{d}$는 작도가능하다. □

몇 개의 실수의 집합 D에서 출발하여 사칙연산과 양수의 제곱근을 취하는 연산을 몇 번 반복해서 얻어지는 수는 체를 이룬다. 이것을 $\Gamma(D)$로 나타내

자. 이때 정리 5.1.1과 마찬가지의 결과가 성립한다.

정리 5.1.5 | D를 몇 개의 실수의 집합이라 하자. 이때 D에서 자와 컴퍼스에 의한 작도로 얻어지는 모든 실수의 집합은 $\Gamma(D)$이다.

증명 | 자와 컴퍼스에 의한 작도는 일차 혹은 이차방정식의 실수해를 구하는 것으로 귀착되므로 D에서 자와 컴퍼스에 의한 작도로 얻어지는 실수는 $\Gamma(D)$에 포함된다. 역으로 보조정리 5.1.4로부터 $\Gamma(D)$의 원소는 작도가능하다. □

▶ 자와 컴퍼스에 의해 공리로부터 얻을 수 없는 작도를 할 수 있는 것

이제 단위 선분만이 주어졌을 때, 자와 컴퍼스에 의한 작도로 얻을 수 있는 것을 생각하자. 위의 정리의 용어로 말하면, D가 실수 1뿐인 경우이다. 이때 $\Gamma(D)$는 유리수에서 출발하여 사칙연산과 양수의 제곱근을 취하는 연산을 몇 번 반복해서 얻어지는 수들이 이루는 체이다. 이것을 Γ로 나타낸다. 한편, 단위 선분만이 주어졌을 때, 공리 Ⅰ~Ⅳ에 의한 작도로 얻어지는 것을 생각하면, 얻어지는 체는 217쪽에서 나온 체 Ω이다. 분명히 Ω는 Γ의 부분체이다. 이것은 위에서 서술한 것처럼 공리 Ⅰ~Ⅳ에 의한 작도로 얻어지는 도형은 모두 자와 컴퍼스로 작도가능하다는 것의 말바꿈이다. 이 역이 성립하지 않는다는 것, 즉 이들 두 체가 일치하지 않음을 다음에 보인다. 그를 위해 Ω가 전실(全實; totally real)한 체임을 보이자.

유리수체 $\mathbb{Q}$의 유한차 확대체 K를 생각하자. K의 모든 (복소수체 안에서의) 공역체가 K 자신도 포함해서 모든 실체(實体; 실수체의 부분체)일 때 K를 **전실**한 체라 한다. K의 원소는 $\mathbb{Q}$ 위에서 기약인 어떤 방정식 $f(x)=0$의 해인데, K가 전실이라는 것은 K의 원소의 $\mathbb{Q}$ 위의 공액원이 모두 실수라는 것과 같다. 즉, 위와 같은 기약방정식의 해가 모두 실수라고 해도 좋다.

이제 유리수 a_0에 대해서 $K_1=\mathbb{Q}\left(\sqrt{1+a_0^2}\right)$이라 두고, K_1의 원소 a_1에

대해 $K_2 = K_1\left(\sqrt{1+a_0^2}\right)$이라 두자. 이하 마찬가지로 체 K_m을

$$K_m = K_{m-1}\left(\sqrt{1+a_{k-1}^2}\right)$$

으로 정의한다.

보조정리 5.1.6 | 체 K_m은 전실이다.

증명 | m에 관한 귀납법으로 증명한다. $m=1$일 때는 분명하므로 순차적으로 $m=k-1$까지 성립한다고 하자. 증명해야 할 것은 K_k의 임의의 원소, 특히 $u=\sqrt{1+a_{k-1}^2}$인 $\mathbb{Q}$ 위의 공액인 원소가 모두 실수라는 것이다. u는 K_{k-1} 위의 방정식

$$x^2-(1+a_{k-1}^2)=0$$

의 해이다. u가 만족하는 $\mathbb{Q}$ 위의 방정식을 구하자. $a_{k-1}\in K_{k-1}$의 $\mathbb{Q}$ 위의 공액원을 $a_{k-1}=\alpha_1,\ \alpha_2,\ \cdots,\ \alpha_s$라 하자. 이때 정의로부터

$$(x-\alpha_1)\cdots(x-\alpha_s)$$

는 $\mathbb{Q}$ 위의 기약인 다항식이다. 따라서 α_i의 기본대칭식은 모두 유리수이다. 대칭식의 기본정리로부터 다항식

$$f(x)=(x^2-(1+\alpha_1^2))\cdots(x^2-(1+\alpha_s^2))$$

의 계수는 모두 유리수이다. u는 $f(x)=0$의 하나의 해이므로, ($f(x)$가 $\mathbb{Q}$ 위의 기약인지 아닌지는 모르겠지만) u의 $\mathbb{Q}$ 위의 공액원은 모두 $f(x)=0$의 해이다. 귀납법의 가정으로부터 α_i는 실수이므로 $f(x)=0$의 해 $\pm\sqrt{1+\alpha_i^2}$도 실수이다. 따라서 u의 $\mathbb{Q}$ 위의 공액원은 모두 실수이다. □

정리 5.1.7 | 체 Ω와 Γ는 일치하지 않는다. 따라서 자와 컴퍼스로 작도할 수 있지만, 공리 Ⅰ~Ⅳ에 의해서 존재함을 증명할 수 없는 실수가 있다.

증명 | 예를 들어 $\sqrt[4]{2}=\sqrt{\sqrt{2}}$는 Γ의 원소이지만, $\mathbb{Q}$ 위의 기약방정식 $x^4-2=0$의 해는 $\pm\sqrt[4]{2}$, $\pm\sqrt[4]{2}i$로 허수해를 가진다. 따라서 $\sqrt[4]{2}$는 Ω의 원소가 될 수 없다. □

정n각형의 작도

유클리드 기하학에는 그리스 시대부터 유명한 3대 작도문제가 있다.

(1) 주어진 각을 삼등분하는 것

(2) 주어진 정육면체의 부피의 2배를 부피로 가지는 정육면체를 작도하는 것(델로스[1]의 문제)

(3) 주어진 원과 같은 넓이를 가지는 정사각형을 작도하는 것(원적문제)

뒤에서 증명하겠지만, 이들은 모두 작도불가능하다. 그리고 이외에 정다각형의 작도문제도 있다. 정삼각형, 정사각형이 작도가능임은 분명하다. 정오각형은 후술하는 예와 같이 작도가능하다. 또 정육각형은 정삼각형을 조합하면 된다. 그러면 정칠각형은 어떨까? 이것은 작도불가능이다. 정팔각형은 가능, 정9각형은 불가능이다. 또 가우스가 어릴 때, 정17각형의 작도방법을 발견했다는 유명한 이야기가 있다. 그러면 일반적으로 정n각형의 작도가능성은 어떻게 알 수 있을까?

이러한 문제를 생각하기 위해서는 이를 좌표기하의 문제로 치환해서 정리 5.1.5를 이용하면 된다. 먼저, 정n각형의 작도를 생각하자. n의 소인수분해를 $n=2^{\nu}p_1^{\nu_1}\cdots p_r^{\nu_r}$라 하자. 단, p_i는 홀수인 소수, $\nu\ge 0$, $\nu_i>0$이다.

1) 델로스 섬(Delos)은 에게 해의 키클라데스 제도 한 가운데에 위치한 섬으로 미코노스 섬과 가까우며, 그리스의 신화, 역사, 고고학에서 매우 중요한 곳이다. 이 문제는 이 섬의 아폴로 신전의 신탁에서 유래됐다.

정리 5.1.8 | 정n각형이 작도가능하기 위한 필요충분조건은 모든 i에 대해서 $\nu_i = 1$이고, $p_i - 1$이 2의 거듭제곱이 되는 것이다.

증명 | 정n각형이 작도가능하다는 것은 단위원의 원둘레의 n등분점을 구하는 것, 즉 1의 원시 n제곱근 $\xi = \cos 2\pi/n + i\sin 2\pi/n$가 작도가능하다는 것을 말한다. 다시 말해 좌표평면에 점 $(\cos 2\pi/n,\ \sin 2\pi/n)$가 작도가능하다는 것인데, 이것은 실수

$$2\cos 2\pi/n = \xi + \xi^{-1} = \xi + \overline{\xi}$$

가 작도가능하다는 것과 같다. 유리수체 $\mathbb{Q}$ 위에 ξ를 부가한 체 $\mathbb{Q}(\xi)$는 정리 3.4.4에 의해 확대차수가

$$h = 2^{\nu-1}(p_1^{\nu_1} - p_1^{\nu_1 - 1}) \cdots (p_r^{\nu_r} - p_r^{\nu_{r-1}})$$

의 갈루아 확대이고, 갈루아군은 위수가 h인 아벨군이다. 갈루아군의 원소, 즉 체의 자기동형은 ξ를 어떤 원시 n제곱근으로 옮기는지에 따라 정해진다. 특히 ξ를 ξ^{-1}로 옮기는 자기동형을 g라 하면, g^2은 항등사상이므로 $H=\{g,\ e\}$는 위수가 2인 부분군이다. 군 H의 불변인 부분체 $(\mathbb{Q}(\xi))^H$를 K라 하면, $\cos 2\pi/n \in K$이고 $K = \mathbb{Q}(\cos 2\pi/n)$임은 쉽게 알 수 있다. 따라서 K는 실수체에 포함되는 $\mathbb{Q}$의 갈루아 확대체이고 확대차수는 $h/2$이다.

먼저 $\cos 2\pi/n$를 자와 컴퍼스로 작도할 수 있다고 하면, 정리 5.1.5에 의해 $\cos 2\pi/n$는 $\mathbb{Q}$에서 이차확대를 몇 번 반복해서 얻어지는 확대체 L에 포함된다. K는 $\cos 2\pi/n$로 생성되므로 K는 L의 부분체이다. L의 확대차수는 2의 거듭제곱이므로 정리 3.1.2에 의해 $h/2$는 2의 거듭제곱이며, 따라서 h 자신도 2의 거듭제곱이다.

역으로, h가 따라서 $h/2$가 2의 거듭제곱이면, 아벨 확대 K는 $\mathbb{Q}$에서 이차확대를 반복해서 얻어진다. 따라서 K의 원소는 자와 컴퍼스로 작도가능하다.

마지막으로 h가 2의 거듭제곱이기 위한 필요충분조건이 정리의 꼴임은 쉽

게 알 수 있다. □

예 5.1.1 $p=5$일 때 $p-1=2^2$이므로, 정오각형은 작도가능하다. 원시 5제곱근 ξ는 방정식

$$x^4+x^3+x^2+x+1=0$$

의 해이다. 이것은

$$x^2+x+1+x^{-1}+x^{-2}=0$$

과 동치이고, $x+x^{-1}=t$라 두면, t는 다음 이차방정식의 해이다.

$$t^2+t-1=0$$

원시 5제곱근 ξ에 대해 $\xi+\xi^{-1}=2\cos 2\pi/5$이므로 $t=2\cos 2\pi/5$이다. 즉 정오각형의 작도는 이차방정식 $t^2+t-1=0$으로 귀착된다. 이 방정식의 양의 해는 $(-1+\sqrt{5})/2$이므로 $\sqrt{5}$를 구하면 되는데, 이것은 직각을 낀 두 변이 각각 1, 2인 직각삼각형을 생각하면 된다.

예 5.1.2 $7-1=2\times 3$이므로 정7각형은 작도불가능하다. 한편, $p=17$은 $p-1=2^4$이다. 따라서 정17각형은 작도가능하다.

여기서 복소계수 방정식을 작도로 푸는 것에 대해서 다루자.

좌표평면의 점 $(a,\ b)$는 복소수 $a+bi$를 나타낸다고 생각할 수 있다. 이러한 복소수의 집합을 평면으로 생각한 것을 가우스 평면이라 한다. 따라서 평면기하 문제를 복소수의 용어로 나타낼 수도 있다. 예를 들어, 정n각형을 그리기 위해서는 단위 원둘레를 n등분하면 되지만, 가우스 평면에서는 복소수 방정식 $z^n-1=0$을 풀면 된다. 여기서 일반적으로 복소계수 방정식을 좌표

평면의 용어로 어떻게 나타낼 수 있는지를 보이자.

먼저 복소수의 유리연산, 즉 사칙연산은 복소수의 실수부, 허수부마다 실수의 유리연산으로 귀착된다. 예를 들면, $z=a+bi$, $w=c+di\neq 0$일 때

$$\frac{z}{w}=\frac{(a+bi)(c-di)}{c^2+d^2}=\frac{ac+bd}{c^2+d^2}-\frac{ad-bc}{c^2+d^2}i$$

이므로 z/w의 실수부, 허수부는 모두 z, w의 실수부, 허수부의 유리연산으로 주어진다. 또 제곱근에 대해서는 복소수의 극표시(27쪽)를 이용하는 것이 편리하다.

$$z=r(\cos\theta+i\sin\theta)$$

를 z의 극표시라 하자. 이때 제곱근 $\sqrt{z}$는 양의 실수 r의 제곱근 $\sqrt{r}$이 길이이고, 편각이 $\theta/2$ 혹은 $\theta/2+180°$인 복소수이다. 양의 실수 r의 제곱근 및 각의 이등분은 자와 컴퍼스로 구해지므로, 복소수의 제곱근도 마찬가지이다. 제곱근이 구해지면 복소계수의 임의의 이차방정식을 풀 수 있다(31쪽). 따라서 복소계수의 임의의 이차방정식은 가우스 평면에서 자와 컴퍼스에 의해 풀 수 있다. 원분방정식 $\Phi_n(x)=0$은 차수가 2의 거듭제곱일 때는 복소계수 이차방정식을 몇 번 푸는 것으로 귀착되므로 위의 것으로부터 가우스 평면의 도형으로 직접 작도가능함을 알 수 있다.

▶ 델로스의 문제와 각의 삼등분

델로스의 문제, 즉 '2의 실수인 세제곱근을 작도하여라'가 작도불가능함은 쉽게 알 수 있다. 방정식

$$x^3-2=0$$

은 명백히 $\mathbb{Q}$ 위에서 기약이다. (만약 가약이라면 적어도 하나의 일차인자가 있는데, 이것은 2의 실수 세제곱근이 유리수임을 의미한다.) 따라서 만약 2

의 실수 세제곱근 $\sqrt[3]{2}$가 작도가능하면, 정리 5.1.3에 의해 $\sqrt[3]{2}$은 $\mathbb{Q}$에서 이차확대를 반복한 체, 즉 $\mathbb{Q}$ 위의 2의 거듭제곱차인 어떤 확대체 K에 포함된다. 따라서 $\mathbb{Q}(\sqrt[3]{2})$는 K의 부분체가 되는데, $\mathbb{Q}(\sqrt[3]{2})$는 삼차확대이므로 정리 3.1.2에 모순이다.

공리에 의해 작도가능, 즉 공리로부터 존재를 증명할 수 있는 수는 자와 컴퍼스에 의해 작도가 가능했다(258쪽). 따라서 $\sqrt[3]{2}$는 공리 Ⅰ~Ⅳ로부터 존재함을 증명할 수 없다.

다음으로 각의 삼등분을 생각하자. 각 θ가 주어진다는 것은 실수 $\alpha = \cos\theta$가 주어진다는 것과 같다. 따라서 각 θ의 삼등분을 작도하기 위해서는 $\cos\theta$에서 $\cos\theta/3$를 작도하는 것과 같다. cos의 3배각 공식을 상기하자.

$$\cos 3t = 4\cos^3 t - 3\cos t$$

$3t = \theta,\ x = \cos t$라 두면 방정식

$$4x^3 - 3x - \alpha = 0$$

을 얻는다. 이 방정식이 체 $\mathbb{Q}(\alpha)$ 위의 기약이라고는 장담할 수 없다. 예를 들어 $\alpha = -1$ 즉 $\theta = 180°$일 때 유리수해 $x = 1/2$이 있다. 이것은 $180°$의 삼등분, 즉 $60°$가 작도가능함을 보이고 있다. 그러나 α가 부정원일 때 위의 방정식은 기약이다. 만약 가약이라면 정리 2.5.4에 의해 다항식환 $\mathbb{Q}[\alpha]$에서 가약, 즉 $\mathbb{Q}[\alpha]$ 계수인 다항식 $f(x),\ g(x)$가 있어서

$$4x^3 - 3x - \alpha = f(x)g(x)$$

가 된다. 그러나 이것을 α의 다항식이라 보면 일차식이므로 어느 쪽인가는 예를 들어 $f(x)$는 α에 대해 상수이다. 따라서 $f(x)$는 α를 포함하지 않는 $\mathbb{Q}$ 위의 일차 혹은 이차식이다. 따라서 $f(x) = 0$의 해 x_0는 대수적 수이다. 그러나

$$4x_0^3 - 3x_0 - \alpha = 0$$

이므로 α 자신이 대수적($4x_0^3 - 3x_0$은 유한차 확대체의 원소이므로)이 되어 모순이다. 이러한 α에 대해 $4x^3 - 3x - \alpha = 0$의 해를 u라 하면, $\mathbb{Q}(\alpha)(u)$는 $\mathbb{Q}(\alpha)$ 위의 삼차확대이다. 여기서 정리 5.1.3을 부정원을 포함하는 경우로 생각하면, 델로스의 문제와 마찬가지로 자와 컴퍼스로는 작도할 수 없음을 알 수 있다.

원적문제는 정리 5.1.5로부터 '원주율 π는 유리수체에서 유리연산과 제곱을 취하는 조작을 몇 번 반복해서 얻을 수 있을까?'라는 문제로 바꾸어 말할 수 있다. 그런데 린더만[2)]은 원주율 π가 초월수임을 보였다. 이것은 π가 유리수체의 어떤 유한 확대체에도 속하지 않음을 말하고 있으며, 따라서 원적문제는 부정적으로 해결되었다.

5.2 종이접기

▶ 종이접기의 기본조작

종이로 여러 가지를 접어서 논다고 하는 것은 일본 고유의 것이라고 전해지며, 영어로 'origami'라 한다. 종이접기로 정삼각형을 접어 본 적이 있는 사람은 많겠지만, 컴퍼스와 같은 원을 그리는 도구 없이 세 변의 길이가 같은 도형을 접는다는 것은 불가사의하게 보인다. 이 절에서는 유클리드 기하학에서 작도가능한 도형은 종이접기로도 가능하며, 원적문제를 제외한 '각의 삼등분'과 '델로스의 문제'가 종이접기로 가능하다는 것 혹은 정7각형을 접을 수

2) Ferdinand von Lindermann(1852~1939)은 독일의 수학자이다. 원주율 π가 초월수임을 보였다.

있다(현실적으로는 힘들지만)는 것을 소개한다.

실제 종이접기는 유한한 크기이며, 보통은 정사각형 모양을 하고 있다. 하지만 수학적인 문제로 생각하는 종이접기는 적당한 데이터를 바탕으로 평면을 접고 그로 인해 나타나는 직선(절선이라 한다)을 정한 뒤, 이러한 직선들의 교점을 구하는 조작을 적절히 반복하여 다양한 도형을 만드는 것이다. 여기서 평면이라는 것은 일반적으로 말하면 공리 Ⅰ~Ⅳ를 만족하는 기하가 성립하고 있는 것이라면 이하의 논의는 마찬가지로 성립하는데, 간단히 하기 위해 여기서는 실수체 $\mathbb{R}$ 위의 좌표평면이라 해두자.

접는다고 하는 조작을 구체적으로 살펴보자. 기본이 되는 접는 방법은 다음의 (1), (2), (3)이다.

(1) 서로 다른 두 점 P, Q가 주어졌을 때, P를 Q로 옮기는 접는 방법은 단 하나 있다. 이 접는 방법을 반사접기라 부르자. 이때 절선은 P와 Q의 수직이등분선이다.

(2) 한 점 P가 주어졌을 때, 점 P를 움직이지 않도록 접을 수 있다. 이때 절선은 점 P를 지나는 임의의 직선이다.

(3) 점 Q와 직선 l이 주어졌을 때, 점 Q를 l 위의 점으로 옮기도록 접을 수 있다.

(3-1) 점 Q가 직선 l에 있는 경우

(3-2) 점 Q가 직선 l에 있지 않은 경우

로 나누어진다. (3-2)의 접는 방법을 포물선 접기라 부른다. 이것을 포물선 접기라 부르는 이유는 뒤에서 다룬다.

(2)와 (3)의 접는 방법은 각각 자유도가 있으므로 적당한 조건을 바탕으로 그들을 조합해서 동시에 접는 것도 가능하다. (2)와 (2), (2)와 (3) 및 (3)과 (3)을 조합해서 접는 것이 각각 다음의 (4), (5), (6)의 접는 방법이다.

(4) 서로 다른 두 점 P, Q가 주어졌을 때, P, Q를 모두 움직이지 않게 접는 방법은 단 하나 있다. 이때 절선은 두 점 P, Q를 지나는 직선이

다. 이것은 작도에서 자와 같은 역할을 하고 있으므로 '자 접기'라 부르자.

(5) 서로 다른 두 점 P, Q와 직선 l이 주어지고, 조건 '점 P와 직선 l의 거리가 선분 PQ의 길이 이하이다'를 만족한다고 하자. 이때, 점 P를 움직이지 않고 점 Q를 l 위의 점으로 옮기는 접는 방법이 존재한다(오른쪽 그림 참조). 명백히 점 Q를 옮긴 점 Q'은 점 P를 중심으로 하고 점 Q를 지나는 원과 직선 l의 교점이다. 이러한 접는 방법은 원과 직선이 접하는 경우가 한 가지, 만나는 경우가 두 가지 있다. 이것은 작도에서 컴퍼스의 역할을 하고 있으므로 컴퍼스 접기라 부르자. 단, 실제의 컴퍼스와는 달리 종이 위에 원을 그리는 것은 할 수 없음에 유의하자.

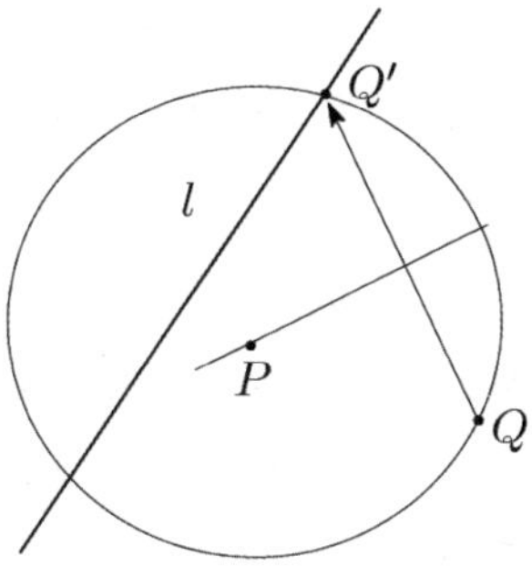

(6) 서로 다른 두 점 Q_1, Q_2와 두 직선 l_1, l_2가 주어지고, 이들 점과 직선이 뒤에서 말하는 적당한 조건을 만족할 때, 점 Q_1을 l_1 위의 점으로, 점 Q_2를 l_2 위의 점으로 옮기는 접는 방법이 존재한다. 이 접는 방법의 의미는 뒤에 말하겠지만, 이것이 종이접기 독자적인 작도를 할 수 있는 중요한 접는 방법이다.

(7) 그리고 (5)의 컴퍼스 접기의 특별한 경우로서 수선을 접을 수 있다. 점 P와 직선 l이 주어졌을 때, l 위에 점 Q를 잡고 (5)의 접는 방법을 취하면, 절선은 점 P를 지나고 l에 수직인 직선이다. 더욱이 이때 점 P도 l 위에 있으면, 절선은 점 P를 지나고 l에 수직인 직선이다. 이 조작을 반복하면, 점 P와 P를 지나지 않는 직선 l에 대하여, P를 지나고 l과 평행한 직선을 접을 수 있다.

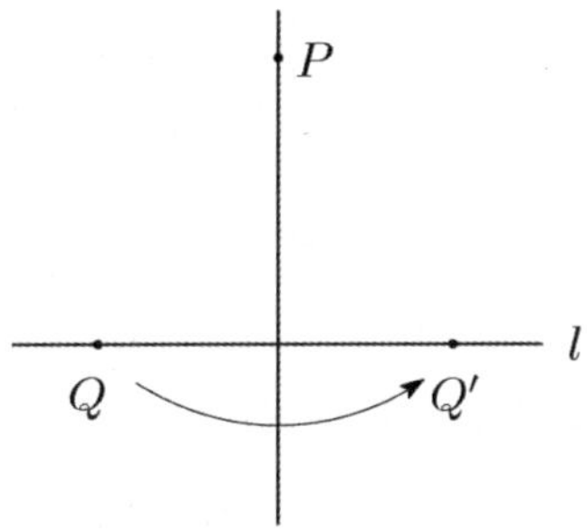

이상으로부터 앞 절에서 다룬 공리 Ⅰ~Ⅳ에 의한 작도가 모두 종이접기에 의해 가능함을 알 수 있다. 두 점을 지나는 직선이나 두 직선의 교점, 평행선이나 수선의 작도도 위에서 서술한 것으로부터 가능하다. 따라서 선분의 평행이동도 명백하다. 선분의 회전은 주어진 선분 PQ와 P를 지나는 직선 l에 대해 (5)의 컴퍼스 접기를 하면, 선분 PQ를 l 방향으로 회전할 수 있다. 따라서 선분을 주어진 위치로 합동이 되도록 옮길 수 있다. 각의 합동이동은 다음과 같이 할 수 있다. O를 꼭짓점으로 하는 각 $\angle(h, k)$와 O'을 끝점으로 하는 반직선 l이 주어졌다고 하자. 반직선 h 위에 점 P를 잡고, 반직선 k에 내린 수선의 발을 Q라 하자. 반직선 l 위에 점 Q'을 $OQ \equiv O'Q'$이 되도록 잡는다. 점 Q'을 지나는 l의 수선 위에 점 P'을 $PQ \equiv P'Q'$이 되도록 잡으면, 각 $\angle P'O'Q'$이 구하는 것이다.

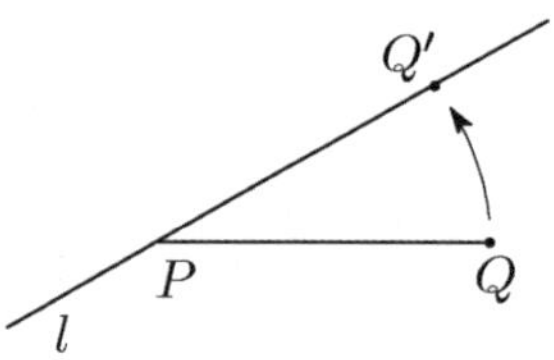

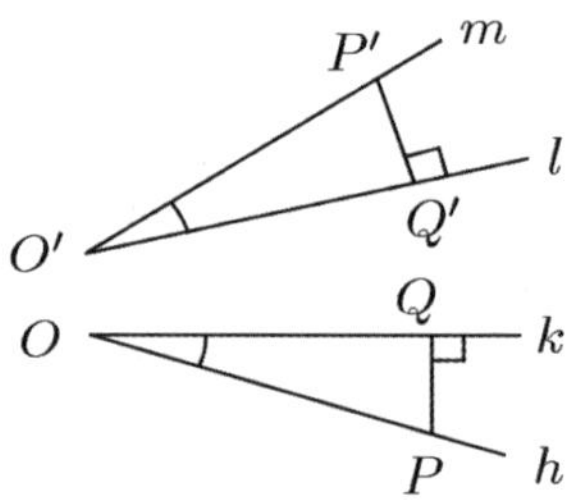

다음으로 (3-2)의 접는 방법을 포물선 접기라 부르는 이유를 다루자. 먼저 포물선의 기하학적 정의를 상기하자.

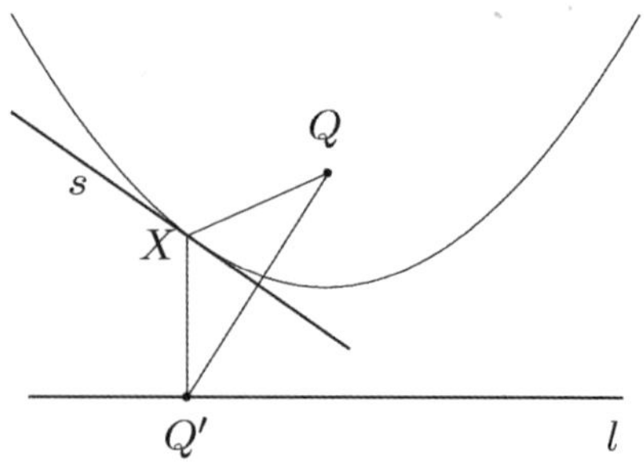

점 Q와 직선 l이 주어졌을 때, 점 Q까지의 거리와 직선 l까지의 거리가 같은 점 X의 모임(궤적)을 포물선이라 한다. 점 Q, 직선 l을 각각 이 포물선의 초점 및 준선이라 부른다. 또 초점 Q를 지나고 직선 l에 수직인 직선을 이 포물선의 축이라 한다. 점 Q와 직선 l이 주어졌을 때, (3-2)의 포물선 접기, 즉 점 Q를 l 위의 점(Q'으로 나타낸다)으로 옮기도록 접으면, 절선 s는 두 점

Q, Q'의 수직이등분선이다. 점 Q' 위에 직선 l의 수선을 세우고, 그것과 절선과의 교점을 X라 하면, 명백히 $QX = Q'X$가 성립한다. 따라서 X는 Q를 초점, l을 준선으로 하는 포물선 위의 점이다.

더욱이 이 절선은 포물선 위의 점 X에서의 접선이다. 이것을 좌표를 사용하여 증명하자. 좌표를 잘 잡아서 초점 Q의 좌표가 $(0,\ a)$, 준선 l이 방정식 $y = -a$로 주어진다고 생각해도 된다. 이때 점 X의 좌표를 $(x,\ y)$라 하면, 정의로부터

$$x^2 + (y-a)^2 = (y+a)^2, \text{ 즉 } 4ay = x^2$$

은 잘 알려진 포물선의 방정식이다. 여기서 $2a$가 초점에서 준선까지의 거리가 된다. 준선 위의 점 $(x_0,\ -a)$와 초점 $(0,\ a)$의 수직이등분선은 방정식

$$y = \frac{x_0}{2a}\left(x - \frac{x_0}{2}\right)$$

로 주어진다. 이 직선과 포물선의 연립방정식으로부터 x의 방정식을 유도하면

$$x^2 - 2x_0x + x_0^2 = (x - x_0)^2 = 0$$

이므로 중해가 되며, 확실히 $x = x_0$에서 포물선에 접하고 있다. 이상으로부터 점 Q를 직선 l 위의 점으로 옮기도록 접었을 때, 절선은 Q를 초점, l을 준선으로 하는 포물선의 접선이 된다.

▶ 종이접기로 얻어지는 체

앞 항에서 보인 것처럼 공리 Ⅰ～Ⅳ에서 요청되는 것은 종이접기로 가능하다. 수선이나 평행한 직선은 종이접기에 의해 작도할 수 있으므로, 좌표평면 위의 점을 주는 것과 그 좌표에 실수값을 주는 것은 종이접기에 의한 작도를 생각할 경우 같다. 따라서 작도의 경우와 마찬가지로, 종이접기를 하는 데이터로서는 몇 개의 점이지만, 이것을 몇 개의 실수들의 집합 D라 생각해도 좋

다. D의 원소들로부터 사칙연산과 이차방정식, 삼차방정식의 실수해를 순차적으로 부가해서 얻어지는 수 전체는 체를 이룬다. 이것을 $\Delta(D)$로 나타낸다. 작도의 경우에 정의했던 $\Gamma(D)$는 D의 원소들로부터 사칙연산과 이차방정식의 실수해를 순차적으로 부가해서 얻어진 것이므로 $\Gamma(D)$는 $\Delta(D)$의 부분체이다. 또 명백히 $\Delta(D)$는 피타고라스 폐체이다.

본 항의 목표는 다음 정리를 보이는 것이다.

정리 5.2.1 | 데이터의 집합 D에서 종이접기에 의해 얻어지는 수의 집합은 $\Delta(D)$이다.

먼저 앞 항의 (1)에서 (7)까지의 접는 방법을 좌표를 사용하여 조사해보자. 즉 데이터로부터 얻어진 접는 선의 방정식을 생각하는 것이다. 단, 기본 접는 방법을 몇 번 반복하므로, 각각의 접는 방법일 때의 데이터는 D가 아니라 $\Delta(D)$에 속하고 있는 것이라 하자. 즉 (7)은 (6)의 특별한 경우이며, (2)와 (3)의 접는 방법은 데이터로부터 접는 선이 확실하지 않으므로 (1), (4), (5), (6)에 대해서 생각하자.

다음에 유의하자. 평면의 좌표변환 γ에 의해 데이터인 점의 좌표성분이나 접는 선의 방정식의 꼴은 변화한다. 지금 γ는 합동변환, 즉 평행이동 혹은 회전이어서 그것을 정하는 벡터나 행렬의 성분이 $\Delta(D)$에 속한다고 하자. $\Delta(D)$는 피타고라스 폐체이므로 회전의 경우는 회전각 θ가 $\tan\theta \in \Delta(D)$라는 것과 동치이다. 이때 데이터인 점의 좌표성분이나 방정식의 계수가 $\Delta(D)$에 속해 있으면, 좌표변환한 것도 분명히 $\Delta(D)$에 속한다. 따라서 접는 선의 방정식은 필요하면 좌표를 고쳐서 $y = ux + v$의 형태로 생각하자.

보조정리 5.2.2 | $\Delta(D)$의 원소를 데이터라 하고, (1), (4), (5), (6)의 접는 방법으로 얻어지는 직선을 $y = ux + v$라 하면, u, v는 모두 $\Delta(D)$의 원소이다.

증명 | (1)의 접는 방법의 경우, 평행이동 해서 점 P를 원점, 점 Q의 좌표를 (a, b), $b \neq 0$, $a, b \in \Delta(D)$라 해도 된다. 이때 절선의 방정식은 두 점 P, Q의 수직이등분선이므로

$$y - \frac{b}{2} = -\frac{b}{a}\left(x - \frac{a}{2}\right)$$

로 주어진다, 즉

$$u = -\frac{a}{b}, \ v = \frac{a^2 + b^2}{2b}$$

이다. 따라서 분명히 $u, v \in \Delta(D)$이다.

(4)의 접는 방법의 경우는 자의 경우와 같다. 따라서 u, v는 두 점 P, Q의 좌표들이어서 일차방정식을 푸는 것으로 구해지므로 성립한다.

(5)의 컴퍼스 접기의 경우, 점 P를 원점이라고 하면, 데이터는 점 Q의 좌표 (a, b)와 직선 l의 방정식 $y = cx + d$이다. 이때 점 P를 중심으로 하고 점 Q를 지나는 원의 방정식은 $x^2 + y^2 = a^2 + b^2$이다. 따라서 원과 직선의 교점은 연립방정식을 풀어서 얻어지므로 x좌표, y좌표는 모두 기껏해야 이차방정식의 해이다. 따라서 가정과 $\Delta(D)$의 정의로부터, 이들 좌표성분은 $\Delta(D)$에 속한다. (점 Q가 l 위에 있을 때는 Q 자신이 교점의 하나이므로, 방정식의 두 해 중 하나가 데이터로 주어져 있다. 따라서 해와 계수의 관계로부터 또 하나의 해는 데이터들의 유리식, 즉 일차방정식의 해이다.) 이제 얻어진 절선 $y = ux + v$는 점 Q와 위의 교점의 수직이등분선이므로 (1)에 의해 $u, v \in \Delta(D)$이다.

이제 마지막으로 접는 방법 (6)에 대해서 생각하자. 이것은 두 점과 두 직선의 위치관계에 의해 세 가지 경우로 나누어진다.

(6-1) Q_1, Q_2가 각각 l_1, l_2 위에 있는 경우: (3-1)에 의해 접는 선은 두 직선 l_1, l_2의 어느 것과도 직교하지 않으면 안 되므로, 이러한 접는 방법이 가능한 것은 l_1, l_2가 평행인 경우이다. 이때 접는 선 $y=ux+v$는 두 점 Q_1, Q_2를 지나고 l_1, l_2와 직교하는 직선인데, u, v가 주어진 데이터이므로 적당한 일차방정식을 풀어서 얻어지는 것은 (1)과 마찬가지이다.

(6-2) 한 점, 예를 들어 Q_1이 l_1 위에 있고, 또 다른 한 점 Q_2가 l_2 위에 있지 않은 경우: 점 Q_2를 초점, l_2를 준선으로 하는 포물선 π를 생각하자. 이때 접는 선은 (3-2)에 의해 포물선 π의 접선이고, 동시에 l_1과 직교하고 있다. 좌표를 이용하여 이것을 살펴보자. 좌표를 잘 잡아서 포물선 π의 방정식이 $4ay=x^2$이 되도록 할 수 있다. 직선 l_1이 x축과 평행일 때는 조건과 같은 접는 방법은 할 수 없으므로 l_1의 방정식은 $x=by+c$로 나타낼 수 있다. 이때 접는 선의 방정식을 $y=ux+v$라 하면 직교조건에 의해 $u=-b$이고, 접하는 조건으로부터 $v=-ab^2$이다. 따라서 u, v는 일차방정식을 푸는 것에서 얻어진다.

(6-3) Q_1, Q_2가 각각 l_1, l_2 위에 있지 않은 경우: 각각 점 Q_i를 초점, l_i를 준선으로 하는 두 포물선 π_1, π_2를 생각하자. 만약 (6)과 같은 접는 방법을 할 수 있다면, (3-2)에 의해 그 절선은 두 포물선의 공통접선이 된다. 따라서 두 포물선의 공통접선을 그을 수 있다는 것은 (6)과 같은 접는 방법이 일어날 수 있기 위한 필요조건이다. 역으로 두 포물선에 공통접선을 그을 수 있다면, 각각의 포물선의 접점에서 준선에 내린 수선의 발에 초점을 옮기도록 접으면 되므로 (6)과 같은 접는 방법이 가능하다.

이것을 방정식에서 살펴보자. 위와 같은 두 점과 두 직선이 일반적인 위치로 주어졌을 때, 두 포물선도 일반적인 위치에 있다. 좌표를 잘 잡아서 한 포물선의 방정식이 $4ay=x^2$이 되게 할 수 있다. 단, $a\in\Delta(D)$이다. 이 좌표에서 또 하나의 포물선의 방정식은 복잡해서 다루기 어렵지만, 처음에 잡은 좌표를 일단 잊어버리면, 이후의 포물선의 방정식 역시 $4a'y'=x'^2$이 되도록 다른 좌표 $(x',\ y')$을 생각할 수 있다. 이 두 좌표의 변환은 평행이동과 회전으로 주어진다. 즉 같은 점을 2개의 좌표로 나타냈을 때의 관계가

$$x=\cos\theta x'+\sin\theta y'+p$$
$$y=-\sin\theta x'+\cos\theta y'+q$$

로 주어진다. 여기서 각 θ는 두 포물선의 축이 이루는 각, 즉 두 직선 l_1, l_2가 이루는 각이다. 따라서 $\tan\theta\in\Delta(D)$이므로 $\sin\theta$, $\cos\theta\in\Delta(D)$이고, 마찬가지로 $p,\ q\in\Delta(D)$임에 유의하자. 또한 $(x,\ y)$좌표에서 봤을 때, 직선 $y=ux+v$가 최초의 포물선 $4ay=x^2$에 접하기 위한 조건은 $au^2+v=0$이었다. 이 직선이 또 하나의 포물선에 접하기 위한 조건을 구하기 위해서는 이 직선을 $(x',\ y')$좌표로 다시 나타내면 된다. 즉 $y=ux+v$의 x, y에 위의 식을 대입하면,

$$-\sin\theta x'+\cos\theta y'+q=u(\cos\theta x'+\sin\theta y'+p)+v$$

이다. 이것을 정리하면 직선 $y'=u'x'+v'$은

$$y'=\frac{\sin\theta+u\cos\theta}{\cos\theta-u\sin\theta}x'+\frac{up-q+v}{\cos\theta-u\sin\theta}$$

가 된다. 이것이 포물선 $4a'y'=x'^2$에 접하는 조건은 위와 마찬가지로

$$a'u'^2+v'=a'\left(\frac{\sin\theta+u\cos\theta}{\cos\theta-u\sin\theta}\right)^2+\frac{up-q+v}{\cos\theta-u\sin\theta}=0$$

이다. 여기서 분모가 0이 되는 것은 직선 $y=ux+v$의 기울기가 좌표변환의 회전각의 여각이 될 경우인데, 이것은 직선 $y=ux+v$가 또 하나의 포물선의 축과 평행이어서 접선은 될 수 없으므로 제외해도 된다. 따라서 위의 식에서 분모를 없애면, 식

$$a'(\sin\theta + u\cos\theta)^2 + (up - q + v)(\cos\theta - u\sin\theta) = 0$$

을 얻는다. 이 식과 본래 조건 $au^2 + v = 0$에서 v를 소거하면

$$a\sin\theta u^3 + (a'\cos^2\theta - a\cos\theta + p\sin\theta)u^2$$
$$+ (p\cos\theta + q\sin\theta + 2a'\cos\theta\sin\theta)u - q\cos\theta + a'\sin^2\theta = 0$$

이 얻어진다. 따라서 u를 만족하는 방정식은 $\Delta(D)$의 원소를 계수로 하는 기껏해야 삼차방정식이다. 따라서 $u, v \in \Delta(D)$이다. 특히 $\sin\theta \neq 0$ 즉 두 포물선의 축이 평행이 아니면, 이 방정식은 실수해를 가진다. 따라서 (6)과 같은 접는 방법이 가능하다.

이상으로부터 보조정리가 증명되었다.

정리 5.2.1의 증명 | 먼저 보조정리 5.2.2로부터 종이접기에 의해 얻어지는 실수는 모두 $\Delta(D)$에 속함을 알 수 있다.

다음으로 역의 문제, 즉 $\Delta(D)$의 모든 원소가 D에서 종이접기에 의해 얻어짐을 보이자. 종이접기에 의해 얻어지는 수들의 사칙연산의 수도 종이접기에 의해 얻어짐은 공리에 의한 작도가 종이접기로도 가능하므로 분명하다. 주어진 원과 직선의 교점이 종이접기에 의해 얻어진다(컴퍼스 접기)는 것에서, 보조정리 5.1.4와 마찬가지로 주어진 양의 실수 d에 대해 $\sqrt{d}$가 종이접기에 의해 얻어진다. 따라서 이차방정식의 해도 종이접기에 의해 얻어진다.

마지막으로 삼차방정식을 생각하자. 일반적인 삼차방정식

$$ax^3 + bx^2 + cx + d = 0$$

이 주어졌을 때, 초점, 준선이 각각 $(0,\ a-c)$, $y = -a-c$ 및 $(d-b,\ 0)$, $x = -b-d$인 포물선을 생각하자. 이들 포물선의 방정식은

$$4a(y+c) = x^{2,} \quad 4d(x+b) = y^2$$

이다. 이들의 공통접선 $y = ux + v$를 구하자. 두 포물선과 각각 연립해서 중해일 조건을 이용하면 쉽게 계산할 수 있어

$$4a(au^2 + c + v) = 0, \ \ 4d(bu^2 + uv + d) = 0$$

이 되고, v를 소거하면

$$au^3 + bu^2 + cu + d = 0$$

이 된다. 따라서 a, b, c, d가 실수인 데이터로 주어질 때, 위와 같이 초점과 준선을 정하고 (6)과 같은 접는 방법을 취하면, 절선인 $y = ux + v$의 기울기 v가 삼차방정식 $ax^3 + bx^2 + cx + d = 0$의 해가 된다. □

계 5.2.3 | 자와 컴퍼스로 작도가능한 문제는 종이접기로 풀 수 있다.

계 5.2.4 | 각의 삼등분과 델로스의 문제는 종이접기로 풀 수 있지만, 원적문제는 풀 수 없다.

마지막으로 종이접기로 제곱근 및 세제곱근을 구할 수 있지만, 2, 3이 아닌 소수 p에 대해서 p제곱근은 구할 수 없다. 따라서 원분방정식 $\Phi_n(x) = 0$이 종이접기에 의해 풀 수 있기 위한 필요충분조건은 그 차수가 소수 2와 3의 거듭제곱인 것이다. 따라서 다음과 같이 정리할 수 있다.

정리 5.2.5 | $n = 2^a 3^b p_1^{\nu_1} \cdots p_r^{\nu_r}$을 n의 소인수분해라 하자. 단, p_i는 5 이상의 소수, $a, b \geq 0$, $\nu_i > 0$이다. 이때, 정n각형을 종이접기로 접을 수 있기 위한 필요충분조건은 모든 i에 대해서 $\nu_i = 1$ 그리고 $p_i - 1$이 2와 3의 거듭제곱 $2^s 3^t$인 것이다.

이와 관련하여 $n \leq 20$일 때 위의 조건을 만족하지 않는 것은 $n = 11$뿐이다.

이 책에서는 종이접기를 사용하여 실제로 삼차방정식을 푸는 기술적인 문제에는 개입하지 않는다. 간단한 방정식, 예를 들어 델로스의 문제의 방정식 $x^3 - 2 = 0$ 등은 정리 5.2.1의 증명으로부터 간단하게 접는 방법을 발견할 수 있지만, 정7각형과 같은 도형을 접는 것[3]은 간단하지 않다.

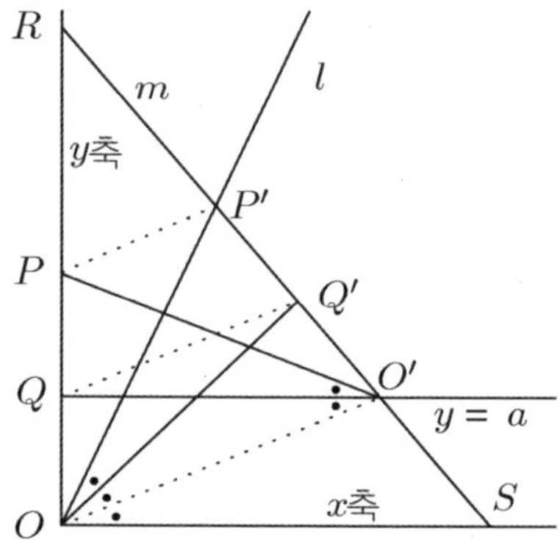

그러나 각의 삼등분에 대해서는 아베 히사시[4]에 따른 매우 간단한 접는 방법이 있으므로 그것을 소개하도록 한다. 오른쪽 그림에서 원점을 지나는 직선 l과 x축이 이루는 각의 삼등분을 하려고 한다. 먼저 적당한 실수 a에 대해서, y축(원점을 지나고 x축에 수직인 직선) 위에 두 점 $Q(0,\ a)$, $P(0,\ 2a)$를 잡는다. 원점 O가 직선 $y = a$ 위에, 또 점 P가 직선 l 위에 오도록 접는 방법이 가능하다(276쪽). 점 O가 옮겨간 점을 O', 점 P가 옮겨간 점을 P'이라 하자. 이때, 점 Q가 옮겨간 점을 Q'이라 하면, 직선 OO', OQ'이 구하는 각의 삼등분선이다.

증명을 하자. 위와 같이 접는 방법에 의해 y축이 옮기는 직선을 m, 직선 m과 x축, y축의 교점을 각각 S, R이라 하자. 세 직선 OO', QQ', PP'은 모두 평행이다. 사실 이들 직선은 공통의 접는 선에 수직이다. 또 $\triangle ROO'$은 이등변삼각형이다. 또 $|OP| = |O'P'|$이다. 따라서 $\triangle POO'$과 $\triangle P'OO'$은 합동이고 $|OP'| = |O'P|$가 성립한다. 마찬가지로 $\triangle QOO'$과 $\triangle Q'OO'$은 합동이고 $\angle OO'Q = \angle O'OQ'$이 성립한다. $|OQ| = |QP|$이므로 $\triangle O'OP$는 이등변삼각형이고, $\angle OO'Q = \angle PO'Q$이다. 또 $|OP'| = |O'P| = |OO'|$이므로 $\triangle OO'P'$도 이등변삼각형이고, $\angle O'OQ' = \angle Q'OP'$이 성립한다. 마지막으로 QO'과 x축은 평행이므로 $\angle QO'O = \angle O'OS$이다. 이상을 조

---

3) 게레트슈레거 著, 《折紙の数学》, 森北出版에는 다양한 도형의 종이접기가 실려 있다.
4) 阿部 恒, 《すごいぞ折り紙》, 日本評論社.

합하면 구하는 결과를 얻는다.

5.3 그 외의 방법에 의한 각의 삼등분

각이 붙은 자에 의한 작도

각이 붙은 자만으로도 삼차방정식을 풀 수 있다는 것에 대해서 간단히 다루자. 여기서 각이 붙은 자라는 것은 하나의 정해진 각 α와 그것을 낀 두 변으로 이루어진 자이다. 물론 보통의 자 역할도 할 수 있는 것이다. 먼저 각이 붙은 자에 의해 자와 컴퍼스에 의한 작도는 모두 가능함을 살펴두자.

직선 l 위에 있지 않은 점 P가 주어졌을 때, P를 지나고 l과 각 α를 이루는 직선 k를 그을 수 있다. 또한 점 P를 끝점으로 하고 직선 k와 각 α를 이루는 직선을 그으면, 이것이 P를 지나고 l에 평행한 직선임은 분명하다. 또 위와 같은 직선 k는 반대쪽에도 하나 더 그을 수 있으며, 점 P 및 이들 두 직선과 l의 교점은 P를 꼭짓점으로 하는 이등변삼각형이 된다. 이것으로부터 P를 하나의 꼭짓점으로 하는 마름모꼴이 얻어지며, P에서 l에 수선을 내릴 수 있다.

또 선분 AB에 대해서 그림과 같이 적당하게 평행사변형 $ABPQ$를 만들고, Q를 지나고 PB에 평행한 직선과 직선 AB의 교점을 C라 하면 AB의 2배 길이의 선분 AC가 얻어진다. 또 이것을 반복하면 AB의 자연수배인 선분도 얻어진다.

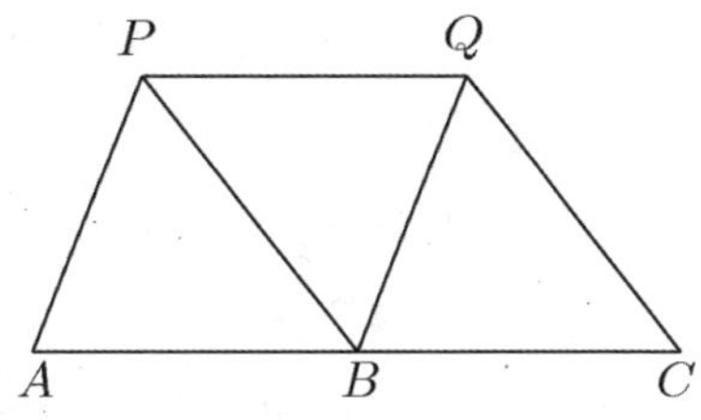

위의 조작을 이용하면, 직선 l 위의 점 P를 지나고 l에 수직인 직선도 구할 수 있다. 그리고 l 위에 P와 다른 점 Q를 잡고, l 위에 P에 대해서 Q의 반대쪽에 PQ'의 길이가 PQ와 같은 점 Q'을 잡을 수 있다. 이때, 앞단

과 같은 Q, Q'의 수직이등분선이 구하는 것이다.

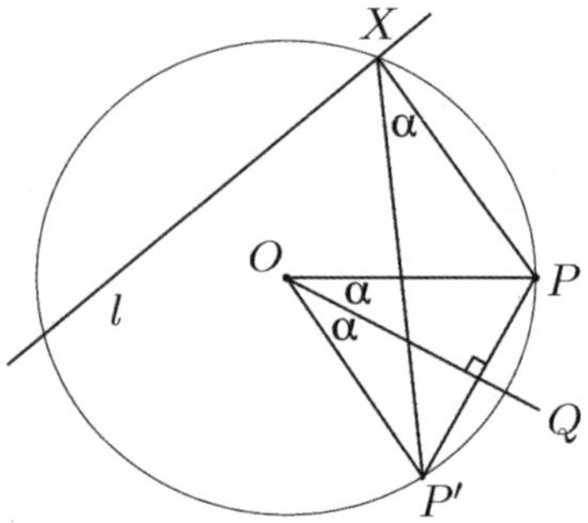

다음으로 원과 직선의 교점도 작도할 수 있음을 보이자. 오른쪽 그림에서 O를 중심으로 하고 점 P를 지나는 원과 직선 l이 주어져 있다. 각이 붙은 자의 꼭짓점을 O에, 또 한 변을 OP와 합치고 직선 OQ를 긋는다. 점 P에서 OQ에 수선을 내리고, 그 발까지의 2배 길이인 점을 P'이라 하자(앞 단으로부터 이러한 점을 잡는 것은 가능하다). 이때 각 $\angle QOP'$은 α와 같으며, P'은 원둘레 위의 점이다. 따라서 현 PP'에 대한 중심각은 2α이고, 원주각은 α이다. 따라서 자의 두 변이 P, P'을 지나고 꼭짓점이 l 위에 오도록 하면, 그 점 X가 원과 l의 교점이다.

이상의 것으로부터 270쪽에서와 마찬가지로 공리 Ⅰ~Ⅳ에 의한 작도는 각이 붙은 자로 할 수 있다. 또 원과 직선의 교점을 구할 수 있으므로 계 5.2.3과 마찬가지로 자와 컴퍼스에 의한 작도도 각이 붙은 자로 할 수 있다.

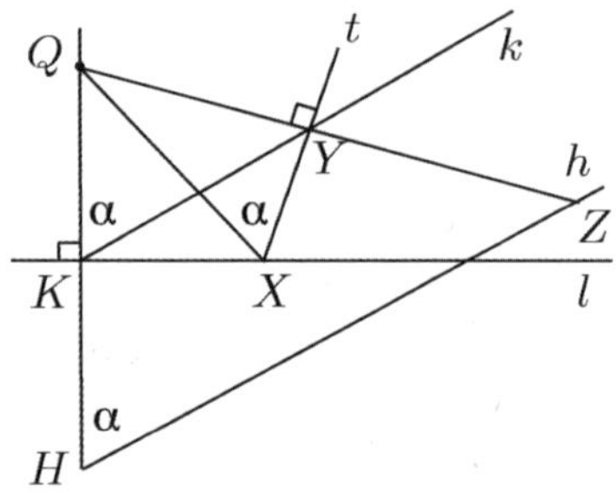

다음으로 종이접기와 마찬가지로, 주어진 초점과 준선을 가지는 포물선의 접선을 그을 수 있음을 보이자. 오른쪽 그림과 같이 직선 h와 점 Q가 주어졌다. h 위의 점 H를, 직선 QH와 h가 각 α가 되도록 잡는다. 점 Q와 H의 중점을 K라 하고, K를 지나고 h와 평행한 직선을 k, 선분 QH와 수직인 직선을 l이라 하자. 각이 붙은 자를 점 Q가 자의 한 변 위에, 또 꼭짓점이 l 위에 있도록 움직인다. 꼭짓점이 X에 있다고 하면, 각이 붙은 자의 다른 한 변은 그림의 직선 t이다. 직선 t와 k의 교점을 Y, 선분 QY를 연장한 직선과 h의 교점을 Z라 하자. $\angle QKY = \angle QXY$이므로 네 점 Q, K, X, Y는 동일원주 위에 있다. 따라서 $\angle QYX$는 직각이다. 그림으로부터 알

수 있듯이 선분 QY와 YZ는 길이가 같다. 따라서 직선 t는 점 Q와 정직선 h 위의 점 Z의 수직이등분선이다. 따라서 t는 Q를 초점, h를 준선으로 하는 포물선의 접선이다.

이제 다른 점 Q'과 직선 h'이 주어지고, 대응하는 두 포물선이 공통접선을 가진다고 하자. 이때 각이 붙은 자 2개를 각각 위와 같이 움직이고, 대응하는 두 직선 t와 t'이 일치하도록 조절할 수 있다. 이때 얻어지는 직선이 공통접선이다. 따라서 각이 붙은 자 2개를 이용해서 삼차방정식을 풀 수 있다.

눈금이 붙은 자와 와우곡선

영어로 trisectrix라는 것은 각의 삼등분곡선을 나타낸다. 에티엔 파스칼(유명한 파스칼의 아버지)이 발견한 와우선을 비롯하여, 역사적으로 많은 trisectrix 곡선이 알려져 있다. 이들 곡선의 그래프가 정확하게 주어지면 임의의 각의 삼등분을 구할 수 있다. 각의 삼등분은 266쪽에서 본 것처럼 주어진 실수 α에 대해 방정식 $4x^3-3x-\alpha=0$을 푸는 것으로 귀착된다. 따라서 그리는 수단을 불문하고 $y=4x^3-3x$의 그래프를 생각하고 직선 $y=\alpha$와의 교점을 구하면 된다. 그러나 이것으로는 각을 삼등분하는 방법을 발견했다고 말할 수 없다. 문제는 어떻게 해서 정확한 그래프를 그릴 수 있을지다. 가능하면 간단한 도구를 이용하여 그리는 것이 바람직하다. 유클리드 기하에서 이차방정식을 풀 수 있었던 것은 직선이나 원의 그래프가 자나 컴퍼스와 같은 도구로 그릴 수 있었기 때문임을 상기하자.

여기에서는 파스칼의 와우곡선(蝸牛曲線; limaçon of Pascal)을 어떤 도구로 그릴 수 있을지 혹은 각의 삼등분은 어떻게 해서 가능한지를 다루자. 먼저 눈금이 붙은 자와 컴퍼스에 의한 각의 삼등분을 소개하자. 이것은 아르키메데스나 아폴로니우스에 의해 알려졌다고 말해진다. 눈금이 붙은 자 위에는 두 점의 표시가 붙어 있다. 그 두 점 사이의 길이를 a라 하면, 직선 위의 임의의 점에서 길이 a인 점을 정할 수 있다. 특히 a의 자연수배인 길이를 정할 수 있으므로 일상적인 눈금이 붙은 자와 실질적으로 같다. 여기서는 눈금의 크기는 논의와 무관하므로 $a=1$이라 하자.

그림과 같이 점 P를 중심으로 하고 반지름 1인 원 C를 그린다(컴퍼스를 사용하여 이것이 가능하다). 점 P를 끝점으로 하고, x축과의 각이 t인 반직선을 l이라 하자. 눈금이 붙은 자를 점 O를 지나도록 움직여서 눈금의 한쪽에 있는 점 A가 직선 l 위에 있고, 다른 한쪽에 있는 점 B가 원 C에 있도록 할 수 있다. 이때 그림으로부터 분명한 것처럼, $\angle PAB = t/3$가 되어 각 t를 삼등분 할 수 있다.

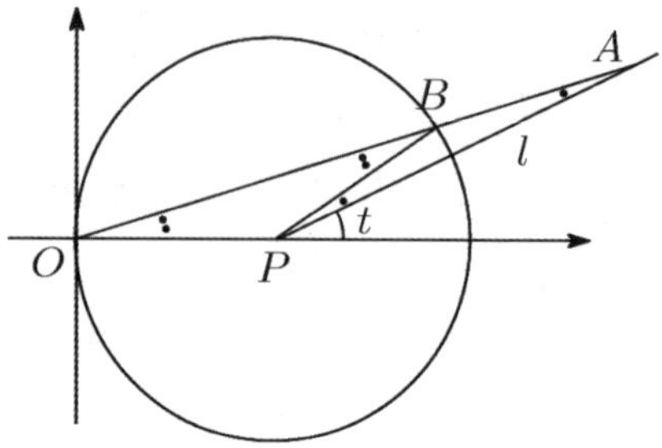

위에서 서술한 조작은 눈금이 붙은 자가 점 O를 지나면서 눈금의 한쪽에 있는 점 B가 원 C 위를 움직일 때, 점 A의 궤적이 이루는 그래프와 직선 l과의 교점을 구하는 것이다. 그래서 각 $\theta = \angle BOP$를 매개변수로 잡아서 점 A가 만족하는 방정식을 생각해보자. 선분 BP와 x축이 이루는 각은 2θ임에 유의하자. 점 A의 좌표를 $(x,\ y)$라 하면

$$x = 1+\cos 2\theta + \cos\theta = \cos\theta(2\cos\theta + 1)$$
$$y = \sin 2\theta + \sin\theta = \sin\theta(2\cos\theta + 1)$$

이다. 따라서 $r = OA = \sqrt{x^2+y^2}$이라 하면, 극방정식

$$r = |1 + 2\cos\theta|$$

를 얻는다. 이것이 파스칼의 와우곡선이다. 즉, 컴퍼스와 눈금이 붙은 자가 있으면 파스칼의 와우곡선을 그릴 수 있으며, 적당한 직선과의 교점을 구하는 것으로 각을 삼등분 할 수 있다.

찾아보기

index